住宅小区景观工程工程量清单编制实例详解

张　舟　主编

中国建筑工业出版社

图书在版编目（CIP）数据

住宅小区景观工程工程量清单编制实例详解/张舟主编．—北京：中国建筑工业出版社，2008
ISBN 978-7-112-10519-9

Ⅰ．住… Ⅱ．张… Ⅲ．居住区—景观—建筑工程—工程造价 Ⅳ．TU986.3

中国版本图书馆 CIP 数据核字(2008)第 180899 号

本书以一个完整的工程量清单编制实例为基础,对住宅小区景观工程工程量清单编制进行了详细介绍。为强化感性认识,本书附录里配了完整的施工图,使读者学起来更容易,练起来更具实践参照性。

本书特别适合初涉园林预算工作的人员,也可供相关专业师生、参加培训人员使用。

责任编辑:武晓涛
责任设计:董建平
责任校对:刘 钰 王雪竹

"本书附配套素材,下载地址如下:
www. cabp. com. cn/td/cabp17444. rar"

住宅小区景观工程工程量清单编制实例详解
张 舟 主编
*
中国建筑工业出版社出版、发行(北京西郊百万庄)
各地新华书店、建筑书店经销
北京永峥排版公司制版
北京建筑工业印刷厂印刷
*
开本:787×1092 毫米 1/16 印张:12¾ 字数:310 千字
2009 年 1 月第一版 2009 年 1 月第一次印刷
印数:1—2500 册 定价: **29.00** 元（附网络下载）
ISBN 978-7-112-10519-9
(17444)

本书编写组

主　编　张　舟

副主编　刘　颖　彭　晓　杨　维

参　编　邵　伟　邵　强　韩瑞春　李东旸　齐新元
叶范文　刘海源　狄俊雅　殷维洁　孔　怡
张　梅　李　珩　郑守华

前　言

随着社会经济的发展以及生活水平的提高，人们对自己居住和生活环境的要求也越来越高了，园林专业（包括施工、预算、设计、养护）越来越受到重视。这就要求我们园林从业人员不断提高自己的专业水平，园林专业预算人员自然也不例外。

1999年由笔者主编的《仿古建筑工程及园林工程定额与预算》一书由中国建筑工业出版社出版，其后相关的理论书籍就不断地涌现。针对园林景观工程理论书籍的大量出版发行，而具有较强实践性、可参照性的书籍却不多的局面，2005年笔者又主编了《园林景观工程工程量清单计价编制实例与技巧》一书，受到了广大读者的欢迎。

根据园林专业的特点和目前园林事业的现状，本着学与用相结合的宗旨，此次笔者编写了这本《住宅小区景观工程工程量清单编制实例详解》。本书是在总结多年教学和工作实践以及编写经验的基础上，以一个完整的住宅小区景观工程工程量清单编制实例对理论加以释解，为强化感性认识，本书附录了全部的施工图，以达到一种理论与实践的融合、图文并茂的效果，使读者学起来更容易，练起来更具实践性、参照性，从而更快地培养初学者的实际动手能力。

本书特别适合初涉或从事园林预算工作不久者以及从事园林建设管理工作的人员，也适合在校相关专业师生、参加培训的学员。

本书在出版过程中得到了中国建筑工业出版社武晓涛编辑的大力支持和帮助，并在编写中提出了很好的意见和建议，在此特表示感谢。

由于本书计算很多，数据庞杂，难免出现错误，望读者批评指正，如对本书内容有意见和建议，也望不吝赐教。

目　录

目 录

第一章　住宅小区景观绿化工程工程量清单编制

第一节　住宅小区景观绿化工程工程量清单编制基础知识

一、绿化工程相关知识介绍

园林营造在我国历史悠久，博大精深，它既有人工山水园也有天然山水园，前者是在平地上开凿水体、堆筑假山，配以花木栽植和建筑营构，把天然山水风景缩移摹拟在一个小的范围之内；后者则是利用天然山水的局部或片断作为建园基址，再辅以花木栽植和建筑营构而成园林。中国古代园林可分为皇家园林、私家园林和寺观园林。从地域角度又可分为江南园林、岭南园林、北方园林等。

园林绿地是园林必不可缺的一部分，它在园林中占有很重要的位置。园林绿地可分为：公共绿地、专用绿地、保护绿地、道路绿化和其他绿地。其中，公共绿地可分为：一般绿地、公园、综合公园、文化休息公园、森林公园、儿童公园、街头公园、体育公园、名胜古迹公园、居住区公园、滨水绿地、植物园、动物园、野生动物园、植物观赏园、游乐园等；专用绿地可分为：一般专用绿地、住宅组团绿地、楼间绿地、公共建筑绿地、工厂绿地和苗圃绿地等；保护绿地可分为一般保护绿地、防风林带、海岸防护林、水土保持绿化带、固沙林带等；道路绿化可分为：一般道路绿化、行道树、林荫道、分车带绿化、交通岛绿化和交通枢纽绿化等；其他绿地可分为：国家公园、风景名胜区和保护区。

下述我们将侧重介绍与住宅小区绿化工程相关联的知识。

（一）与住宅小区相关的园林绿地知识

绿化率：绿地在一定用地范围中所占面积的比例。它是城市绿地规划的重要指标之一。

绿化覆盖率：各种植物垂直投影占一定范围土地面积的比例，它是衡量绿化量和反映绿化程度的数据。

规则式园林：园林布局采用几何图案形式，多采用有明显的中轴而且左右均衡对称的布局形式的园林式样。我国传统的寺庙、陵园及皇家园林中的处理朝政的部分多采用这种形式。

自然式园林：园林布局按照自然景观的组成规律采取不规则形式布局的园林式样。它通过对自然景观的提炼和艺术加工再现了高于自然的景色。

混合式园林：按不同地段和不同功能的需要在一座园林中规则式和自然式园林交错混合使用。它对地理环境的适应性较好，也能适应不同活动的需要，它既可以显现庄严规整的格局，也能体现活泼生动的气氛。

园林建筑：建筑的一种类型，又是园林整体的组成部分。它在形式、体量、尺度、色彩、质地方面必须服从环境的需要，并与其他景物协调统一，与外界空间密切结合，相互渗透，并充分利用视觉上的对比及对体量、距离等方面可能产生的错觉，创造丰富优美的透景线。比如园林建筑中的厅、廊、榭、亭等。

园林设施：园林绿地中直接服务于游人的各种固定和可移动的设备或成规模的器械，例如：座椅、指路牌、果皮箱、洗手器等。

（二）与住宅小区相关的园林植物配置知识

孤植：园林绿地中配置单株的树木，以其姿态、色彩构成独有的景色。它往往位于构图中心成为视线焦点。它一般种植于草坪中、林缘外、水塘边或建筑物的一旁。

群植：植物配置中选择几株或十几株同一种树木或种类不同的乔木、灌木组成相对紧密的构图。这种种植的搭配要符合美学规律，并要掌握各种植物不同的习性，利用它们之间不同的色彩、体型和姿态组成丰富多彩的视觉感。

绿篱：密集种植的园林植物经过修剪整形而形成的篱垣。常用的植物有：常绿桧柏、大叶黄杨、紫叶小檗、金叶女贞等。

绿廊：用攀缘植物覆盖的走廊式通道。一般通廊取其绿荫或植物的花朵、叶色供游人休息观赏，或作为分割空间增加景物层次。常用骨架材料有木制、铁制或混凝土。常用植物有：五叶地锦、爬山虎、紫藤、七里香等。

花坛：把花期相同的多种花卉或不同颜色的同种花卉种植在一定轮廓的范围内，并组成图案的配置方法。一般设置在空间开阔、高度在人的视平线以下的地带。所种植的花草要与地被植物和灌木相结合，给人以层次分明、色彩明亮的感觉。

花台：将地面抬高几十厘米，以砖石矮墙围合，其中栽植花木的景观设施。它能改变人的欣赏角度，发挥枝条下垂植物的姿态美，同时可以和座凳相结合供人们休息。

花钵：把花期相同的多种花卉或不同颜色的同种花卉种植在一个高于地面具有一定几何形状的钵体之中。常用构架材料有花岗岩石材、玻璃钢。常见的钵体形状有圆形高脚杯形、方形高脚杯形等。钵体常与其他花池相连构成一组错落有致的景观。

草坪：栽植或撒播人工选育的草种、草籽，作为矮生密集型的植被，经养护修剪形成整齐均匀的表层植被，具有改善环境，阻滞降水的地表的径流，防止水土流失，补充地下水，净化地面水的作用。一般常见草种有：高羊茅、白三叶等。

模纹：用多种常绿植物以自然式风格交错配置，种植在一些大型广场和立交桥下，形成不同的自然式的曲形绿带。

垂直绿化：利用攀缘植物绿化墙壁、栏杆、棚架等。攀缘植物有缠绕类、卷须类、攀附类和吸附类。利用垂直绿化可降低墙面温度，对室内起降温和保温作用，减少噪声反射。

山石景观：用自然石堆砌的假山和人工塑造的山体形成的山石景观。

（三）与住宅小区相关的绿化工程相关知识

胸径：是指距地面1.2m处的树干直径。

苗高：指从地面到顶梢的高度。

冠径：指展开枝条幅度的水平直径。

条长：指攀缘植物从地面起到顶梢的长度。

年生：指从繁殖起到刨苗时止的树龄。

树木养护：指城市园林乔、灌木的整形、修剪，及越冬保护。

色带：是指由苗木栽成带状，并配置有序具有一定的观赏价值。

栽植：指园林栽种植物的一种作业，包括起苗、搬运、种植。根据季节又可分：春季栽植（三月中旬到四月下旬）、雨季栽植（七月上旬到八月上旬）、秋季栽植（八月下旬到十一月中旬）。

植树工程：包括乔灌木的栽植，土壤改良和排水，灌溉设施的铺设。工作内容包括：放线定位、起苗、运输、修剪、栽植和养护管理。

裸根栽植：落叶树冬春季节一般采用的栽植方法。其特点是：重量轻、包装简单、省力、成本低、可以保留较多的根系。应注意搬运时要包裹严密，不能及时栽植时要假植，干燥多风时要对树根蘸浆保护。

带土栽植：一般用于常绿树或须根极细易损伤的落叶树。此法不损伤根系，并可保持水分，根与土壤不易分离，易成活。但包装、搬运成本较高。

植树季节：一般分为春季植树和冬季植树、秋季栽植、雨季栽植、非休眠期栽植。应选择树根能再生和枝叶蒸腾量最小的时期。

草坪的铺种：种草可采用播种、栽根和铺草块的方法。施工时要考虑当地的气候条件和土壤条件，并考虑不同地段的光照情况。草坪一般分为：观赏型、功能型和覆盖型。

（四）与住宅小区绿化养护相关的知识

乔木修剪：包括整理树形、理顺枝条，使树冠枝繁叶茂、疏密适宜，能充分发挥观赏效果的同时又能通风透光，减少病虫害的发生。一般可分为：无主轴形和有主轴形。同时行道树还要解决好与交通电线之间的矛盾。

灌木修剪；为保持灌丛状态的一种修剪方法。主要是更新老枝，使上下枝叶都能丰满。对当年生枝上开花的应在花开后剪去过长的枝条，对秋季孕蕾的应在夏季休眠期剪去长枝。

绿篱修剪：是按照所需高度截取主干并逐年修剪侧枝，使上下侧枝密茂，株形整齐丰满。一般修剪应在每年的春季萌动前和雨季休眠期。

草坪养护：包括灌水、施肥、剪草、打洞、除杂草、清枯草、虫害防治和维护等工作。使草坪生长茂盛，并满足观赏和功能方面的各种要求。

园林植物虫害防治：根据虫害的生物学特征和发生发展规律而制定的综合防治的技术措施，适时展开的以化学防治、生物防治的防治方法。

（五）与住宅小区相关的绿化植物相关知识

针叶树：叶针形或近似针形树木。一般指叶小型的裸子树种，常见的有雪松、白皮松、水杉、云杉、侧柏、龙柏等。

阔叶树：叶形宽大，不呈针形、鳞形、线形、钻形的树木。大部分是被子植物，既有乔木也有灌木。常见的有广玉兰、海棠、碧桃、丁香、合欢、石榴等。

常绿树：四季常绿的树木，它们的树叶是在新叶长开之后老叶才逐渐脱落，常见的有松、柏、杉、苏铁、黄杨等。

落叶树：春季发芽，冬季落叶的树。包括的种类很多，如裸子植物、被子植物、乔灌木等。

乔木：树体高大，而具有明显主干的树种。常见的有银杏、雪松、云杉等。

灌木：不具主干，由地面分出数枝条或虽具主干而高度不超过3m的。

藤木：茎干不能直立只能靠缠绕或攀附它物才向上生长的植物。

行道树：行道树一般成行等距离种植，具有遮阳、防尘、护路、减弱噪声和美化环境等作用。

庭荫树：栽植在庭院里、广场上用以遮蔽阳光的一种树木。常见的有玉兰、合欢、银杏、白蜡等。

攀缘植物：攀附或顺延别的物体方可向高处生长的植物。是园林绿化中用作垂直绿化的一类常见植物。按攀缘方式可分为缠绕式、卷曲式、吸附式、攀附式。常见的植物有紫藤、牵牛、葡萄、五叶地锦、常春藤等。

观赏植物：指从树木的形、叶、花、枝、果的任何部分都具有观赏价值，专以审美为目的而培植的植物。常见的有龙柏、龙爪槐、牡丹、菊花、龟背竹、秋海棠、变叶木、法国梧桐等。

观花植物：以植物的花朵艳丽、花形奇特或具有香气而可供观赏的植物。常见的有牡丹、石榴、米兰、樱花、桂花、木槿等。

观果植物：以果实为主要观赏对象的植物。常见的有罗汉松、山楂、佛手、柑橘、石榴、金银木等。

观叶植物：以叶形、叶色为观赏对象的植物。常见的有金叶女贞、无花果、常春藤、文竹、吊兰、芦荟等。

露地花卉：凡生长发育等生命活动能在露地条件下完成的花卉。常见的有百日草、凤仙花、一串红、牵牛花、美人蕉、水仙、杜鹃、月季等。

宿根花卉：多年生草本观赏植物，是当年开花后地上部分的茎叶全部枯死，地下部分的根茎进入冬眠状态，转年春季继续萌芽生长，生命可延续多年的花卉。常见的有石柱、牡丹、菊花等。

球根花卉：多年生草本观赏植物中，凡根与地下茎发生变态而膨大成球形或块状的花卉。常见的有郁金香、水仙、美人蕉、晚香玉、唐菖蒲等。

一年生花卉：早春播种，夏秋开花，秋季种子成熟，整个生命周期在当年完成，直至冬季枯死的草本观赏植物。常见的有百日草、鸡冠花、万寿菊、凤仙花等。

两年生花卉：秋季播种，转年春季开花，夏季结石，而后枯死，整个生命周期需要跨年度完成的草本观赏植物。常见的有三色堇、雏菊、紫罗兰、石竹等。

水生植物：在旱地里不能生存，只能自然生长在水中，多数为宿根或球茎的多年生植物。常见的有荷花、睡莲、菱角、旱伞草等。

地被植物：株形低矮，枝叶茂盛，能覆盖地面，可保持水土，改善气候，并有一定的观赏价值的植物。常见的有铺地柏、小叶黄杨、紫穗槐等。

草坪植物：适合于草坪生长、应用的一类植物。常见的有结缕草、早熟禾、黑麦草等。

二、与住宅小区相关的绿化工程工程量清单计算规则

（一）编制工程量清单应说明的问题和应包括的工作内容

1. 基价所列的计量规则：胸径是指从地表向上 1.2m 高处树干的直径。苗高是指从地面至梢顶的高度。冠径是指枝条展开幅度的水平直径。年生是指从繁殖起至刨苗时的时间。

2. 新工栽植与大树移植规格的划分：落叶乔木胸径在 15cm 以内者为新工栽植，胸径在 15cm 以外者为大树移植；常绿乔木苗高在 450cm 以内者为新工栽植，苗高在 450cm 以外者为大树移植。

3. 平整绿化用地系指垂直方向处理厚度在 30cm 以内的就地挖填找平，当处理厚度超过 30cm 时，应按挖土或填土基价子目计算。

4. 平整绿化用地是对不需要换土所采用的基价子目；如需换土的绿化用地，不得采用此项基价子目。

5. 基价中的挖土方分一般土和砂砾坚土两类。

6. 大树移植基价分不换土和换种植土两大类，又分裸根、带土球、装木箱三种。其装木箱所用木材、钢丝绳等主要材料是按$\frac{1}{3}$摊销。

7. 新工绿化养护基价子目所包含的定额时间为年，即连续累计十二个月为一年；若分月承包则按以下系数执行（表 1-1-1）：

系　数　表　　　　表 1-1-1

时　间（月数）	1	2	3	4	5	6	7	8	9	10	11	12
系　数	0.20	0.30	0.37	0.44	0.51	0.58	0.65	0.72	0.79	0.85	0.93	1.00

8. 伐树、挖树根，砍挖灌木丛，清除草皮项目包括：砍、伐、挖、清除、整理、堆放。

9. 平整绿化用地项目包括：标高在 ±30cm 以内的就地挖填找平。就地的范围指人力能抛掷的距离。

10. 栽植裸根落叶乔木，带土球常绿乔木，散生竹，丛生竹，裸根灌木，带土球灌木，独株球形植物项目包括：修坑施肥，修剪整形，栽植（扶正、回土、捣实、筑水围），浇水，复土保墒，清理竣工现场。

11. 栽植单排绿篱，双排绿篱，片植绿篱，色带项目包括：修沟施肥，修剪整形，栽

植（排苗、回土、筑水围），浇水，复土保墒，清理竣工现场。

12. 栽植攀缘植物项目包括：修坑施肥，栽植回土，捣实浇水，复土保墒，清理竣工现场。

13. 铺种草皮项目包括：翻土整地，清除杂物，施肥，搬运草皮，铺草皮（草籽播种），浇水，清理竣工现场。

14. 栽植露地花卉，花坛花卉，植物造型项目包括：翻土整地，清除杂物，施肥放样，栽植浇水，清理竣工现场。

15. 起挖裸根大树项目包括：起挖修剪，打浆，枝干整理，吊装运输，回土填坑等。

16. 栽植裸根大树项目包括：挖坑施肥，吊卸落坑，扶正回土，支撑固定，筑围浇水，复土保墒，清理竣工现场。

17. 栽植带土球大树项目包括：挖坑施肥，吊卸落坑，包扎拆除，扶正回土，支撑固定，筑围浇树，复土保墒，清理竣工现场。

18. 人工挖树坑，绿篱沟，绿带沟，管沟项目包括：挖土抛于坑、沟以外或装车，修整底边。

19. 人工挖片植绿篱，色带，露地花卉，草皮地土方项目包括：挖土，装车，修整底边。

20. 挖土机挖土，自卸汽车运土项目包括：挖土机挖土，清理机下余土，装车，修整底边，自卸汽车运土，养护汽车行驶路线。

21. 铲运机铲、运土项目包括：铲、运土，卸土及平整，修理边坡。

22. 推土机推土项目包括：推、运、平土、修理边坡。

23. 裸根乔木，裸根灌木假植项目包括：挖沟排苗，回土浇水，复土保墒，遮荫管理。

24. 人工换树坑种植土项目包括：装土，运土，卸土到坑边（包括100m运距）。

25. 人工换绿篱沟，绿带沟种植土项目包括：装土，运土，卸土到沟边（包括100m运距）。

26. 人工换片植绿篱，色带，露地花卉，草皮地种植土项目包括：装土，运土，卸土到需土地点，铺平（包括100m运距）。

27. 花池、花坛人工填种植土项目包括：装土，运土，填土到花池、花坛内，铺平（包括100m运距）。

28. 落叶乔木，散生竹新工养护项目包括：中耕除草，整地施肥，修剪剥芽，防病除害，加土扶正，支撑加固，清除枯枝，环境清理，灌溉排水，设施养护。

29. 常绿乔木新工养护项目包括：中耕除草，整地施肥，修剪整形，防病除害，加土扶正，支撑加固，清除枯枝，环境清理，灌溉排水，设施养护。

30. 丛生竹，灌木，球形植物新工养护项目包括：中耕除草，整地施肥，修剪整形，防病除害，加土扶正，支撑加固，清除枯枝，环境清理，灌溉排水，设施养护。

31. 单排绿篱，双排绿篱，片植绿篱，色带新工养护项目包括：中耕除草，整地施肥，修剪整形，防病除害，加土扶正，支撑加固，清除枯枝，环境清理，灌溉排水，设施养护等。

32. 攀缘植物新工养护项目包括：中耕除草，整地施肥，修剪牵缘，防病除害，加土扶正，支撑加固，清除枯枝，环境清理，灌溉排水，设施养护等。

33. 露地花卉，花坛花卉，植物造型新工养护项目包括：中耕除草，整地施肥，修剪整形，防病除害，加土扶正，支撑加固，清除枯枝，环境清理，灌溉排水，设施养护等。

34. 水生植物新工养护项目包括：分枝移植，翻盆（缸）施肥，换水清塘，修剪整形，防病除害，缺苗补植，清除枯枝，环境清理，设施养护等。

35. 草皮新工养护项目包括：割草修边，清除草屑，挑除杂草，空秃补植，防病除害，环境清理，灌溉排水，设施养护等。

36. 落叶乔木防寒项目包括：搬运，绕干，余料清理。

37. 常绿乔木，球形植物，绿篱，色带防寒项目包括：搭拆防寒墙架，拆除后材料场内地堆放和场外运输等。

38. 灌木，木本花卉，宿根类花卉防寒项目包括：加土，拍实。

39. 砌井项目包括：浇筑混凝土垫层，调制砂浆，砌砖井，断管，浇筑井口，抹内井壁，搓缝，清理现场，100m 以内材料运输。

40. 伐树、挖树根项目应注明树干胸径。

41. 砍挖灌木丛项目应注明丛高。

42. 整理绿化用地项目应注明土壤类别，土质要求，取土运距，回填厚度。

43. 栽植乔木项目应注明乔木种类，乔木胸径（苗高），养护期。

44. 栽植竹类项目应注明竹种类，竹胸径（根盘丛径），养护期。

45. 栽植灌木项目应注明灌木种类，冠丛高（冠径或苗高），养护期。

46. 栽植绿篱项目应注明绿篱种类，篱高，行数，养护期。

47. 栽植攀缘植物项目应注明植物种类，养护期。

48. 栽植色带项目应注明苗木种类，苗木株高，养护期。

49. 铺种草皮项目应注明草皮种类，铺种方式，养护期。

50. 栽植片植绿篱项目应注明苗木种类，苗木株高，养护期。

51. 栽植花卉项目应注明花卉种类，养护期。

52. 在计算人工挖土方（除人工绿带沟，管沟以外）及人工换种植土工程量时，设计有要求，应按设计要求进行计算；设计无要求，可按“绿化工程相应工程规格对照参考表”的规格进行计算。

53. 在栽植工程中遇有组合式球形植物时，可按绿篱的相应规格基价子目计算。

54. 树木需做防寒，应按“防寒”的相应基价子目计算。

55. 各种植物材料在运输、栽植过程中，其合理损耗率：落叶乔木、常绿乔木、灌木为 1.5%，绿篱、色带、攀缘植物为 2%，露地花卉、草皮为 4%，草花类为 10%。

（二）工程量计算规则

1. 伐树、挖树根，砍挖灌木丛按估算数量计算。

2. 清除草皮按估算面积计算。

3. 整理绿化用地按设计图示尺寸以面积计算。

4. 栽植乔木，竹类，灌木，攀缘植物，水生植物按设计图示数量计算。

5. 栽植绿篱按设计图示以长度计算。

6. 栽植色带，片植绿篱，花卉按设计图示尺寸以面积计算。

7. 铺种草皮按设计图示尺寸以面积计算。

8. 挖土、运土及人工换种植土，均按天然密实体积以立方米计算。

9. 塑料管件安装的工程量，按设计图示数量计算。

10. 落叶乔木，常绿乔木，灌木防寒按实际做防寒数量以株计算。

11. 绿篱、色带防寒按实际做防寒长度以米计算。

12. 木本、宿根类花卉防寒按实际做防寒面积以平方米计算。

13. 落叶乔木、常绿乔木，散生竹，灌木，球形植物，攀缘植物新工养护均按设计图示数量以株计算。

14. 丛生竹，水生植物新工养护均按设计图示数量以丛计算。

15. 单排绿篱，双排绿篱养护均按设计图示长度以米计算。

16. 片植绿篱，色带，露地花卉，花坛花卉，植物造型，草皮养护均按设计图示以平方米计算。

第二节　某住宅小区景观绿化工程工程量清单编制实例

本小区坐落在城区内，因为土壤不符合种植土要求，所以需要更换种植土，根据施工具体情况，本工程不需要假植，也不需要做树木的支撑。现场标高与设计标高等同，按常规计算开挖和换土的工程量。

一、景观绿化工程苗木的计算与工程量清单的编制

（一）主要参阅的图纸

审阅全部图纸后，在计算景观绿化工程时，主要参阅的图纸是种植平面图和植物苗木表、设计说明等。

（二）确定苗木的数量与规格

根据施工图多给出的苗木数量和规格，再根据种植施工图中所表述的树木图例，逐一进行核对，最后确定正确的苗木数量和规格（表1-2-1）。

小区景观工程苗木的数量及规格　　**表1-2-1**

序　号	苗木名称及规格、要求		单　位	数　量
	一、乔木			
1	雪　　松	高4～4.5m	株	4
2	桧　　柏	高3m	株	5

续表

序　号	苗木名称及规格、要求		单　位	数　量
3	龙　　柏	高 2.8m	株	7
4	千头椿	胸径 8cm	株	5
5	栾　　树	胸径 8cm	株	3
6	国　　槐	胸径 8cm	株	47
7	泡　　桐	胸径 8cm	株	6
8	金丝垂柳	胸径 8cm	株	12
9	合　　欢	胸径 10 ~ 12cm	株	5
10	白　　蜡	胸径 8cm	株	20
11	金枝槐	胸径 8cm	株	19
	二、灌木			
1	紫叶李	地径 4 ~ 5cm	株	32
2	碧　　桃	地径 4 ~ 5cm	株	14
3	西府海棠（粉色）	地径 4 ~ 5cm	株	39
4	紫丁香	高 1.2 ~ 1.5m	株	21
5	木　　槿	高 1.5 ~ 1.8m	株	14
6	榆叶梅	高 1.2 ~ 1.5m	株	39
7	紫叶矮樱	高 1.2 ~ 1.5m	株	26
8	石　　榴	高 1.2 ~ 1.5m	株	8
	三、膜纹及片植绿篱			
1	丛生紫薇	高 0.8 ~ 1.0m	m^2	67
2	金银木	高 1.0 ~ 1.2m	m^2	85
3	连　　翘	高 1.0 ~ 1.2m	m^2	58
4	金叶女贞	高 0.5 ~ 0.6m（修剪后）	m^2	146
5	大叶黄杨	高 0.5 ~ 0.6m（修剪后）	m^2	510
6	丰花月季	二年生	m^2	168
7	紫叶小檗	高 0.3 ~ 0.4m（修剪后）	m^2	25
8	红瑞木	高 0.8 ~ 1.0m（修剪后）	m^2	171
9	铺地柏	条长 0.6 ~ 0.8m	m^2	26
10	鸢　　尾		m^2	57
	四、草皮			
1	草　　皮	满铺	m^2	1075

（三）苗木选购的要求

1. 茎、树干、枝条的要求：

（1）应无病虫害，无导致树木死亡的病原体。

（2）应无突出的疤痕，在分枝点不应有裂开的茎或树干。

（3）应无枯干、枯枝、枯叶。

（4）所有茎干或树干应形态优美、根系发达发育良好，栽种植物的池内自行稳固支撑。

（5）植物高度应符合植物材料表中规格要求。

2. 树冠一般要求：

（1）应无虫害、无导致树木死亡的病原体。

（2）应无白化病、枯黄或缺乏叶绿素等症状。

（3）无人工、化学、病原体或虫害所导致的植物膨胀或枯萎。

（4）应无污染、无化学杀虫剂残余。

（5）应有足够枝叶以表现该树种之自然形态。

（6）树冠的宽度和树冠的起点：从树冠的主要冠面测量其宽度，不包括偶然伸出的枝条，树冠起点是沿主要树干或茎，低分枝的树冠应从土表量起。

3. 根系要求：

（1）根系要求发育良好，检查时应无虫害或线虫病原体。

（2）提供稳定的支撑并确保植物的整体稳定。

（四）苗木工程量清单（表1-2-2）

分部分项工程工程量清单 **表1-2-2**

专业工程名称：苗木费

序号	工程项目		单位	工程量	综合单价	合价
	一、乔木					
1	雪松	高4~4.5m	株	4		
2	桧柏	高3m	株	5		
3	龙柏	高2.8m	株	7		
4	千头椿	胸径8cm	株	5		
5	栾树	胸径8cm	株	3		
6	国槐	胸径8cm	株	47		
7	泡桐	胸径8cm	株	6		
8	金丝垂柳	胸径8cm	株	12		
9	合欢	胸径10~12cm	株	5		
10	白蜡	胸径8cm	株	20		
11	金枝槐	胸径8cm	株	19		
	二、灌木					
1	紫叶李	地径4~5cm	株	32		
2	碧桃	地径4~5cm	株	14		
3	西府海棠（粉色）	地径4~5cm	株	39		

续表

序号	工 程 项 目		单位	工程量	综合单价	合价
4	紫丁香	高1.2~1.5m	株	21		
5	木 槿	高1.5~1.8m	株	14		
6	榆叶梅	高1.2~1.5m	株	39		
7	紫叶矮樱	高1.2~1.5m	株	26		
8	石 榴	高1.2~1.5m	株	8		
	三、膜纹及片植绿篱					
1	丛生紫薇	高0.8~1.0m	m^2	67		
2	金银木	高1.0~1.2m	m^2	85		
3	连 翘	高1.0~1.2m	m^2	58		
4	金叶女贞	高0.5~0.6m（修剪后）	m^2	146		
5	大叶黄杨	高0.5~0.6m（修剪后）	m^2	510		
6	丰花月季	三年生	m^2	168		
7	紫叶小檗	高0.3~0.4m（修剪后）	m^2	25		
8	红瑞木	高0.8~1.0m（修剪后）	m^2	171		
9	铺地柏	条长0.6~0.8m	m^2	26		
10	鸢 尾		m^2	57		
	四、草皮					
1	草 皮	满铺	m^2	1075		
	苗木总价值		元			

计取其他费用略。

二、景观绿化工程苗木栽植的计算与工程量清单的编制

（一）对苗木种植的要求

1. 植物运输及工地配合

（1）保护植物免受太阳和风的侵袭。对于那些已经运抵而不能立即种植的植株，应放在荫凉处，进行良好的保护，并补充足量的水分，避免任何损害。

（2）景观承包商应负责将植物材料从苗圃运输到现场，运输车辆应具备有保护措施，对植物加以保护，使其避免干旱、枯萎、日晒或是其他不利因素的影响。

2. 对裸根植物的栽植要求

（1）应先于树坑中垫土呈馒头状，使其根系均匀铺开。

（2）回填土时，轻轻摇动植株以确保土壤与根系密合。

（3）压实土壤以固定主干及根系发展。

3. 草坪的种植要求

（1）草皮应在起出后24小时内运送并铺植在所要栽植的方位上。

(2) 表土的高低及轮廓按指定标高做调整，成为无凹凸点及积水处的自然曲线，最后的标高应低于邻近硬质平面25mm。

(3) 铺放草皮之前应除去所有粒径大于30mm的石块。

(4) 在铺置草皮时，不可踏在已铺好的草皮上，而应在已经铺好的草皮上铺上木板，才可以踏上铺置下一块草皮。

(5) 铺置草皮后应立即浇水，之后每天除雨天外也应浇水。浇水应用细浇水喉，避免水土流失。

(6) 如在铺置后21天依然有光秃小块，应把整块草皮除去，土壤重新耕作，并重铺草坪。

4. 对浇灌用水的要求

在工地范围内浇灌植物的水源不得污染，可用饮用水（自来水）代替。

（二）计算绿化栽植中应注意的问题

1. 注意区别乔木、灌木、绿篱、攀缘植物、花卉、草皮等。
2. 注意区分苗木的胸径、冠径、高度、年生、条长等。
3. 注意区别灌木的带土台或是裸根种植。
4. 注意草坪是整铺、散铺，是草皮还是草籽。
5. 竹子是散生还是丛生。
6. 注意栽植植物是否造型。

（三）工程量计算的相关规则

1. 整理绿化用地按设计图示尺寸以面积计算。
2. 栽植乔木、竹类、灌木、攀缘植物、水生植物按设计图示数量计算。
3. 栽植绿篱按设计图示以长度计算。
4. 栽植色带、片植绿篱、花卉按设计图示尺寸以面积计算。
5. 铺种草皮按设计图示尺寸以面积计算。

（四）苗木栽植工程量清单（表1-2-3）

分部分项工程工程量清单 **表1-2-3**

专业工程名称：苗木栽植工程

序号	工 程 项 目		单位	工程量	综合单价	合价
	栽植费					
1	常绿乔木	高4～4.5m	株	4		
2	常绿乔木	高3m内	株	12		
3	乔 木	胸径8cm	株	112		
4	乔 木	胸径12cm	株	5		
5	灌 木	冠径1.5m	株	179		

续表

序号	工 程 项 目		单位	工程量	综合单价	合价
6	灌 木	冠径 2m	株	14		
7	色带及片植绿篱	0.4m 高	m^2	219		
8	色带及片植绿篱	0.6m 高	m^2	656		
9	色带及片植绿篱	1m 高	m^2	381		
10	草 皮		m^2	1075		
11	整理绿化用地（整个绿化工程）		m^2	16110		
	栽植费合计		元			

计取其他费用略。

三、景观绿化工程开挖的计算与工程量清单的编制

（一）在计算开挖时应注意的问题

1. 注意区别乔木、灌木、绿篱、攀缘植物、花卉、草皮等。

2. 注意区分苗木的胸径、冠径、高度、年生、条长等。

3. 注意区别灌木的带土台或是裸根种植。

4. 注意区分是一般土还是砂砾坚土。

5. 计算中注意按照基价绿化工程中的最后的“绿化工程相应规格对照参考表”中的要求进行树木的开挖量的计算。

6. 应注意区分是挖树坑、绿篱沟、色带或片植、绿带沟等项目。

（二）开挖工程工程量的计算

根据所计算的树木数量与“绿化工程相应规格对照参考表”中所给出的坑体积的大小计算出所需要开挖的工程量。

（三）工程量计算的相关规则

挖土、运土及人工换种植土，均按天然密实体积以立方米计算。

（四）景观绿化开挖工程工程量计算（表 1-2-4）

景观绿化开挖工程工程量计算表 **表 1-2-4**

序号	苗木名称及规格		单位	数量	规定挖土量（m^3）	合计
	一、乔木					
1	雪 松	高 4～4.5m	株	4	1.8463	7.3852
2	桧 柏	高 3m	株	5	0.8549	4.2745

续表

序号	苗木名称及规格		单位	数量	规定挖土量（m^3）	合计
3	龙　柏	高 2.8m	株	7	0.8549	5.9843
4	千头椿	胸径 8cm	株	5	0.3014	1.507
5	栾　树	胸径 8cm	株	3	0.3014	0.9042
6	国　槐	胸径 8cm	株	47	0.3014	14.1658
7	泡　桐	胸径 8cm	株	6	0.3014	1.8084
8	金丝垂柳	胸径 8cm	株	12	0.3014	3.6168
9	合　欢	胸径 10～12cm	株	5	0.8549	4.2745
10	白　蜡	胸径 8cm	株	20	0.3014	6.028
11	金枝槐	胸径 8cm	株	19	0.3014	5.7266
	二、灌木					
1	紫叶李	地径 4～5cm	株	32	0.1413	4.5216
2	碧　桃	地径 4～5cm	株	14	0.1413	1.9782
3	西府海棠（粉色）	地径 4～5cm	株	39	0.1413	5.5107
4	紫丁香	高 1.2～1.5m	株	21	0.1413	2.9673
5	木　槿	高 1.5～1.8m	株	14	0.2308	3.2312
6	榆叶梅	高 1.2～1.5m	株	39	0.1413	5.5107
7	紫叶矮樱	高 1.2～1.5m	株	26	0.1413	3.6738
8	石　榴	高 1.2～1.5m	株	8	0.1413	1.1304
9	乔木及灌木树坑开挖小计		m^3			84.2
	三、膜纹及片植绿篱					
1	丛生紫薇	高 0.8～1.0m	m^2	67	0.45	30.15
2	金银木	高 1.0～1.2m	m^2	85	0.45	38.25
3	连　翘	高 1.0～1.2m	m^2	58	0.45	26.1
4	金叶女贞	高 0.5～0.6m（修剪后）	m^2	146	0.35	51.1
5	大叶黄杨	高 0.5～0.6m（修剪后）	m^2	510	0.35	178.5
6	丰花月季	三年生	m^2	168	0.3	50.4
7	紫叶小檗	高 0.3～0.4m（修剪后）	m^2	25	0.3	7.5
8	红瑞木	高 0.8～1.0m（修剪后）	m^2	171	0.45	76.95
9	铺地柏	条长 0.6～0.8m	m^2	26	0.45	11.7
10	鸢　尾		m^2	57	0.45	25.65
11	膜纹、片植绿篱开挖小计		m^3			496.3
	四、草皮					
1	草　皮	满铺	m^2	1075	0.3	322.5
2	草皮开挖小计		m^3			322.5

计取其他费用略。

（五）景观绿化开挖工程工程量清单（表1-2-5）

分部分项工程工程量清单　　表1-2-5

专业工程名称：种植开挖工程

序号	工　程　项　目	单位	工程量	综合单价	合价
	开挖费：				
1	乔木、灌木挖树坑	m^3	84.2		
2	挖片植绿篱或膜纹	m^3	496.3		
3	草皮地开挖	m^3	322.5		
4	开挖费合计	元			

计取其他费用略。

四、景观绿化工程换种植土的计算与工程量清单的编制

（一）对种植土的要求

1. 用于栽植植物所用种植土成分应具有以下特征：

（1）12%砂，3%有机肥料。

（2）85%田园土。

（3）种植土内施入的底肥应为充分腐熟的迟效的有机肥料。

2. 酸碱度：pH值<8.5，含盐量<0.3%，氯离子含量<0.1%。

3. 种植土取土深度不超过表层土40cm以下，干燥土密度应小于1200kg/m^3。

4. 种植土需经相关部门化验后，经甲方认可方可进入施工现场，甲方应对种植土进行定期抽查化验，保证种植土质量。

5. 在任何情况下，不能把黏土或类似黏土物质混入种植土中。

6. 种植土应以砂质土壤为宜，含有适量的已分解有机质、粗砂，不应含有石头、土块、其他植物、植物根系、木棍及其他物件。

（二）在计算换种植土时应注意的问题

1. 注意区别乔木、灌木、绿篱、攀缘植物、花卉、草皮等。

2. 注意区分苗木的胸径、冠径、高度、年生、条长等。

3. 注意区别灌木的带土台或是裸根种植。

4. 计算中注意按照基价绿化工程中的最后的“绿化工程相应规格对照参考表”中的要求进行树木的换土量的计算。并按照基价有关换土项目的土方规定中的自然土和所换虚土进行折合。

5. 应注意区分是挖树坑、绿篱沟、色带或片植、绿带沟等项目。

6. 如现场种植土符合要求此项工程可只计算回填土。

(三) 开挖工程工程量的计算

根据所计算的树木数量与“绿化工程相应规格对照参考表”中所给出的坑体积的大小计算出所需要换土的工程量。

(四) 工程量计算的相关规则

挖土、运土及人工换种植土，均按天然密实体积以立方米计算。

(五) 景观绿化换种植土工程工程量计算（表1-2-6）

景观绿化换种植土工程工程量计算表　　表1-2-6

序号	苗木名称及规格		单位	数量	规定挖土量（m^3）	合计
	一、乔木					
1	雪　松	高4~4.5m	株	4	1.8463	7.3852
2	桧　柏	高3m	株	5	0.8549	4.2745
3	龙　柏	高2.8m	株	7	0.8549	5.9843
4	千头椿	胸径8cm	株	5	0.3014	1.507
5	栾　树	胸径8cm	株	3	0.3014	0.9042
6	国　槐	胸径8cm	株	47	0.3014	14.1658
7	泡　桐	胸径8cm	株	6	0.3014	1.8084
8	金丝垂柳	胸径8cm	株	12	0.3014	3.6168
9	合　欢	胸径10~12cm	株	5	0.8549	4.2745
10	白　蜡	胸径8cm	株	20	0.3014	6.028
11	金枝槐	胸径8cm	株	19	0.3014	5.7266
	二、灌木					
1	紫叶李	地径4~5cm	株	32	0.1413	4.5216
2	碧　桃	地径4~5cm	株	14	0.1413	1.9782
3	西府海棠（粉色）	地径4~5cm	株	39	0.1413	5.5107
4	紫丁香	高1.2~1.5m	株	21	0.1413	2.9673
5	木　槿	高1.5~1.8m	株	14	0.2308	3.2312
6	榆叶梅	高1.2~1.5m	株	39	0.1413	5.5107
7	紫叶矮樱	高1.2~1.5m	株	26	0.1413	3.6738
8	石　榴	高1.2~1.5m	株	8	0.1413	1.1304
9	树坑挖土量		m^3			84.2
10	树坑换土量小计（基价规定乘1.35）		m^3		84.2×1.35	113.67
	三、膜纹及片植绿篱					
1	丛生紫薇	高0.8~1.0m	m^2	67	0.45	30.15

续表

序号	苗木名称及规格		单位	数量	规定挖土量（m^3）	合计
2	金银木	高1.0～1.2m	m^2	85	0.45	38.25
3	连　翘	高1.0～1.2m	m^2	58	0.45	26.1
4	金叶女贞	高0.5～0.6m（修剪后）	m^2	146	0.35	51.1
5	大叶黄杨	高0.5～0.6m（修剪后）	m^2	510	0.35	178.5
6	丰花月季	三年生	m^2	168	0.3	50.4
7	紫叶小檗	高0.3～0.4m（修剪后）	m^2	25	0.3	7.5
8	红瑞木	高0.8～1.0m（修剪后）	m^2	171	0.45	76.95
9	铺地柏	条长0.6～0.8m	m^2	26	0.45	11.7
10	鸢　尾		m^2	57	0.45	25.65
11	膜纹、片植绿篱挖土量		m^3			496.3
12	片植绿篱换土量小计（基价规定乘1.2）		m^3		496.3×1.2	595.56
	四、草皮					
1	草　皮	满铺	m^2	1075	0.3	322.5
2	草皮挖土量		m^3			322.5
3	草皮换土量小计（基价规定乘1.2）		m^3		322.5×1.2	387

（六）景观绿化换种植土工程工程量清单（表1-2-7）

分部分项工程工程量清单　　**表1-2-7**

专业工程名称：换种植土工程

序号	工　程　项　目	单位	工程量	综合单价	合价
	换土费				
1	树坑换土	m^3	113.67		
2	片植绿篱或膜纹换土	m^3	595.56		
3	草皮地换土	m^3	387		
4	换土费合计	元			

计取其他费用略。

五、景观绿化工程苗木防寒的计算与工程量清单的编制

（一）在计算树木防寒时应注意的问题

1. 注意区别乔木、灌木、绿篱、攀缘植物、花卉、草皮等。
2. 注意区分苗木的胸径、冠径、高度、年生、条长等。

（二）工程量计算的相关规则

1. 落叶乔木、常绿乔木、灌木防寒按实际做防寒数量以株计算。

2. 绿篱、色带防寒按实际做防寒长度以米计算。

3. 木本、宿根类花卉防寒按实际做防寒面积以平方米计算。

（三）苗木防寒工程量清单（表1-2-8）

分部分项工程工程量清单　　表1-2-8

专业工程名称：苗木防寒工程

序号	工程项目		单位	工程量	综合单价	合价
	防寒费					
1	常绿乔木	高4～4.5m	株	4		
2	常绿乔木	高3m内	株	12		
3	乔　木	胸径8cm	株	112		
4	乔　木	胸径12cm	株	5		
5	灌　木	冠径1.5m	株	179		
6	灌　木	冠径2m	株	14		
7	色带及片植绿篱		m	628		
8	防寒费合计		元			

计取其他费用略。

六、景观绿化工程苗木养护的计算与工程量清单的编制

（一）在计算苗木养护时应注意的问题

1. 注意区别乔木、灌木、绿篱、攀缘植物、花卉、草皮等。

2. 注意区分苗木的胸径、冠径、高度、年生、条长等。

3. 注意养护的时间和养护水、电的计算方式。

（二）工程量计算的相关规则

1. 落叶乔木、常绿乔木、散生竹、灌木、球形植物、攀缘植物新工养护均按设计图示数量以株计算。

2. 丛生竹、水生植物新工养护均按设计图示数量以丛计算。

3. 单排绿篱、双排绿篱养护均按设计图示长度以米计算。

4. 片植绿篱、色带、露地花卉、花坛花卉、植物造型、草皮养护均按设计图示以平方米计算。

（三）绿化养护的工程量清单（表1-2-9）

分部分项工程工程量清单 **表1-2-9**

专业工程名称：绿化养护工程

序号	工程项目		单位	工程量	综合单价	合价
	养护费					
1	常绿乔木	高4～4.5m	株	4		
2	常绿乔木	高3m内	株	12		
3	乔　木	胸径8cm	株	112		
4	乔　木	胸径12cm	株	5		
5	灌　木	冠径1.5m	株	179		
6	灌　木	冠径2m	株	14		
7	色带及片植绿篱	0.4m高	m^2	219		
8	色带及片植绿篱	0.6m高	m^2	656		
9	色带及片植绿篱	1m高	m^2	381		
10	草　皮		m^2	1075		
11	养护费合计（时间为一年）		元			

计取其他费用略。

第二章　住宅小区景观小品及道路、围墙、水系工程工程量清单编制

第一节　住宅小区景观小品及道路、围墙、水系工程工程量清单编制基础知识

景观工程中是以各具特色的园林小品点缀在公园和小区中。园林小品主要就是供人们休息、观赏等游览活动的场所。园林小品以其丰富的内容、轻巧美观的造型，点缀在绿草鲜花之中，美化了景色，烘托了气氛，营造了意境。同时由于它们又各具一定的使用功能，是园林中不可缺少的重要组成部分。

园林小品的内容丰富，按其功能的不同可以分为：

1. 供人们休息之用的园林小品：如园林坐凳、园椅。
2. 服务性的园林小品：如园灯、指示牌、道路牌、小卖部。
3. 管理类的园林小品：如垃圾箱、鸟舍、栏杆。
4. 装饰性的园林小品：如景窗、门洞、花池、花钵。
5. 供人们观赏休息之用的园林小品：如亭、廊、花架、雕塑、水溪。
6. 供儿童游乐之用的园林小品：攀藤架、滑梯、翘翘板。
7. 供人们通行之用的园林小品：甬路、曲桥、汀步。

一、园路、园桥、假山工程

（一）相关知识介绍

1. 与园桥相关的知识介绍

在组织与水有关的景观时大多采用桥的布局。桥是人工美的建筑物，是水中的路，造型设计精美的桥能成为自然水景中的重要点缀和园中主景。园林中的桥和路一样起着联系景点、组织景区浏览路线的作用，与路不同是桥为了使其跨度尽可能小，常选择水面和溪谷较狭窄的地方，并设计成曲折的形式。桥的形式除平桥外，还有拱形桥、亭桥、廊桥等。

园林中的水面上还常采用汀步作为水中的路，它的作用类似桥，但比桥更贴近水面，使游人与水的距离更近，行走其上，能有平水而过之感，它在平面布局上，更显现造型美和图案美，使其成为点缀水面的一种常用的造园手法。

园桥由桥基、桥身、桥面、栏杆组成。其桥身常为拱形；栏杆多为汉白玉、青白石、铁艺花式等。

栏杆主要功能是防护。园林中的栏杆除了起防护的作用外，还用于分隔不同的活动内

容的空间，划分活动范围以及组织人流。栏杆同时还是园林的装饰小品，用以点景和美化环境。但在园林中不宜普遍设置栏杆，特别是在浅水池、小平桥、小路两侧，能不设置的地方尽量不设置。在必须设置的地方应把围护、分隔的作用与美化、装饰的功能有机地结合起来。栏杆的高度要因地制宜，要考虑功能的要求，但不能简单地以高度来适应管理上的要求。防护栏的高度一般为 1.1m，栏杆格栅的间距要小于 12cm，其构造应粗壮、结实。台阶、坡地的一般防护栏、扶手栏杆的高度常在 90cm 左右。设在花坛、小水池、草坪边以及道路绿化带边缘的装饰性镶边栏杆的高度为 15 ~ 30cm，其造型应纤细、轻巧、简洁、大方。制作栏杆常用的材料有石料、钢筋混凝土、铁、砖、木等。

下面就与景桥相关的构造名词介绍一下：

花岗石：是花岗岩的俗称。它属于酸性结晶深成岩，是火山岩中分布最广的岩石，其主要成分为长石、石英和少量云母。

汉白玉：是一种纯白色大理石。因其石质晶莹纯净、洁白如玉而得名。

青白石：是一种石灰岩的俗称，颜色为青白色。

2. 与园路相关的知识介绍

园路：指联系景区、景点及活动场所的纽带，具有引导游览、分散人流的功能。一般分为：主干道、次干道和游步道。园路的基本构成包括：垫层、结合层、面层。又由于不同景观的需要，面层又可采用片石、卵石、水泥砖、镶草砖等。

园林中的路是联系各景区景点的纽带和脉络，在园林中起着组织交通的作用，它与城市的马路是截然不同的概念，园林中的路是随地形环境、自然景色的变化而布置，引导、并组织游人在不断变化的景物中观赏到最佳景观，从而获得轻松、幽静、自然的感受。园林中的路不仅仅有交通联系的功能，它本身也是园林景观的组成部分，它的面材和式样是丰富多彩的，常采用的有石、砖、水泥预制块、各种瓷砖、青石。庭院的地面常采用方砖铺砌；曲折的小径则常采用砖、卵石、青石等材料配合。

甬路：是指通向厅堂、走廊和主要建筑物的道路，在园林景观中的一类多用砖、石砌成，笔直的或蜿蜒、起伏的小路。为增加其视觉效果，可用彩色卵石或青步石作面材。

海墁：是指庭院中除了甬路之外，其他地方也都墁砖的做法。

3. 与假山、驳岸相关的知识介绍

假山：是从土山开始逐步发展到叠石为山的。园林中的假山是模仿真山人工创造的风景。

堆砌土山丘：是以土壤堆成，它是利用原有凸起的地形、土丘，加堆土壤以突出其高耸的山形。

堆砌石假山：是用自然山石在石间空隙处填土配植植物的，这种用自然山石堆砌的假山一般常用的山石有江南的太湖石、广东的英石、华北的太湖石、山东的青石等。

塑假山：是采用水泥材料以人工塑造的方式来制作假山或石景，它是人造山石，一般是用钢筋为骨架做成山石模胚与骨架，然后再用小块的英德石贴面成顺皱纹，并使色泽一致，塑成比较逼真的山石。

景石：不具备山形但以奇特的形状为审美特征的石质观赏品。

零星点石：它是按照若干块山石布置石景的一种手法，其布置方式具有山石的分散、随意布置。采用零星散布的石景主要是用来点缀地面景观，使地面更具有自然山地的野趣。

驳岸：是园林水景岸坡的一种处理手法。一般有假山石驳岸、石砌驳岸、阶梯状台地驳岸和挑檐驳岸。假山石驳岸是园林中最常见的水岸处理方式，是用山石不经人工整形，顺其自然石形砌筑成崎岖、曲折、凹凸变化的形式。石砌驳岸则是先将水岸整成斜坡，用不规则的岩石砌成虎皮状的护坡。阶梯形台地驳岸适用于水岸与水面高差很大、水体不稳定的水体，将高岸修成阶梯式台地。挑檐式驳岸是一种水面延伸到岸檐下的做法。

（二）编制工程量清单应说明的问题和应包括的工作内容

1. 园路卵石路面层项目包括：清理基层，放线，调制、运、抹砂浆，铺镶卵石，清理净面，养护。

2. 园路混凝土块料面层项目包括：清理基层，放线，调配铺筑，铺砌面层，镶缝，清扫。

3. 园路大理石、花岗岩、彩釉砖、广场砖块料面层项目包括：清理基层，放线，调制，运砂浆，刷素水泥浆及成品保护，锯板磨边，铺贴面层，擦缝，清理净面。

4. 嵌草砖铺装项目包括：清理基层，铺设，压实，露空部分填土。

5. 园路路床整理项目包括：标高在 ±30cm 以内的就地挖填找平，夯实，整修，弃土1m 以外。

6. 基础垫层项目包括：筛土，浇水，拌合，铺设，找平，夯实；混凝土浇筑，振捣，养护。

7. 园路项目包括：园路路基，路床整理，垫层铺筑，路面铺筑，路面养护。

8. 路牙铺设项目包括：基层清理，垫层铺设，路牙铺设。

9. 镶草砖铺装项目包括：原土夯实，垫层铺设，铺砖，填土。

10. 园路项目应注明垫层厚度、宽度，材料种类，路面厚度、宽度，材料种类，混凝土强度等级，砂浆强度等级。

11. 路牙铺设项目应注明垫层厚度，材料种类，规格，混凝土强度等级，砂浆强度等级。

12. 嵌草砖铺装项目应注明垫层厚度，铺设方式，嵌草砖品种、规格、颜色，露空部分填土要求。

13. 在铺砌园路块料面层时，如采用块料面层同样材料做路牙的，其路牙的工程量并入块料面层工程量内计算，不另行套用路牙基价子目。

14. 木桥面项目包括：选料，锯料，刨光，制作及安装。

15. 散铺砂卵石护岸项目包括：修正边坡，铺砂，铺卵石，点布大卵石。

16. 打钢筋混凝土桩项目包括：准备打桩工具，移动打桩机及打桩机轨道，吊桩定位，安卸桩帽，校正打桩，凿桩头。

17. 木梁、木栏杆制作安装项目包括：放样，选料，刨光，画线，制作及剔凿成型；安装项目包括：安装，吊线，校正，固定。木栏杆项目还包括雕饰，望柱脚铁件安装及刷防腐油。

（三）工程量计算规则

1. 园路按设计图示尺寸以面积计算，不包括路牙。

2. 路牙铺设、树池围牙按设计图示尺寸以长度计算。

3. 嵌草砖铺装按设计图示尺寸以面积计算。

4. 园路路床整理按设计图示尺寸，两边各放宽5cm乘厚度，以立方米计算。

5. 园路垫层（除混凝土垫层外）均按设计图示尺寸，两边各放宽5cm乘厚度，以立方米计算。

6. 石桥基础，石桥墩，石桥台，拱碹石制作、安装，金刚墙砌筑，按设计图示尺寸以体积计算。

7. 木制步桥按设计图示尺寸，以桥面板长乘桥面宽，以面积计算。

8. 汀步铺装按设计图示尺寸以体积计算。

9. 堆砌石假山按假山设计图示尺寸以估算质量计算。

10. 点风景石，池石，盆景山按设计图示数量计算。

11. 山石护角按设计图示尺寸以体积计算。

12. 山坡石台阶按设计图示尺寸以水平投影面积计算。

13. 石砌驳岸按设计图示尺寸以体积计算。

14. 原木桩驳岸按设计图示尺寸以桩长（包括桩尖）计算。

15. 散铺砂卵石护岸（自然护岸）按设计图示尺寸，平均护岸宽度乘以护岸长度，以面积计算。

16. 木梁按设计图示尺寸，以立方米计算。

17. 木栏杆以地面上皮至扶手上皮间高度乘以长度（不扣望柱）以平方米计算。

二、园林景观工程

（一）相关知识介绍

1. 亭：是我国园林中最常见的一种园林建筑。它常与其他建筑、山水、植物相结合，装点着园景。亭的占地面积较小，也很容易与园林中各种复杂的地形地貌相结合成为园中一景，在自然风景区和游览胜地，亭以它自由、灵活、多变的特点把大自然点缀得更加引人入胜。

亭的体形较小，造型却是多种多样的，从平面形状看有圆形、方形、多边形、扇形等。从体量看有单体的也有组合式的。从亭顶的形式看有攒尖顶和歇山顶。从亭子的立面造型看有单檐的、重檐的。从亭子位置看有山亭、桥亭、半亭、廊亭等。从建亭的材料看有木构架的瓦亭、石材亭、竹亭、仿木亭、钢筋混凝土亭、不锈钢亭、膜构亭、蘑菇亭、伞亭等。

2. 廊：廊在园林中应用广泛。它除了能遮阳、避雨、供游人休息以外，更重要的功能是组织观赏景物的导游路线，同时它也是划分园林空间的重要手段。廊本身具有一定的观赏价值，在园林景观中可以独立成景。廊的形式按平面形式分：直廊、曲廊、回廊；按结构形式分：两带柱的空廊、一面为柱一面围墙的半廊、两面为柱中间有墙的复廊；按其位置分：走廊、爬山廊、水廊、桥廊等。廊一般为长条形建筑物，从平面和空间上看都是相同的建筑单元“间”的连续和发展。廊柱之间常设有座凳、栏杆。廊顶的形式多作成卷棚、坡顶。

3. 园椅、园凳、园桌：园椅、园凳是各种园林绿地及城市广场中心必备的设施。它们常被设置在人们需要就座歇息、环境优美、有景可赏之处。园凳、园桌既可单独设置，也可成组布置；既可自由分散布置，也可有规则的连续布置。园椅、园凳也可与花坛等其他小品组合形成一个整体。园椅、园凳的造型要轻巧美观，形式活泼多样，构造要简单，制作方便，结合园林环境做出具有特色的设计。园椅、园凳的高一般取为35～40cm。常用的做法有钢管为支架，木板为面的；铸铁为支架，木条为面的；钢筋混凝土现浇的；水磨石预制的；竹材或木材制作的，也有就地取材的利用自然山石稍经加工而成，当然还可采用其他材料，如大理石、塑料、玻璃纤维等，其总体原则不在于材质贵贱，主要是要符合环境整体的要求，达到和谐美。

4. 栏杆：主要功能是防护。园林中的栏杆除了起防护的作用外，还用于分隔不同活动内容的空间，划分活动范围以及组织人流。栏杆同时还是园林的装饰小品，用以点景和美化环境。但在园林中不宜普遍设置栏杆，特别是在浅水池、小平桥、小路两侧，能不设置的地方尽量不设置。在必须设置的地方应把围护、分隔的作用与美化、装饰的功能有机的结合起来。栏杆的的高度要因地制宜，要考虑功能的要求，但不能简单地以高度来适应管理上的要求。防护栏的高度一般为1.1m，栏杆格栅的间距要小于12cm，其构造应粗壮、结实。台阶、坡地的一般防护栏、扶手栏杆的高度常在90cm左右。设在花坛、小水池、草坪边以及道路绿化带边缘的装饰性镶边栏杆的高度为15～30cm，其造型应纤细、轻巧、简洁、大方。制作栏杆常用的材料有石料、钢筋混凝土、铁、砖、木等。

5. 花架：指供游人休息、赏景之用的棚架；它的形式多种多样，造型灵活轻巧，有直线性、曲线形、单臂式、双臂式等；它还具有组织空间、划分景区、增加景深的作用。常用的材料有混凝土、木、钢材等。其组成为梁、檩、柱、座凳等。

花架可以说是用植物材料做成顶的廊，它和廊一样可为游人提供遮阳、驻足之处，供观赏并点缀园内风景，还有组织空间、划分景区、增加风景的景深层次的作用。花架的造型简洁、轻巧，特别适用于植物的自由攀援。按其构造材料分：竹花架、木花架、钢花架、石材花架、钢筋混凝土花架等。

6. 水池：园林景观中的水池是喷泉池、叠水池、盆景池和人工池塘的总称。池子的面积大小不一，形状也是千姿百态。平面形状有圆形、方形、椭圆形、菱形，也有不规则的曲线形。池底一般做法是采用钢筋混凝土、素混凝土或是保留原土，池壁多采用钢筋混凝土、毛石砌筑、烧结砖外抹防水层等。由于池中长期浸水所以都要做防水处理。一般做法是采用防水混凝土、油毡防水层或是抹防水砂浆。北方地区由于气候比较寒冷还需要考虑做防冻处理。一般做法是在池外壁填充一定的轻质骨料，如砂石、矿渣、蛭石等。

（二）编制工程量清单应说明的问题和应包括的工作内容

1. 现浇钢筋混凝土基础包括：混凝土的浇筑、振捣、养护。

2. 预制混凝土项目包括：混凝土浇筑，振捣，养护及构件的成品堆放。

3. 预制混凝土构件安装项目包括：构件翻身，就位，加固，校正，垫实节点，焊接或加固螺栓，灌缝找平。

4. 木构件制作项目包括：放样，选料，截料，刨光，画线，制作及剔凿成型。

5. 木构件安装项目包括：安装，吊线，校正，临时支撑。

6. 木花架柱、梁包括：构件制作，安装，刷防护材料，油漆。

7. 木花架柱、梁项目应注明木材种类，梁的截面，连接方式，防护材料种类。

8. 木构件基价中一般以刨光的为准，刨光损耗已经包括在基价子目中。基价子目中的木材数量均为毛料。

9. 木构件基价中的原木、锯材是以自然干燥为准，如设计要求需烘干时，其费用另行计算。

10. 木构架中的木梁、木柱按设计图示尺寸以立方米计算。

11. 金属构件制作项目包括：放样，钢材校正，划线下料，平直，钻孔，刨边，倒棱，煨弯，装配，焊接成品，校正，运输，堆放。

12. 金属构件安装项目包括：构建加固、吊装校正、拧紧螺栓、电焊固定、构建翻身、就位、场内运输。

13. 金属构件项目包括：除锈、清扫、打磨、刷油。

14. 金属花架柱、梁项目应注明钢材品种、规格，柱、梁截面，油漆品种，刷漆遍数。

15. 金属构件制作是按焊接为主考虑的，对构件局部采用螺栓连接时，宜考虑在基价内部再换算，但如遇有铆接为主的构件时，应另行补充基价子目。

16. 金属构件基价中的油漆，一般均综合考虑了防锈漆一道，调和漆两道，如设计要求不同时，可按刷油漆项目的有关规定计算刷油漆。

17. 现浇混凝土水池、喷泉池、花池、花坛壁项目包括：混凝土制作，运输，浇筑，振捣，养护。

18. 现浇混凝土水池、喷泉池、花池、花坛壁项目应注明池壁类型，池壁厚度，混凝土强度等级，混凝土拌合料要求。

19. 石凳项目包括：选料，放样，翻动，加工成型，调运，铺砂浆，就位安装，校正，固定。

20. 砖砌小摆设项目包括：调制、运砂浆，运、砌砖。

21. 室外排水项目包括：挖沟，找泛水，清理，铺管，调制砂浆，接口，养护，试水，回填土。

（三）工程量计算规则

1. 混凝土水池、喷泉池、花池、花坛壁按设计图示尺寸以体积计算。

2. 根据目前天津及一些城市现行的施工方法及价格规定，张拉膜的施工是整体施工，包括了膜亭的全部项目（基础及膜亭的主体），预算计价也是整体的价格，计量方法是按膜亭的展开面积计算。

3. 金属花架柱、梁按设计图示以质量计算。

4. 现浇混凝土斜屋面板、攒尖亭屋面板、预制混凝土攒尖亭屋面板按设计图示尺寸以体积计算。混凝土屋脊并入屋面体积内。

5. 木屋面板按设计图示尺寸以面积计算。

6. 现浇混凝土花架柱、梁，预制混凝土花架柱、梁按设计图示尺寸以体积计算。

7. 现浇混凝土桌凳、预制混凝土桌凳、石桌凳、塑树根桌凳按设计图示数量计算。

8. 板式木座面按设计图示尺寸以面积计算。

9. 条式木座面按设计图示尺寸以体积计算。

10. 砖砌小摆设按设计图示尺寸以体积计算或以数量计算。

11. 金属栏杆、动物金属笼舍按设计图示尺寸以质量计算。不扣除孔眼、切边、切肢的质量，焊条、铆钉、螺栓等不另行增加质量，不规则或多边形钢板以其外接矩形面积乘以厚度以单位理论质量计算。

12. 室外排水管道按设计图示中心线以延长米计算，不扣除井所占的长度。

三、土石方工程

（一）相关知识介绍

土壤分类：根据土壤的物理和化学性质的不同而进行的归纳。在建筑工程中一般采用的方法是按土壤的坚硬程度和开挖难易来区分的。

回填土：在建筑工程中是把挖出的部分土回填回去的方法。回填土分为机械回填和人工回填，人工回填又可分为松填和夯填。

（二）编制工程量清单应说明的问题和应包括的工作内容

1. 人工挖地槽、地坑、土方项目包括：挖土抛于槽边1m以外或装、运土，修整底边。

2. 挖淤泥、流沙项目包括：挖、装淤泥、流沙，整修底边。

3. 人工凿岩石项目包括：凿石，清理，修边，检底，抛石渣于2m之外。

4. 回填土项目包括：5m以内取土及分层夯实。

5. 场地填土分松填和夯填，松填土包括填土、找平，夯填土除填土外还包括分层夯实。

6. 素土夯实分用于基础以下和用于房心垫层以下两项，包括150m运土，找平并分层夯实。

7. 人工运土、泥、石项目包括：装、运、卸及堆放。

8. 槽底钎探项目包括：探槽，打钎，拔钎。

9. 原土打夯项目包括：碎土，找平及夯实两遍。

10. 挖土工程：槽底宽度在3m以内，且长度是宽度三倍以外者为地槽；槽底面积在$20m^2$以内者为地坑；槽底宽度在3m以外，且槽底面积在$20m^2$以外者为挖土方。

11. 挖基础土方项目包括：排地表水，土方开挖，挡土板支拆，基底钎探，土的运输。

12. 平整场地项目包括：标高在±30cm以内的就地挖填找平。就地的范围指人力能抛掷的距离。

（三）工程量计算规则

1. 挖基础土方按设计图示尺寸及基础垫层底面积乘以挖土深度的天然密实体积计算。

2. 人工挖地槽的体积应是外墙地槽和内墙地槽总体积。槽长的计算：外墙地槽按外墙地槽的中心线计算，内墙地槽长度按内墙槽底净长度计算；槽宽按设计图示尺寸加工作面的宽度计算；槽深按自然地平至槽底计算。当需要放坡时，应将放坡的土方量合并于总土方量中。

3. 平整场地按设计图示尺寸以建筑物首层面积计算。

4. 土方回填按设计图示尺寸以体积计算。

（1）场地回填：回填面积乘以回填厚度。

（2）室内回填：主墙间净面积乘以回填厚度。

（3）基础回填：挖土方体积减去设计室外地坪以下埋设的基础体积。

5. 挖地槽原土回填的工程量，可按地槽挖土工程量乘以系数0.6计算。

四、砌筑工程

（一）相关知识介绍

大放脚：在基础与垫层之间做成阶梯状的砌体称为大放脚。设置大放脚的目的是增加基础底面的宽度，以适应地基的承载能力。

白灰砂浆：是以白灰膏为胶凝材料并和水、细砂按一定比例拌合而成的。

水泥砂浆：是以水泥为胶凝材料，并和砂子、水按一定比例拌合而成的。

（二）编制工程量清单应说明的问题和应包括的工作内容

1. 砖砌体项目包括：调制、运砂浆，运、砌砖。

2. 实心砖墙项目包括：砂浆制作、运输、勾缝，砌砖，砖压顶砌筑，材料运输。

3. 砖基础项目包括：砂浆制作，运输，铺设垫层，砌砖，防潮层铺设，材料运输。

4. 砖基础项目应注明砖的品种，规格，强度等级，基础类型，基础深度，砂浆强度等级。还应包括垫层的材料种类和厚度。

5. 砖基础项目应注明砖的品种，规格，强度等级，墙体类型，墙体高度，墙体厚度，砂浆强度，勾缝要求，配合比等。

6. 实心砖墙项目适用于各类实心砖墙，可分为外墙，内墙，围墙，双面混水墙，双面清水墙，单面清水墙，直形墙，弧形墙。

7. 砖基础项目适用于墙基础、柱基础等，对基础类型应在工程量清单中进行描述。

8. 砌砖墙基价子目中综合考虑了除单砖墙以外不同的厚度，内墙与外墙，清水墙与混水墙的因素。

（三）工程量计算规则

1. 砖基础按设计图示尺寸以体积计算。包括附墙垛基础宽出部分体积，扣除地梁

(圈梁)、构造柱所占体积。不扣除基础大放脚丁形接头处的重叠部分及嵌入基础内的钢筋、铁件、管道，基础砂浆防潮层和单个面积在0.3m^2以内的空洞所占体积，靠墙暖气沟的挑檐不增加。

2. 基础长度：外墙按中心线，内墙按净长计算。

3. 实心砖墙按设计尺寸以体积计算。扣除门窗洞口，过人洞，空圈，嵌入墙内的钢筋混凝土柱、梁、圈梁、挑梁、过梁以及凹进墙内的管道、暖气槽、消火栓所占体积。不扣除梁头、板头、檩头、垫木、木砖、砖墙内加固钢筋、木筋、铁件、钢管及单个面积在0.3m^2以内的空洞所占体积。凸出墙面的腰线、挑檐、压顶、窗台线、门窗套的体积也不增加。凸出墙面的砖垛并入墙体体积内计算。

4. 砖墙长度：外墙按中心线，内墙按净长线。

5. 砖墙高度：外墙坡屋面无檐口顶棚者算至屋面板底；有屋架且室内外均有顶棚者算至屋架下弦底另加200mm；无顶棚者算至屋架下弦底另加300mm；出檐宽度超过600mm时按实砌高度计算；平屋面算至钢筋混凝土板底。内墙位于屋架下弦者算至屋架下弦底；无屋架者算至顶棚底另加100mm；有钢筋混凝土楼板隔层者算至楼板顶；有框架梁时算至梁底。女儿墙从屋面板上表面算至女儿墙顶面。内外山墙按其平均高度计算。

6. 实心砖柱、零星砌体按设计图示尺寸以体积计算。扣除混凝土及钢筋混凝土梁垫、梁头、板头所占体积。

7. 基础砂浆防潮层按设计图示尺寸以面积计算。

8. 砖柱不分柱身和柱基。其工程量合并计算。套用砖柱基价子目执行。

9. 砖地沟按设计图示尺寸以实体积计算。

10. 标准砖厚度按表2-1-1计算：

标准砖厚度 **表2-1-1**

墙　　厚	1/4	1/2	3/4	1	3/2	2
计算厚度（mm）	53	115	180	240	365	490

11. 毛石基础项目包括：选、修、运毛石，调制、运砂浆，砌毛石。

12. 毛石墙、毛石景墙项目包括：选、修、运毛石，调制、运砂浆，砌毛石；墙角、窗台、门窗洞口的石料加工。

13. 石柱、石梁、石压顶项目包括：选料，放样，翻动，开料，加工成型，调制、运砂浆，就位安装，校正，固定。

14. 石基础按设计图示尺寸以体积计算。基础的长度：外墙按中心线，内墙按净长计算。

15. 石墙、毛石景墙按设计图示尺寸以体积计算。扣除门窗洞口，过人洞，空圈，嵌入墙内的钢筋混凝土柱、梁、圈梁、挑梁、过梁以及凹进墙内的管道、暖气槽、消火栓所占体积。不扣除梁头、板头、檩头、垫木、木砖、砖墙内加固钢筋、木筋、铁件、钢管及单个面积在0.3m^2以内的空洞所占体积。凸出墙面的腰线、挑檐、压顶、窗台线、门窗套的体积也不增加。凸出墙面的砖垛并入墙体体积内计算。

16. 石挡土墙、石柱、石梁、石压顶按设计图示尺寸以体积计算。

五、混凝土及钢筋混凝土工程

（一）相关知识介绍

混凝土：是以水、砂子、石子、水泥等按一定比例混合在一起的一种人造石材。

独立基础：凡现浇钢筋混凝土独立柱下的基础都称为独立基础。其断面形式有阶梯形、平板形、角锥形等。

杯形基础：独立基础中心预留有安装钢筋混凝土预制柱的空洞时，则称为杯形基础，它是独立基础的一种形式。

条形基础：又称带形基础，是由柱下独立基础沿纵向串联而成。它可将上部框架结构连成主体，从而减少上部结构的沉降差，它与独立基础相比，具有较大的基础底面积，能承受较大的荷载。

垫层：它是承重和传递荷载的构造层，根据需要选用不同的垫层材料。垫层分为刚性和柔性两种，刚性一般用 C10 的混凝土材料捣成。它适用于薄而大的整体面层和块料面层；柔性垫层一般用各种松散材料，如砂子、炉渣、碎石、灰土等压实而成，它一般适用于较厚的块状面层。

现浇混凝土：它是指现场直接支模，绑扎钢筋，浇筑混凝土制成的各种构件。

预制混凝土：是指在施工现场安装之前，根据施工图纸及土建工程的相关尺寸，进行预先的下料，加工组合部件或在预制加工厂定购的各种构件，这种方法可以提高机械化程度，加快施工现场安装速度，缩短工期。

梁：它是房屋建筑及园林小品的承重构件之一。它承受作用在其上的各种构件的荷载，且能与柱等构件共同承受建筑物和其他物体的荷载，在结构工程中应用十分广泛。钢筋混凝土梁按照断面形状可以分为矩形和异形，异形梁又可是 L 形、T 形等。按其结构位置又可分为基础梁、圈梁、过梁、连续梁等。

柱：它是建筑物的主要承重构件之一。它将建筑物的荷载竖向传递到梁或基础上。柱的外形可以是矩形、圆形、多边形的。为增加墙体的刚度在墙体中可以设置混凝土构造柱。

屋面板：是指能承受屋面荷载同时起到维护作用的板。

檐口：建筑物屋顶在檐墙的顶部位置称为檐口。

（二）编制工程量清单应说明的问题和应包括的工作内容

1. 现浇混凝土基础、梁、柱、墙、板、其他构件项目包括：混凝土浇筑，振捣，养护。

2. 预制混凝土构件、其他构件项目包括：混凝土浇筑，振捣，养护，构件的成品堆放。

3. 钢筋项目包括：制作，绑扎，安装。

4. 螺栓、铁件项目包括：制作，安装。

5. 预制混凝土构件安装项目包括：构件翻身，就位，加固，吊装，校正，垫实节点，焊接或紧固螺栓，灌缝找平。

6. 基础垫层项目包括：拌合，找平，分层夯实，砂浆调制，混凝土浇筑，振捣，养护，混凝土垫层还包括原土夯实。

7. 现浇混凝土基础项目包括：铺设垫层，混凝土制作，运输，浇筑，振捣，养护。

8. 现浇混凝土柱、梁、墙、板、其他构件项目包括：混凝土制作，运输，浇筑，振捣，养护。

9. 现浇混凝土散水、坡道项目包括：地基夯实，铺设垫层，混凝土制作，运输，浇筑，振捣，养护，变形缝填塞。

10. 现浇混凝土基础项目应注明混凝土强度等级、混凝土拌合料要求，还应注明垫层材料种类、厚度。

11. 现浇混凝土柱项目应注明柱高度，柱截面尺寸，混凝土强度等级，混凝土拌合料要求。

12. 现浇混凝土梁项目应注明梁底标高，梁截面，混凝土强度等级，混凝土拌合料要求。

13. 现浇混凝土墙项目应注明墙类型，墙厚度，混凝土强度等级，混凝土拌合料要求。

14. 现浇混凝土板项目应注明板底标高，板厚度，混凝土强度等级，混凝土拌合料要求。

15. 现浇筑混凝土其他构件项目应注明构件的类型，构件规格，混凝土强度等级，混凝土拌合料要求。

16. 现浇筑混凝土散水、坡道项目应注明面层厚度，混凝土强度等级，混凝土拌合料要求，填塞材料种类，还应注明垫层材料种类。

17. 预制混凝土梁项目应注明单位体积，安装高度，混凝土强度等级，砂浆强度等级。

18. 预制混凝土其他构件项目应注明构件的类型，单位体积，安装高度，混凝土强度等级，砂浆强度等级。

19. 螺栓、铁件项目应注明钢材种类、规格，螺栓长度，铁件尺寸。

（三）工程量计算规则

1. 现浇混凝土带形基础、独立基础、杯形基础、满堂基础按设计图示尺寸以体积计算。不扣除构件内钢筋、预埋铁件所占体积。

2. 现浇混凝土构造柱按设计图示尺寸以体积计算。不扣除构件内钢筋、预埋铁件所占体积。其柱高按全高计算，嵌接墙体部分并入柱身体积。

3. 现浇混凝土基础梁、圈梁、过梁按设计图示尺寸以体积计算。不扣除构件内钢筋、预埋铁件所占体积，伸入墙内的梁头、梁垫并入梁的体积内。其梁长：（1）梁与柱连接时，梁长算至柱侧面；（2）主梁与次梁连接时，次梁长算至主梁侧面。

4. 现浇混凝土直形墙、弧形墙、挡土墙按设计图示尺寸以体积计算。不扣除构件内钢筋、预埋铁件所占体积，扣除门窗洞口及单个面积0.3m^2 以外的空洞所占的体积，墙垛及突出墙面部分并入墙体内计算。

5. 现浇混凝土其他构件按设计图示以体积计算。不扣除构件内钢筋、预埋铁件所占体积。

6. 现浇混凝土散水按设计图示以面积计算。不扣除单个面积 0.3m^2 以内的空洞所占的面积。

7. 预制混凝土过梁、其他构件按设计图示尺寸以体积计算。不扣除构件内钢筋、预埋铁件所占体积。

8. 现浇混凝土钢筋、预制混凝土钢筋、钢筋网片按设计图示钢筋（网）长度（面积）乘以单位理论质量计算。

9. 螺栓、铁件按设计图示尺寸以质量计算。

10. 预制混凝土构件安装、运输按设计图示尺寸以立方米计算。

11. 基础垫层按设计图示尺寸以体积计算。其长度：外墙按中心线，内墙按垫层净长度计算。

12. 现浇混凝土坡道按设计图示尺寸以立方米计算。

六、屋面及防水工程

（一）相关知识介绍

找平层：是指垫层上、楼板上或是轻质材料、松散材料层上起整平、找坡或是加强作用的构造层，常见的是水泥砂浆找平层和细石混凝土找平层。

卷材：是指用天然的或人工合成的有机高分子化合材料为基础原料，经过一定的工艺处理而制成的，且在常温常压下能够保持形状不变的柔性防水材料。一般常用的是用原纸为胎芯浸渍而成的卷材，习惯上称为油毡。

（二）编制工程量清单应说明的问题和应包括的工作内容

1. 纸胎油毡防水、玻璃布油毡防水项目包括：清扫底层，刷冷底子油一道，熬制沥青，铺卷材，撒豆粒石，屋面浇水试验。

2. 改性沥青卷材防水项目包括：清扫底层，刷冷底子油一道，喷灯热熔，粘贴卷材。

3. 聚氨酯涂膜防水项目包括：清扫底层，涂聚氨酯底胶，刷聚氨酯防水层二遍，撒石粉保护层。

4. 刚性防水项目包括：清理基层，调制砂浆，抹灰，养护。

5. 地面找平层项目包括：清理基层，调制砂浆，抹水泥砂浆，混凝土浇筑、振捣、养护。

6. 卷材防水项目包括：基层处理，抹找平层，刷底油，铺油毡卷材、接缝、嵌缝，铺保护层。

7. 涂膜防水项目包括：基层处理，抹找平层，涂防水层，铺保护层

8. 刚性防水项目包括：基层处理，混凝土制作、运输、铺筑、养护。

9. 屋面不分屋面形式，如平屋面、锯齿形屋面、弧形屋面等，均执行同一子目。刷冷

底子油一遍已综合在基价内，不另计算。

（三）工程量计算规则

1. 卷材防水，涂膜防水按设计图示尺寸以面积计算。
2. 刚性防水按设计图示尺寸以面积计算。
3. 抹水泥砂浆找平层的工程量与卷材屋面相同。
4. 找平层的工程量均按平方米计算。
5. 卷材防水的附加层、接缝、收头，找平层的嵌缝、冷底子油已计入内，不另计算。

七、地面工程

（一）相关知识介绍

园路、甬路、海墁知识见前述。

（二）编制工程量清单应说明的问题和应包括的工作内容

1. 水泥砂浆地面项目包括：抹灰，压光。
2. 水磨石地面项目包括：刷素水泥浆打底，嵌条，抹面，补砂眼，磨光，抛光，清洗，打蜡。
3. 细石混凝土地面项目包括：刷浆，振捣，养护。
4. 水泥豆石浆地面项目包括：刷浆，抹面。
5. 大理石、花岗岩地面项目包括：试排弹线，刷素水泥浆及成品保护，锯板磨边，铺贴饰面，擦缝，清理净面。
6. 陶瓷地砖、缸砖、水泥花砖、陶瓷锦砖地面项目包括：试排弹线，刷素水泥浆，锯板磨边，铺贴饰面，擦缝，清理净面。
7. 凹凸假麻石块地面项目包括：试排弹线，刷素水泥浆，锯板磨边，铺贴饰面，擦缝，清理净面。
8. 橡胶板、塑料板、塑料卷材地面项目包括：刮腻子，涂刷胶粘剂，铺贴面层，清理净面。
9. 硬木板地面项目包括：刷胶，铺贴面层，打磨净面，龙骨铺设，毛地板制作、安装，刷防腐剂。
10. 水泥砂浆踢脚线项目包括：抹灰，压光。
11. 金属扶手带栏杆、栏板项目包括：放样，下料，铆接，焊接，玻璃安装，打磨抛光。
12. 金属靠墙扶手项目包括：制作，安装，支托，煨弯，打洞堵混凝土。
13. 石材台阶面、块料台阶面项目包括：试排弹线，刷素水泥浆，锯板磨边，铺贴饰面，擦缝，清理净面。
14. 水泥砂浆台阶面项目包括：抹面，找平，压实，养护。
15. 石材零星项目、碎拼石材零星项目、块料零星项目包括：试排弹线，刷素水泥浆，锯板磨边，铺贴饰面，擦缝，清理净面。

16. 地面垫层项目包括：铺设垫层，拌合，找平，夯实，调制砂浆及灌缝，混凝土浇筑、捣振、养护，炉渣混合物铺设拍实；混凝土垫层还包括原土夯实。

17. 编制工程量时，各项目应包括以下工程内容：

（1）水泥砂浆地面项目包括：基层清理，垫层铺设，抹找平层，防水层铺设，抹面层，材料运输。

（2）现浇水磨石地面项目包括：基层清理，垫层铺设，抹找平层，防水层铺设，面层铺设，嵌缝条安装，磨光，酸洗，打蜡，材料运输，抹面层，材料运输。

（3）细石混凝土地面项目包括：基层清理，垫层铺设，抹找平层，防水层铺设，面层铺设，材料运输。

（4）水泥豆石浆地面项目包括：基层清理，垫层铺设，抹找平层，防水层铺设，抹面层，材料运输。

（5）石材地面、块料地面项目包括：基层清理，垫层铺设，抹找平层，防水层铺设，填充层、面层铺设，嵌缝，刷防护材料，酸洗，打蜡，材料运输。

（6）橡胶板地面、塑料板地面、塑料卷材地面项目包括：基层清理，抹找平层，填充层、面层铺设，压缝条安装，材料运输。

（7）硬木板地面项目包括：基层清理，抹找平层，铺设填充层，龙骨铺设，铺设基层，面层铺贴，刷防护材料，材料运输。

（8）金属扶手带栏杆、栏板，金属靠墙扶手项目包括：制作，运输，安装，刷防护材料，刷油漆。

（9）石材台阶面、块料台阶面项目包括：基层清理，底层抹灰，面层铺贴，勾缝，刷防护材料，材料运输。

（10）水泥砂浆台阶面项目包括：基层清理，底层抹灰，抹面层，抹防滑条，材料运输。

（11）剁假石台阶面项目包括：基层清理，铺设垫层，抹找平，抹面层，剁假石，材料运输。

（12）石材零星项目、碎拼大理石零星项目、块料零星项目包括：基层清理，抹找平层，面层铺贴，勾缝，刷防护材料，酸洗，打蜡，材料运输。

18. 水泥砂浆地面项目应注明垫层材料种类、厚度，找平层厚度，砂浆配合比，防水层厚度，材料种类，面层厚度，砂浆配合比。

19. 现浇水磨石地面项目应注明垫层材料种类、厚度，找平层厚度，砂浆配合比，防水层厚度，材料种类，面层厚度，水泥石子浆配合比，嵌条材料种类、规格，石子种类、规格，颜色种类，图案要求，磨光、酸洗、打蜡要求。

20. 细石混凝土地面项目应注明垫层材料种类、厚度，找平层厚度，砂浆配合比，防水层厚度，材料种类，面层厚度，混凝土强度等级。

21. 石材地面、块料地面项目应注明垫层材料种类、厚度，找平层厚度，砂浆配合比，防水层材料种类，填充材料种类、厚度，结合层厚度，砂浆配合比，面层材料品种、规格、品牌、颜色，嵌缝材料种类，防护层材料种类，酸洗，打蜡要求。

22. 橡胶板地面、塑料板地面、塑料卷材地面项目应注明找平层厚度，砂浆配合比，填充材料种类、厚度，粘结层厚度，材料种类，面层材料品种、规格、品牌、颜色，压线条种类。

23. 硬木板地面项目应注明找平层厚度，砂浆配合比，填充材料种类、厚度，龙骨材料种类、规格，铺设间距，基层材料种类、规格，面层材料品种、规格、品牌、颜色，粘结材料种类，防护层材料种类，油漆品种，刷漆遍数。

24. 水泥砂浆踢脚线项目应注明踢脚线的高度，底层厚度，砂浆配合比，面层厚度。

25. 石材踢脚线、块料踢脚线项目应注明踢脚线的高度，底层厚度，砂浆配合比，粘贴层厚度，材料种类，面层材料品种、规格、品牌、颜色，勾缝材料种类，防护材料种类。

26. 金属扶手带栏杆、栏板项目应注明扶手材料的种类、规格、品牌、颜色，栏板材料的种类、规格、品牌、颜色，固定配件的种类，防护材料的种类，油漆品种，刷漆遍数。

27. 金属靠墙扶手项目应注明扶手材料的种类、规格、品牌、颜色，固定配件的种类，防护材料的种类，油漆品种，刷漆遍数。

28. 石材台阶面、块料台阶面项目应注明垫层材料的种类、厚度，找平层的厚度，砂浆配合比，粘结层材料种类，面层材料品种、规格、品牌、颜色，勾缝材料种类，防滑条材料种类、规格，防护材料种类。

29. 水泥砂浆台阶面应注明垫层材料的种类、厚度，找平层的厚度，砂浆配合比，粘结层材料种类，面层材料厚度，砂浆配合比，防滑条材料种类。

30. 石材零星项目、碎拼石材零星项目、块料零星项目应注明工程部位，找平层的厚度，砂浆配合比，粘结层厚度，材料种类，面层材料品种、规格、品牌、颜色，勾缝材料种类，防护材料种类，酸洗，打蜡要求。

（三）地面工程工程量计算规则

1. 整体面层、块料面层按设计图示尺寸以面积计算。扣除凸出地面构筑物、设备基础、室内铁道、地沟所占的面积，不扣除间壁墙和0.3m^2以内的柱、垛、附墙烟囱及孔洞所占的面积。门洞、空圈、暖气包槽的开口部分不增加面积。

2. 橡塑、木地板按设计图示尺寸以面积计算。门洞、空圈、暖气包槽的开口部分并入相应的工程量内。

3. 台阶装饰按设计图示尺寸以台阶（包括最上层踏步边沿加300mm）水平投影面积计算。

4. 零星装饰项目按设计图示尺寸以面积计算。

5. 地面垫层面积同地面面积，应扣除沟道所占面积，乘以垫层厚度，以立方米计。

6. 地面嵌金属分割条按设计图示尺寸以米计算。

7. 台阶踏步防滑条按踏步两端距离减30cm以米计算。

八、墙、柱面装饰工程

（一）相关知识介绍

白灰砂浆：是以白灰膏为胶凝材料，并和水、细砂按一定比例拌合而成。

水泥砂浆：是以水泥为胶凝材料，并和砂子、水按一定比例拌合而成。

剁斧石：又称斩假石。它是以水泥石渣浆作为抹灰面层，待其硬化具有一定强度时，用钝斧及各种凿子等工具，在其面层上剁斩出类似石材的纹理，具有粗面花岗岩的效果。

刮腻子：也叫批灰。它是一种专门配制的油性灰膏，用来嵌补物体表面坑凹、裂缝等缺陷，以便于刷涂、裱糊。

牙子石：是指栽于路边的压线石块，相当于现代道路中的侧缘石，主要作用是保证路面的宽度和整齐。

（二）编制工程量清单应说明的问题和应包括的工作内容

1. 墙、柱面一般抹灰项目包括：抹面，找平，罩面，压光，抹门窗洞口侧壁，护角，阴阳角，装饰线，贴木条等全部操作过程。

2. 水刷石项目包括：分层抹灰，刷浆，找平，起线拍平，压实，刷面。

3. 干粘石项目包括：分层抹灰，刷浆，找平，起线，粘实，压平，刷面。

4. 剁假石项目包括：分层抹灰，刷浆，找平，起线，压平，压实，剁面。

5. 水磨石项目包括：分层抹灰，刷浆，找平，配色抹面，起线，压平，压实，磨光。

6. 分格嵌缝项目包括：玻璃条制作、安装，划线分格，涂刷素水泥浆。

7. 挂贴大理石、花岗岩项目包括：刷浆，预埋铁件，选料湿水，钻孔成槽，镶贴面层及阳阴角，磨光，打蜡，擦缝，养护。

8. 粘贴大理石、花岗岩项目包括：打底刷浆，镶贴块料面层，刷胶粘剂，切割面料，磨光，打蜡，擦缝，养护。

9. 干挂大理石、花岗岩项目包括：清洗大理石，钻孔成槽，安铁件，挂大理石、花岗岩，刷胶，打蜡，清洁面层。

10. 粘贴凹凸假麻石块项目包括：砂浆找平，选料，抹结合层砂浆，贴凹凸面，擦缝。

11. 碎拼大理石、花岗岩项目包括：打底刷浆，镶贴块料面层，砂浆勾缝，磨光，打蜡，擦缝，养护。

12. 砂浆粘贴陶瓷锦砖、面砖、墙砖、文化石项目包括：打底抹灰，刷水泥浆，选料，抹结合层砂浆，镶贴面层，擦缝，清洁表面。

13. 干粉粘贴陶瓷锦砖、面砖、墙砖、文化石项目包括：打底抹灰，刷水泥浆，选料，刷胶粘剂，镶贴面层，擦缝，清洁表面。

14. 砂浆粘贴卵石项目包括：打底抹灰，选石，镶贴卵石，擦缝，清洁表面。

15. 干挂石材钢骨架项目包括：骨架制作、运输、安装，刷油漆。

16. 顶棚抹灰项目包括：抹灰，找平，罩面及压光。

17. 石材墙面、柱面，零星项目，园林小品，水池，花坛壁面；碎拼石材墙面、柱面，零星项目，园林小品，花坛壁面；块料墙面、柱面，零星项目，水池，花坛壁面项目包括：基层清理，砂浆制作，运输，底层抹灰，结合层铺贴，面层铺贴，镶缝，刷防护材料，磨光，酸洗，打蜡。

18. 石材墙面、柱面，零星项目，园林小品，水池，花坛壁面；碎拼石材墙面、柱面，零星项目，园林小品，花坛壁面；块料墙面、柱面，零星项目，水池，花坛壁面项目应注明墙，柱类型，底层厚度，砂浆配合比，结合层厚度，材料种类，面层品种，规格，颜色，磨光，酸洗要求。

19. 墙面抹灰项目包括：抹灰、找平、罩面、压光，抹门窗洞口侧壁，护角，阴阳角，装饰线等全部操作过程。还包括基层处理，砂浆制作、运输，底层抹灰，抹面层，抹装饰面等。

20. 墙面、零星项目抹灰项目应注明墙类型，底层厚度，砂浆配合比，面层厚度，装饰面材料种类等。

21. 各种抹灰基价子目配合比如与设计要求不同时，不允许换算，当主材品种不同时，可根据设计要求对主材进行补充、换算，但人工费、辅助材料费、机械费及管理费不变。

（三）工程量计算规则

1. 墙面抹灰按设计尺寸以面积计算。扣除墙裙、门洞口以及单个面积在 $0.3m^2$ 以外的孔洞所占的面积，不扣除踢脚线、挂镜线和墙与构件交接处所占的面积，门洞口和孔洞的侧壁及顶面也不增加面积。附墙柱、梁、垛的侧壁并入相应的墙面面积内。

2. 柱面抹灰按设计图示柱断面周长乘以高度以面积计算。

3. 零星抹灰按设计图示尺寸以面积计算。

4. 墙面镶贴块料按设计图示尺寸以面积计算。

5. 干挂石材钢骨架按设计图示尺寸以质量计算。

6. 柱面、镶贴块料按设计图示尺寸以面积计算。

7. 零星镶贴块料按设计图示尺寸以面积计算。

8. 园林小品及水池、花坛壁面镶贴块料按设计图示尺寸以面积计算。

9. 墙面镶贴块料面层按设计图示尺寸以面积计算。

10. 零星项目的装饰抹灰或镶贴块料面层均按设计图示尺寸以展开面积计算。其中栏板、栏杆按外立面垂直投影面积乘以系数2.2，砂浆种类不同时，应分别按展开面积计算。

九、油漆、涂料工程

（一）相关知识介绍

防锈漆：是一种防止金属构件锈蚀的油漆，主要有油漆和树脂防锈漆。

乳胶漆：又称乳胶涂料。它是由合成树脂乳液借助乳化剂的作用，以极细微粒子融于水中构成乳液为主要成膜物而研磨成的涂料。它以水为稀释剂，具有无毒、无味、不易燃烧、不污染环境等特点，它既可以用作外墙涂料也可作为内墙涂料。

（二）编制工程量清单应说明的问题和应包括的工作内容

1. 木材面油漆、混凝土构件面油漆、抹灰面油漆项目包括：基层清理，刮腻子，磨砂纸，刷防护材料及油漆。

2. 喷、刷涂料项目包括：基层清理，刮腻子，磨砂纸，喷、刷涂料。

3. 花饰、线条刷涂料项目包括：基层处理，刮腻子，磨砂纸，刷涂料。

（三）工程量计算规则

1. 木梁、柱、檩条油漆，按设计图示尺寸以油漆展开面积计算。
2. 木板类油漆，按设计图示尺寸以油漆展开面积计算。
3. 木栅栏、木栏杆油漆，按设计图示尺寸以单面外围面积计算。
4. 混凝土梁、柱、檩条油漆，按设计图示尺寸以油漆部分展开面积计算。
5. 抹灰面油漆，按设计图示尺寸以油漆展开面积计算。
6. 抹灰线条油漆，按设计图示尺寸以长度计算。
7. 刷、喷涂料，按设计图示尺寸以面积计算。
8. 空花格、栏杆刷涂料，按设计图示尺寸以单面外围面积计算。
9. 线条刷涂料，按设计图示尺寸以长度计算。

第二节　某住宅小区景观小品等工程
工程量清单编制实例

一、景观小品工程工程量清单的编制

（一）主要参阅的图纸

1. 各小品工程的平面图或平面放线图。
2. 小品的剖面图及工程做法。
3. 各个节点的剖面图及工程做法。
4. 各个细部的剖面图及工程做法。

（二）需要注意的问题

1. 各个小品的做法和材质要求。
2. 各个小品的施工要求。
3. 各个节点的不同做法和要求。

（三）工程量计算

根据所给的园林小品和各个节点的施工图和详图计算。

1. 木廊架（防腐木）

廊架：V = 展开的长 × 宽 × 厚 × 片

长：$L = (1.92 + 0.4 \times 2) + 0.612 + (1 + 0.46 \times 2) + 1 + (1.4 + 0.26 \times 2) + 0.4 + (0.8 + 1.26 \times 2) + 0.8 + (0.8 + 0.26 \times 2) + 0.65 + (1.45 + 2.9 \times 2) + 1.2 + (0.52 + 0.4 \times 2) + 0.612 + (1.66 + 0.4 \times 2) = 27.5\text{m}$

宽：0.14m

厚：0.025m

$V=27.5\times0.14\times0.025\times8=0.77m^3$

2. 景观玻璃厅

（1）基础开挖

$V=$柱的基础断面×深×个数$=0.9\times0.9\times0.85\times4=2.75m^3$

（2）3∶7 灰土垫层

$V=$柱下垫层体积×个数$=0.9\times0.9\times0.15\times4=0.49m^3$

（3）回填土

$V=$开挖量$\times0.6=2.75\times0.6=1.65m^3$

（4）混凝土垫层

$V=$柱下垫层体积×个数$=0.7\times0.7\times0.1\times4=0.2m^3$

（5）混凝土基础

$V=$柱下基础体积×个数$=0.5\times0.5\times0.6\times4=0.6m^3$

（6）钢架

重量=长度×线密度(kg/m)$=(2.5+2.4+2.5+1.3+2.6+1.3+2.5+2.4+2.5)\times62.8$

$=20\times62.8=1256kg$

埋件=每个重量×个数$=0.4\times0.4\times4\times78.5+0.888\times0.5\times2\times4=53.792kg$

总重量$=1309.84kg=1.31t$

（7）加丝钢化玻璃亭顶

$S=$实际亭顶面积$=3.2\times3.2=10.24m^2$

3. 水边半圆广场中的树池座凳 4 组（开挖已计在整个广场中）

（1）3∶7 灰土垫层

$V=$灰土垫层体积×个数$=2\times3.14\times1.1\div2\times4\times0.71\times0.1=0.98m^3$

（2）C15 混凝土基础

$V=$混凝土基础体积×个数

$=2\times3.14\times1.1\div2\times4\times(0.36+0.2)\times0.15=1.16m^3$

（3）耐压砖砌墙

$V=$砌墙体积×个数$=2\times3.14\times1.1\div2\times4\times0.36\times(0.35+0.1)=2.24m^3$

（4）50 厚花岗岩压顶

$S=$弧长×宽$=2\times3.14\times1.1\div2\times4\times0.4=5.53m^2$

4. 半圆小广场处的矮墙座凳

（1）开挖

$V=$长×开挖宽×深$=9.6\times0.76\times0.35=2.55m^3$

（2）3∶7 灰土垫层

$V=$灰土垫层体积$=9.6\times0.76\times0.1=0.73m^3$

（3）C20 混凝土基础

$V=$混凝土基础体积$=9.6\times0.56\times0.15=0.81m^3$

（4）砌墙

$V=$砌墙体积$=9.6\times0.45\times0.3=1.3m^3$

（5）外贴耐压砖

S = 长 × 展开宽 = $9.6 \times 0.35 \times 2 + 0.36 \times 0.35 \times 2 = 6.97m^2$

（6）50 厚花岗岩压顶

S = 长 × 宽 = $9.6 \times 0.4 = 3.84m^2$

5. 回车场（三）（四）处的矮墙座凳

长：（三）处长：19m；（四）处长：42m。

（1）开挖

V = 长 × 开挖宽 × 深 = $61 \times 0.76 \times 0.35 = 16.23m^3$

（2）3:7 灰土垫层

V = 灰土垫层体积 = $61 \times 0.76 \times 0.1 = 4.64m^3$

（3）C20 混凝土基础

V = 混凝土基础体积 = $61 \times 0.56 \times 0.15 = 5.12m^3$

（4）砌墙

V = 砌墙体积 = $61 \times 0.45 \times 0.3 = 8.24m^3$

（5）外贴耐压砖

S = 长 × 展开宽 = $61 \times 0.35 \times 2 + 0.36 \times 0.35 \times 2 = 42.95m^2$

（6）50 厚花岗岩压顶

S = 长 × 宽 = $61 \times 0.4 = 24.4m^2$

6. 回车场处矮墙

（1）开挖

V = 长 × 开挖宽 × 深 = $14 \times 0.76 \times 0.65 = 6.92m^3$

（2）3:7 灰土垫层

V = 灰土垫层体积 = $9.6 \times 0.76 \times 0.2 = 2.13m^3$

（3）C20 混凝土基础

V = 混凝土基础体积 = $14 \times 0.56 \times 0.15 = 1.18m^3$

（4）砌墙

V = 砌墙体积 = $14 \times 0.3 \times 1.15 = 4.83m^3$

（5）外贴耐压砖

S = 长 × 展开宽 = $14 \times 0.85 \times 2 + 0.85 \times 0.4 \times 2 = 24.48m^2$

（6）50 厚花岗岩压顶

S = 长 × 宽 = $14 \times 0.4 = 5.6m^2$

7. 中心广场处矮墙座凳

（1）开挖

V = 长 × 开挖宽 × 深 = $1.8 \times 0.76 \times 0.35 = 0.48m^3$

（2）3:7 灰土垫层

V = 灰土垫层体积 = $1.8 \times 0.76 \times 0.1 = 0.14m^3$

（3）C20 混凝土基础

V = 混凝土基础体积 = $1.8 \times 0.56 \times 0.15 = 0.15m^3$

（4）砌墙

V = 砌墙体积 = $1.8\times0.45\times0.3 = 0.24m^3$

（5）外贴耐压砖

S = 长 × 展开宽 = $1.8\times0.35\times2+0.36\times0.35\times2 = 1.51m^2$

（6）50 厚花岗岩压顶

S = 长 × 宽 = $1.8\times0.4 = 0.72m^2$

8. 半圆广场周边处矮墙座凳

（1）开挖

V = 长 × 开挖宽 × 深 = $18\times0.6\times0.4 = 4.32m^3$

（2）3:7 灰土垫层

V = 灰土垫层体积 = $18\times0.6\times0.1 = 1.1m^3$

（3）C15 混凝土基础

V = 混凝土基础体积 = $18\times0.6\times0.15 = 1.62m^3$

（4）耐压砖砌墙

V = 砌墙体积 = $18\times0.36\times0.55 = 3.6m^3$

（5）50 厚花岗岩压顶

S = 长 × 宽 = $18\times0.4 = 7.2m^2$

9. 座凳 7 组（玻璃亭旁）

（1）钢架

重量 = 长 × 线密度（kg/m）

等边角钢 90×90×8

$L=(1.4+0.22)\times2+0.22\times2=3.68$

重量 = 3.68×10.946 = 40.281kg

方钢 60×60×3

$L=(0.613+0.45+0.172+0.45)\times2+0.4\times2=4.17$

重量 = 4.17×5.562 = 23.57kg

总重量 = (40.281+23.57)×7 = 446.96kg

（2）防腐木座凳板

S = 1.4×0.4×7 个 = $3.92m^2$

10. 树池座凳

（1）钢架

重量 = 长 × 线密度(kg/m)

方钢 40×40×2

L = (0.39+0.46)×2×4 个 + (0.39+0.53)×2×2 个 = 10.44

重量 = 10.44×6.28 = 65.56kg

（2）防腐木座凳板

$S=1.99\times0.46+(1.99-0.46)\times0.46 = 1.62m^2$

11. 回车场（二）处围树座凳 1 组

(1) 开挖

V = 长 × 开挖宽 × 深 = (2 + 1.2) × 2 × 0.57 × 0.55 = 2.01m^3

(2) 3:7 灰土垫层

V = 灰土垫层体积 = 6.4 × 0.57 × 0.15 = 0.55m^3

(3) C15 混凝土基础

V = 混凝土基础体积 = 6.4 × 0.57 × 0.1 = 0.37m^3

(4) 混凝土池

V = 池体积 = 6.4 × 0.305 × 0.66 = 1.29m^3

(5) 池内侧抹水泥砂浆面

S = 长 × 展开宽 = (1.2 × 4) × 0.36 = 1.73m^2

(6) 外贴文化石面

S = 长 × 展开宽 = (4 × 4) × 0.36 = 5.76m^2

(7) 木座凳板

S = 6.4 × 0.4 = 2.56m^2

12. 座凳 4 组(木平台上)

(1) 钢架

重量 = 长 × 线密度(kg/m)

等边角钢 80 × 80 × 5

L = 2 × 2 = 4

重量 = 4 × 6.211 = 24.844kg

圆钢 30

L = 0.43 × 4 根 = 1.72

重量 = 1.72 × 5.55 = 9.546kg

总重量 = (24.844 + 9.546) × 4 = 137.56kg

(2) 防腐木座凳板

S = 1.2 × 0.43 × 4 个 = 2.06m^2

13. 木构架亭

(1) 开挖

V = (3.8 + 0.2 × 2) × (3.8 + 0.2 × 2) × 1.25 = 22.05m^3

(2) 原土夯实

S = (3.8 + 0.2 × 2) × (3.8 + 0.2 × 2) = 17.64m^2

(3) 3:7 灰土垫层

V = 柱下 + 地面下 + 台阶下

= 1.2 × 1.2 × 0.15 × 4 + 3.8 × 3.8 × 0.2 + 0.3 × 1.2 × 2 × 0.2 = 3.9m^3

(4) C10 混凝土垫层

V = 1 × 1 × 0.1 × 4 + 3.8 × 3.8 × 0.2 = 3.29m^3

(5) 混凝土柱基

V = 0.8 × 0.8 × 0.2 × 4 + (0.4^2 + 0.8^2 + 0.4 × 0.8) × 0.1 ÷ 3 × 4 = 0.66m^3

(6) 混凝土柱

$V=0.4\times0.4\times0.6\times4=0.384\text{m}^3$

(7) 铁埋件

$N=4$ 组

(8) 木柱

$V=0.24\times0.24\times2.94\times4=0.68\text{m}^3$

(9) 木梁

$V=3\times0.2\times0.08\times4+3\times4\times0.2\times0.1=0.43\text{m}^3$

(10) 木斜梁

$V=\sqrt{1.49^2+2.27^2}\times4\times0.22\times0.12=0.29\text{m}^3$

(11) 檐口枋

$V=4.534\times4\times0.3\times0.06=0.33\text{m}^3$

(12) 木盖条（整个亭顶的投影面积，盖条之间的缝隙未扣除）

$S=4.5^2+2\times4.5\times\sqrt{1.49^2+2.27^2}\div2.715=44.69\text{m}^2$

(13) 木地面（带龙骨）

$S=(3+0.48+0.16)\times(3+0.48+0.16)-0.24\times0.24\times4=13.02\text{m}^2$

(14) 灰色花岗岩地面

$S=3.8\times3.8-[(3+0.48+0.16)\times(3+0.48+0.16)-0.24\times0.24\times4]=1.42\text{m}^2$

(15) 混凝土台阶

$S=1.2\times0.3\times2=0.72\text{m}^2$

(16) 亭顶十字角

$N=1$ 套

(17) 地面下 UPVC（*DN*20 管）

$L=0.19\times3\times5+0.365\times4\times5=10.15\text{m}$

14. 木架廊

(1) 开挖

$V=(1.1+0.3)\times(1.1+0.3)\times1.1\times20=43.12\text{m}^3$

(2) 原土夯实

$S=1.4\times1.4\times20=39.2\text{m}^2$

(3) 回填土

$V=43.12\times0.6=25.87\text{m}^3$

(4) C10 素混凝土垫层（基础＋柱与地面相交处）

$V=(1.1\times1.1\times0.1\times20)+(0.3\times0.3\times0.05\times20)=2.51\text{m}^3$

(5) 混凝土基础

$V=(0.9\times0.9\times0.2\times20)+(0.4^2+0.9^2+0.4\times0.9)\times0.1\div3\times20+(0.2\times0.2\times0.2\times20)=4.29\text{m}^3$

(6) 混凝土柱

$V=0.3\times0.3\times1.6\times20+0.1\times0.1\times0.1\times20=2.9m^3$

（7）外抹水泥砂浆面

$S=0.16\times0.16\times20+0.1\times0.1\times20\times2+0.5\times4\times0.15\times20+0.5\times4\times0.1\times20$
$=11.31m^2$

（8）外喷真实漆

$S=0.16\times0.16\times20+0.1\times0.1\times20\times2+0.5\times4\times0.15\times20+0.5\times4\times0.1\times20$
$=11.31m^2$

（9）贴文化石面

$S=0.4\times4\times0.65\times20=20.8m^2$

（10）预埋件

$N=20$ 套

（11）木柱

$V=0.1\times0.18\times(3.48-0.9)\times20\times2=1.86m^3$

（12）木构架

木梁　　$V=0.1\times0.2\times23.06\times2=0.92$

木檩条　　$V=4.7\times0.24\times0.08\times74=6.68$

合计　　$V=7.6m^3$

（13）沉头

$N=20$ 套

（四）工程量清单的编制

分部分项工程工程量清单

专业工程名称：小区景观小品工程　　　　**表 2-2-1**

序号	项 目 名 称	单位	工程量	综合单价	合 价
	一、木廊架（防腐木）				
1	廊架	m^3	0.77		
	二、景观玻璃厅				
1	基础开挖	m^3	2.75		
2	3:7 灰土垫层	m^3	0.49		
3	回填土	m^3	1.65		
4	混凝土垫层	m^3	0.2		
5	混凝土基础	m^3	0.6		
6	钢架	t	1.31		
7	加丝钢化玻璃亭顶	m^2	10.24		
	三、水边半圆广场中的树池座凳 4 组				
1	3:7 灰土垫层	m^3	0.98		
2	C15 混凝土基础	m^3	1.16		
3	耐压砖砌墙	m^3	2.24		

续表

序号	项 目 名 称	单位	工程量	综合单价	合 价
4	50 厚花岗岩压顶	m^2	5.53		
	四、半圆小广场处的矮墙座凳				
1	开挖	m^3	2.55		
2	3:7 灰土垫层	m^3	0.73		
3	C20 混凝土基础	m^3	0.81		
4	砌墙	m^3	1.3		
5	外贴耐压砖	m^2	6.97		
6	50 厚花岗岩压顶	m^2	3.84		
	五、回车场（三）（四）处的矮墙座凳				
1	开挖	m^3	16.23		
2	3:7 灰土垫层	m^3	4.64		
3	C20 混凝土基础	m^3	5.12		
4	砌墙	m^3	8.24		
5	外贴耐压砖	m^2	42.95		
6	50 厚花岗岩压顶	m^2	24.4		
	六、回车场处矮墙				
1	开挖	m^3	6.92		
2	3:7 灰土垫层	m^3	2.13		
3	C20 混凝土基础	m^3	1.18		
4	砌墙	m^3	4.83		
5	外贴耐压砖	m^2	24.48		
6	50 厚花岗岩压顶	m^2	5.6		
	七、中心广场处矮墙座凳				
1	开挖	m^3	0.48		
2	3:7 灰土垫层	m^3	0.14		
3	C20 混凝土基础	m^3	0.15		
4	砌墙	m^3	0.24		
5	外贴耐压砖	m^2	1.51		
6	50 厚花岗岩压顶	m^2	0.72		
	八、半圆广场周边处矮墙座凳				
1	开挖	m^3	4.32		
2	3:7 灰土垫层	m^3	1.1		
3	C15 混凝土基础	m^3	1.62		
4	耐压砖砌墙	m^2	3.6		
5	50 厚花岗岩压顶	m^2	7.2		
	九、座凳 7 组（玻璃亭旁）				
1	钢架	t	0.45		
2	防腐木座凳板	m^2	3.92		

续表

序号	项目名称	单位	工程量	综合单价	合　价
	十、树池座凳				
1	钢架	t	0.066		
2	防腐木座凳板	m^2	1.62		
	十一、回车场（二）处围树座凳1组				
1	开挖	m^3	2.01		
2	3:7灰土垫层	m^3	0.55		
3	C15混凝土基础	m^3	0.37		
4	混凝土池	m^3	1.29		
5	池内侧抹水泥砂浆面	m^2	1.73		
6	外贴文化石面	m^2	5.76		
7	木座凳板	m^2	2.56		
	十二、座凳4组（木平台上）				
1	钢架	t	0.138		
2	防腐木座凳板	m^2	2.06		
	十三、木构架亭				
1	开挖	m^3	22.05		
2	原土夯实	m^2	17.64		
3	3:7灰土垫层	m^3	3.9		
4	C10混凝土垫层	m^3	3.29		
5	混凝土柱基	m^3	0.66		
6	混凝土柱	m^3	0.384		
7	铁埋件	组	4		
8	木柱	m^3	0.68		
9	木梁	m^3	0.43		
10	木斜梁	m^3	0.29		
11	檐口枋	m^3	0.33		
12	木盖条	m^2	44.69		
13	木地面（带龙骨）	m^2	13.02		
14	灰色花岗岩地面	m^2	1.42		
15	混凝土台阶	m^2	0.72		
16	亭顶十字角	套	1		
17	地面下UPVC（*DN*20管）	m	10.15		
	十四、木架廊				
1	开挖	m^3	43.12		
2	原土夯实	m^2	39.2		
3	回填土	m^3	25.87		
4	C10素混凝土垫层（基础+柱与地面相交处）	m^3	2.51		

续表

序号	项目名称	单位	工程量	综合单价	合　价
5	混凝土基础	m^3	4.29		
6	混凝土柱	m^3	2.9		
7	外抹水泥沙浆面	m^2	11.31		
8	外喷真实漆	m^2	11.31		
9	贴文化石面	m^2	20.8		
10	预埋件	套	20		
11	木柱	m^3	1.86		
12	木构架	m^3	7.6		
13	沉头	套	20		
	合计	元			

其他费用计取略。

二、景观道路工程工程量清单的编制

（一）主要参阅的图纸

1. 各种道路的平面图或平面放线图。
2. 道路的剖面图及工程做法。
3. 各个节点的剖面图及工程做法。
4. 各个广场的剖面图及工程做法。
5. 各种板石和汀步的平面及工程做法。

（二）需要注意的问题

1. 各种道路的做法和平面界限的划分。
2. 各种道路的施工要求。
3. 各个节点的不同做法和要求。
4. 整个小区的道路施工范围。

（三）工程量计算的相关规则

1. 园路按设计图示尺寸以面积计算，不包括路牙。
2. 路牙铺设、树池围牙按设计图示尺寸以长度计算。
3. 嵌草砖铺装按设计图示尺寸以面积计算。
4. 园路路床整理按设计图示尺寸，两边各放宽5cm乘厚度，以立方米计算。
5. 园路垫层（除混凝土垫层外）均按设计图示尺寸，两边各放宽5cm乘厚度，以立方米计算。
6. 木制步道项目包括：选料，锯料，刨光，制作及安装。木制步道按设计图示尺寸以面积计算。

7. 汀步铺装按设计图示尺寸以体积计算。

（四）工程量计算

根据所给的道路和各个节点的施工图和详图，经过用 CAD 软件实际括算，得出以下各种道路和节点的工程量，见表 2-2-2。

地面工程量汇总表　　表 2-2-2

序　号	地 面 种 类	单　位	工 程 量
1	防腐木平台面 33 厚（含木龙骨）	m^2	185.2
2	600×300×50 青石板地面	m^2	8.3
3	400×800×60 青石板汀步	m^3	2.8
4	楼间步道混凝土砖（60 厚）	m^2	397.2
5	入户道路铺装混凝土砖（60 厚）	m^2	552.7
6	入户道路路牙	m	467.8
7	砾石地面	m^2	34.9
8	60 厚青石板碎拼地面	m^3	151.7
9	停车位地面		
	50 厚混凝土板	m^3	40.5
	50 厚砾石	m^2	202.5
10	滨水小径 60 厚青石板地面	m^2	243.7
11	楼间景观带（一）		
	水泥砖铺装	m^2	114.8
	混凝土侧石	m	131
12	楼间景观带（二）		
	水泥砖铺装	m^2	74
	混凝土侧石	m	90
13	楼间景观带（三）		
	水泥砖铺装	m^2	65
	混凝土侧石	m	86
14	节点广场（一）		
	100×100×30 小料石地面	m^2	4.44
	500×500×30 白色花岗岩地面	m^2	9.4
	四周混凝土砖立铺	m^2	1.6
15	节点广场（二）		
	100×100×30 小料石地面	m^2	32.2
	四周混凝土砖立铺	m^2	2.4
16	回车场（一）		
	水泥砖铺装 60 厚	m^2	106.6

续表

序 号	地面种类	单 位	工 程 量
	50厚机抛黑色花岗岩地面	m^2	22.9
	混凝土砖道牙	m	118.4
17	回车场（二）		
	水泥砖铺装	m^2	100.7
	50厚绣石地面	m^2	29.7
	混凝土砖道牙	m	96.6
18	回车场（三）		
	水泥砖铺装60厚	m^2	12.8
	100×100×30小料石地面	m^2	6.9
	黑色卵石地面	m^2	6.7
	400×400×60青石板地面	m^2	44
	混凝土砖道牙	m	26
19	回车场（四）		
	400×400×60青石板	m^2	62
	水泥砖铺装60厚	m^2	18
	100×100×30小料石地面	m^2	8.1
	黑色卵石地面	m^2	5.9
	混凝土砖道牙	m	27
20	水边半圆广场		
	30厚青石板地面	m^2	14.74
	青石板碎拼地面	m^2	84.4
	30厚红色花岗岩地面	m^2	25.8
	30厚灰色花岗岩地面	m^2	44
	30厚灰色花岗岩台阶	m^2	46.8
	红色水泥砖地面	m^2	9.8
21	中心休闲广场		
	红色花岗岩地面层（异形）30厚	m^2	156
	小料石地面100×100×30	m^2	95
	红色花岗岩汀步石600×600×30	m^2	1.9
	水泥砖道牙	m^2	5.2
	花岗岩台阶30厚（含混凝土台阶）	m^2	10.2
22	路端半圆广场		
	青石板处铜条分界	m	210
	小料石面层	m^2	7.1
	卵石面层	m^2	8.6
	青石板碎拼地面	m^2	146
23	路端周边路面		
	砾石面层	m^2	13.5

续表

序 号	地 面 种 类	单 位	工 程 量
	混凝土面砖	m^2	32.5
	混凝土现浇板地面	m^3	0.8
	水洗豆石地面	m^2	1.4
	混凝土侧石	m	55
24	20号楼入口处地面		
	500×500×30黑色花岗岩面	m^2	6.8
	100×100×30小料石面	m^2	12.8
	400×400×30青石板面	m^2	17.1
	混凝土台阶30厚青石板面	m^2	3.1
25	前广场地面		
	500×500×50灰色花岗岩面	m^2	298.3
	100×100×100小料石面	m^2	85.5
	黑色卵石地面	m^2	4.71
26	消防通道		
	中（细）粒沥青混凝土（3细5中）	m^2	4811
	200×100×400混凝土侧石	m	3450
	红色混凝土铺装	m^2	1870
	100×100×100小料石减速带	m^2	63.5

1. 防腐木平台面33厚（含木龙骨）的计算

（1）开挖

V = 木平台面积 × 开挖高 = 185.2 × 0.3 = 55.56m^3

（2）原土夯实

S = 开挖的基础面积 = 185.2m^2

（3）3:7灰土垫层150厚

V = 木平台面积 × 灰土高 = 185.2 × 0.15 = 27.78m^3

（4）C15混凝土垫层150厚

V = 木平台面积 × 垫层高 = 185.2 × 0.15 = 27.78m^3

（5）30厚的防腐木地面

S = 实际计算的面积 = 185.2m^2

2. 600×300×50青石板地面的计算

S = 实际图纸计算的青石板的面积 = 8.3m^2

3. 400×800×60青石板汀步的计算

V = 实际图纸计算的汀步石的面积 × 厚度 = 46.7 × 0.06 = 2.8m^3

4. 楼间步道混凝土砖（60厚）的计算

（1）开挖

V = 实际计算出的步道的面积 × 开挖高 = 397.2 × 0.4 = 158.88m^3

（2）原土夯实

S = 开挖的基础面积 = 397.2m^2

（3）3:7 灰土垫层 200 厚

V = 步道面积 × 灰土高 = 397.2 × 0.2 = 79.44m^3

（4）C10 混凝土垫层 100 厚

V = 步道面积 × 垫层高 = 397.2 × 0.1 = 39.72m^3

（5）40 厚 1:3 水泥砂浆结合层

S = 步道面积 = 397.2m^2

（6）混凝土砖（60 厚）

S = 步道面积 = 397.2m^2

（7）混凝土抹角

V = 道路牙子长 × 0.15 × 0.15 ÷ 2 = 135 × 0.15 × 0.15 ÷ 2 = 1.5m^3

5. 入户道路铺装混凝土砖（60 厚）的计算

（1）开挖

V = 实际计算出的道路的面积 × 开挖高 = 552.7 × 0.34 = 187.92m^3

（2）原土夯实

S = 开挖的基础面积 = 552.7m^2

（3）碎石垫层 150 厚

V = 道路面积 × 碎石垫层高 = 552.7 × 0.15 = 82.9m^3

（4）C10 混凝土垫层 100 厚

V = 道路面积 × 垫层高 = 552.7 × 0.1 = 55.27m^3

（5）30 厚 1:3 水泥砂浆结合层

S = 道路面积 = 552.7m^2

（6）混凝土砖（60 厚）

S = 道路面积 = 552.7m^2

（7）混凝土抹角

V = 道路牙子长 × 0.15 × 0.15 ÷ 2 = 467.8 × 0.15 × 0.15 ÷ 2 = 5.26m^3

（8）入户道路路牙

L = 实际计算出的道路路牙的长度 = 467.8m

6. 砾石地面

（1）开挖

V = 实际计算出的砾石地面的面积 × 开挖高 = 34.9 × 0.2 = 6.98m^3

（2）原土夯实

S = 开挖的基础面积 = 34.9m^2

（3）3:7 灰土垫层 150 厚

V = 砾石地面 × 灰土高 = 34.9 × 0.15 = 5.24m^3

（4）50 厚砾石

S = 砾石地面面积 = 34.9m^2

7. 60 厚青石板碎拼地面

（1）开挖

V = 实际计算出的青石板碎拼地面的面积 × 开挖高 = 151.7 × 0.35 = 53.1m^3

（2）原土夯实

S = 开挖的基础面积 = 151.7m^2

（3）3:7 灰土垫层 150 厚

V = 青石板碎拼地面面积 × 灰土高 = 151.7 × 0.15 = 22.76m^3

（4）C10 混凝土垫层 100 厚

V = 青石板碎拼地面面积 × 垫层高 = 151.7 × 0.1 = 15.17m^3

（5）40 厚 1:3 水泥砂浆结合层

S = 青石板碎拼地面面积 = 151.7m^2

（6）60 厚青石板碎拼地面

S = 青石板碎拼地面地面面积 = 151.7m^2

8. 停车位地面的计算

（1）开挖

V = 实际计算出的停车位地面积 × 开挖高 = 243 × 0.34 = 82.62m^3

（2）原土夯实

S = 开挖的基础面积 = 243m^2

（3）碎石垫层 150 厚

V = 停车位地面面积 × 碎石垫层高 = 243 × 0.15 = 36.45m^3

（4）C15 混凝土垫层 100 厚

V = 停车位地面面积 × 垫层高 = 243 × 0.1 = 24.3m^3

（5）40 厚 1:3 水泥砂浆结合层

S = 停车位地面面积 = 243m^2

（6）混凝土板（50 厚）

V = 混凝土板的面积 × 厚 = 810 × 0.05 = 40.5m^3

（7）混凝土抹角

V = 道路牙子长 × 0.15 × 0.15 ÷ 2 = 288 × 0.15 × 0.15 ÷ 2 = 3.24m^3

（8）50 厚砾石

S = 砾石地面面积 = 202.5m^2

9. 滨水小径 60 厚青石板地面的计算

（1）开挖

V = 实际计算出的步道的面积 × 开挖高 = 243.7 × 0.35 = 85.3m^3

（2）原土夯实

S = 开挖的基础面积 = 243.7m^2

（3）3:7 灰土垫层 150 厚

V = 青石板地面面积 × 灰土高 = 243.7 × 0.15 = 36.56m^3

(4) C10 混凝土垫层 100 厚

V = 青石板地面面积 × 垫层高 = $243.7 \times 0.1 = 24.37\text{m}^3$

(5) 40 厚 1:3 水泥砂浆结合层

S = 青石板地面面积 = 243.7m^2

(6) 青石板（60 厚）

S = 青石板地面面积 = 243.7m^2

10. 楼间景观带（一）的计算

(1) 开挖

V = 实际计算出的步道的面积 × 开挖高 = $114.8 \times 0.35 = 40.18\text{m}^3$

(2) 原土夯实

S = 开挖的基础面积 = 114.8m^2

(3) 3:7 灰土垫层 150 厚

V = 步道面积 × 灰土高 = $114.8 \times 0.15 = 17.22\text{m}^3$

(4) C10 混凝土垫层 100 厚

V = 步道面积 × 垫层高 = $114.8 \times 0.1 = 11.48\text{m}^3$

(5) 40 厚 1:3 水泥砂浆结合层

S = 步道面积 = 114.8m^2

(6) 水泥砖（60 厚）

S = 步道面积 = 114.8m^2

(7) 混凝土侧石

L = 道路侧石的长 = 131m

11. 楼间景观带（二）的计算

(1) 开挖

V = 实际计算出的步道的面积 × 开挖高 = $74 \times 0.35 = 25.9\text{m}^3$

(2) 原土夯实

S = 开挖的基础面积 = 74m^2

(3) 3:7 灰土垫层 150 厚

V = 步道面积 × 灰土高 = $74 \times 0.15 = 11.1\text{m}^3$

(4) C10 混凝土垫层 100 厚

V = 步道面积 × 垫层高 = $74 \times 0.1 = 7.4\text{m}^3$

(5) 40 厚 1:3 水泥砂浆结合层

S = 步道面积 = 74m^2

(6) 水泥砖（60 厚）

S = 步道面积 = 74m^2

(7) 混凝土侧石

L = 道路侧石的长 = 90m

12. 楼间景观带（三）的计算

(1) 开挖

V = 实际计算出的步道的面积 × 开挖高 = 65 × 0.35 = 22.75m^3
(2) 原土夯实
S = 开挖的基础面积 = 65m^2
(3) 3:7 灰土垫层 150 厚
V = 步道面积 × 灰土高 = 65 × 0.15 = 9.75m^3
(4) C10 混凝土垫层 100 厚
V = 步道面积 × 垫层高 = 65 × 0.1 = 6.5m^3
(5) 40 厚 1:3 水泥砂浆结合层
S = 步道面积 = 65m^2
(6) 水泥砖 (60 厚)
S = 步道面积 = 65m^2
(7) 混凝土侧石
L = 道路侧石的长 = 86m
13. 节点广场 (一) 的计算
(1) 开挖
V = 实际计算出的节点广场的面积 × 开挖高 = 15.44 × 0.36 = 5.56m^3
(2) 原土夯实
S = 开挖的基础面积 = 15.44m^2
(3) 3:7 灰土垫层 150 厚
V = 节点广场面积 × 灰土高 = 15.44 × 0.15 = 2.32m^3
(4) C10 混凝土垫层 150 厚
V = 节点广场面积 × 垫层高 = 15.44 × 0.15 = 2.32m^3
(5) 30 厚 1:3 水泥砂浆结合层
S = 节点广场面积 = 13.84m^2
(6) 100 × 100 × 30 小料石地面
S = 按照图纸实际计算的面积 = 4.44m^2
(7) 500 × 500 × 30 白色花岗岩地面
S = 按照图纸实际计算的面积 = 9.4m^2
(8) 四周混凝土砖立铺
S = 按照图纸实际计算的面积 = 1.6m^2
14. 节点广场 (二) 的计算
(1) 开挖
V = 实际计算出的节点广场的面积 × 开挖高 = 32.2 × 0.36 = 11.59m^3
(2) 原土夯实
S = 开挖的基础面积 = 32.2m^2
(3) 3:7 灰土垫层 150 厚
V = 节点广场面积 × 灰土高 = 32.2 × 0.15 = 4.83m^3
(4) C10 混凝土垫层 150 厚

V = 节点广场面积 × 垫层高 = 32.2 × 0.15 = 4.83m^3

（5）30 厚 1:3 水泥砂浆结合层

S = 节点广场面积 = 32.2m^2

（6）100 × 100 × 30 小料石地面

S = 按照图纸实际计算的面积 = 32.2m^2

（7）四周混凝土砖立铺

S = 按照图纸实际计算的面积 = 2.4m^2

15. 回车场（一）的计算

（1）开挖

V = 实际计算出的回车场地面积 × 开挖高

= (106.6 + 22.9) × 0.4 + 118.4 × 0.1 × 0.4 = 56.54m^3

（2）原土夯实

S = 开挖的基础面积 = 141.34m^2

（3）铺装下 3:7 灰土垫层 300 厚

V = 铺装面积 × 灰土高 = 106.6 × 0.3 = 31.98m^3

（4）花岗岩地面下 C15 混凝土垫层 150 厚

V = 花岗岩地面面积 × 垫层高 = 22.9 × 0.15 = 3.44m^3

（5）花岗岩地面下碎石垫层 200 厚

V = 花岗岩地面面积 × 碎石垫层高 = 22.9 × 0.2 = 4.58m^3

（6）铺装下 40 厚 1:3 水泥砂浆结合层

S = 铺装面积 + 道牙下面积 = 106.6 + 11.84 = 118.44m^2

（7）花岗岩地面下 30 厚 1:3 水泥沙浆面

S = 花岗岩地面面积 = 22.9m^2

（8）水泥砖铺装 60 厚

S = 铺装面积 = 106.6m^2

（9）50 厚机抛黑色花岗岩地面

S = 花岗岩地面面积 = 22.9m^2

（10）混凝土砖道牙

L = 按照图纸实际计算的长度 = 118.4m

16. 回车场（二）的计算

（1）开挖

V = 实际计算出的回车场地面积 × 开挖高

= (100.7 + 29.7) × 0.4 + 96.6 × 0.1 × 0.4 = 56.02m^3

（2）原土夯实

S = 开挖的基础面积 = 140.06m^2

（3）铺装下 3:7 灰土垫层 300 厚

V = 铺装面积 × 灰土高 = 100.7 × 0.3 = 30.21m^3

（4）绣石地面下 C15 混凝土垫层 150 厚

V = 花岗岩地面面积 × 垫层高 = 29.7 × 0.15 = 4.46m^3

（5）绣石地面下碎石垫层200厚

V = 花岗岩地面面积 × 碎石垫层高 = 29.7 × 0.2 = 5.94m^3

（6）40厚1:3水泥砂浆结合层

S = 铺装面积 + 道牙下面积 + 花岗岩下面积 = 100.7 + 9.66 + 29.7 = 140.06m^2

（7）水泥砖铺装60厚

S = 铺装面积 = 100.7m^2

（8）50厚绣石地面面积

S = 绣石地面面积 = 29.7m^2

（9）混凝土砖道牙

L = 按照图纸实际计算的长度 = 96.6m

17. 回车场（三）的计算

（1）开挖

V = 实际计算出的回车场地面积 × 开挖高

= (12.8 + 6.9 + 6.7 + 44) × 0.39 + 26 × 0.1 × 0.39 = 28.47m^3

（2）原土夯实

S = 开挖的基础面积 = 73m^2

（3）地面下3:7灰土垫层200厚

V = 地面面积(含道牙下) × 灰土高 = 73 × 0.2 = 14.6m^3

（4）地面下C15混凝土垫层100厚

V = 地面面积（含道牙下） × 垫层高 = 73 × 0.1 = 4.46m^3

（5）30厚1:3水泥砂浆结合层

S = 70.4m^2

（6）水泥砖铺装60厚

S = 铺装面积 = 12.8m^2

（7）小料石地面

S = 小料石地面面积 = 6.9m^2

（8）卵石地面

S = 卵石地面面积 = 6.7m^2

（9）青石板地面

S = 青石板地面面积 = 44m^2

（10）混凝土砖道牙

L = 按照图纸实际计算的长度 = 26m

18. 回车场（四）的计算

（1）开挖

V = 实际计算出的回车场地面积 × 开挖高

= (18 + 8.1 + 5.9 + 62) × 0.39 + 27 × 0.1 × 0.39 = 29.01m^3

（2）原土夯实

S = 开挖的基础面积 = 96.7m^2

（3）地面下 3:7 灰土垫层 200 厚

V = 地面面积（含道牙下）× 灰土高 = 96.7 × 0.2 = 19.34m^3

（4）地面下 C15 混凝土垫层 100 厚

V = 地面面积（含道牙下）× 垫层高 = 96.7 × 0.1 = 9.67m^3

（5）30 厚 1:3 水泥砂浆结合层

S = 94m^2

（6）水泥砖铺装 60 厚

S = 铺装面积 = 18m^2

（7）小料石地面

S = 小料石地面面积 = 8.1m^2

（8）卵石地面

S = 卵石地面面积 = 5.9m^2

（9）青石板地面

S = 青石板地面面积 = 62m^2

（10）混凝土砖道牙

L = 按照图纸实际计算的长度 = 27m

19. 水边半圆广场的计算

（1）开挖（泵坑部分单独计算）

V =（半圆 3.14 × 9.9^2 ÷ 2 + 半圆以外部分 2 + 1.2 × 9.9 × 2）× 均深 0.41 + 台阶部分 2 × 3.14 × 1.1 ÷ 2 × 1.8 ×（0.555 + 0.3 + 0.18）= 80.09m^3

（2）原土夯实

S = 半圆 3.14 × 9.9^2 ÷ 2 + 半圆以外部分 2 + 1.2 × 9.9 × 2 + 台阶部分 2 × 3.14 × 1.1 ÷ 2 × 1.8 = 185.85m^2

（3）3:7 灰土垫层

V =（半圆 3.14 × 9.9$^{2'}$ ÷ 2 + 半圆以外部分 2 + 1.2 × 9.9 × 2）× 深 0.15 + 台阶部分 2 × 3.14 × 1.1 ÷ 2 × 1.8 × 0.15 = 27.88m^3

（4）C15 混凝土垫层

V =（半圆 3.14 × 9.9^2 ÷ 2 + 半圆以外部分 2 + 1.2 × 9.9 × 2）× 0.07 + 台阶部分 2 × 3.14 × 1.1 ÷ 2 × 1.8 × 0.07 + 超深部分 3.14 × 3.5^2 × 0.03 = 14.16m^3

（5）水泥砂浆结合层

S = 半圆 3.14 × 9.9^2 ÷ 2 + 半圆以外部分 2 + 1.2 × 9.9 × 2 + 台阶部分 2 × 3.14 × 1.1 ÷ 2 × 1.8 = 185.85m^2

（6）SBS 防水层

S = 3.14 × 3.5^2 = 38.47m^2

（7）水泥砂浆保护层两道

S = 3.14 × 3.5^2 = 38.47m^2

（8）钢筋混凝土地面

$V=3.14\times3.5^2\times0.15=5.77\text{m}^3$

（9）30 厚青石板地面

$S=14.74\text{m}^2$

（10）青石板碎拼地面

$S=84.4\text{m}^2$

（11）30 厚红色花岗石地面

$S=25.8\text{m}^2$

（12）30 厚灰色花岗石地面

$S=44\text{m}^2$

（13）30 厚灰色花岗石台阶

$S=46.8\text{m}^2$

（14）红色混凝土砖地面

$S=9.8\text{m}^2$

20. 中心休闲广场的计算

（1）开挖

V = 实际计算出中心休闲广场的面积 × 开挖高 = $268.3\times0.31=83.17\text{m}^3$

（2）原土夯实

S = 开挖的基础面积 = 268.3m^2

（3）地面下 3:7 灰土垫层 150 厚

V = 地面面积（含道牙下）× 灰土高 = $268.3\times0.15=40.25\text{m}^3$

（4）地面下 C15 混凝土垫层 100 厚

V = 地面面积（含道牙下）× 垫层高 = $268.3\times0.1=26.83\text{m}^3$

（5）30 厚 1:3 水泥砂浆结合层

$S=263.1\text{m}^2$

（6）红色花岗岩地面 30 厚

S = 红色花岗岩地面面积 = 156m^2

（7）小料石地面 30 厚

S = 小料石地面面积 = 95m^2

（8）红色花岗岩汀步地面

S = 红色花岗岩汀步地面面积 = 1.9m^2

（9）花岗岩台阶

S = 花岗岩台阶面积 = 10.2m^2

（10）水泥砖道牙

L = 按照图纸实际计算的长度 = 5.2m

21. 路端半圆广场的计算

（1）开挖

V = 实际计算出路端半圆广场的面积 × 开挖高 = $161.7\times0.32=51.74\text{m}^3$

（2）原土夯实

S = 开挖的基础面积 = 161.7m^2

（3）地面下 3∶7 灰土垫层 150 厚

V = 地面面积（含道牙下）× 灰土高 = 161.7 × 0.15 = 24.26m^3

（4）地面下 C15 混凝土垫层 100 厚

V = 地面面积（含道牙下）× 垫层高 = 161.7 × 0.1 = 16.17m^3

（5）40 厚干硬水泥砂浆结合层

S = 161.7m^2

（6）铜条分界

L = 实际计算的长度 = 210m

（7）小料石地面 30 厚

S = 小料石地面面积 = 7.1m^2

（8）卵石地面

S = 卵石地面面积 = 8.6m^2

（9）青石板碎拼地面

S = 青石板碎拼地面面积 = 146m^2

22. 路端周边路面的计算

（1）开挖

V = 实际计算出路端周边路面的面积 × 开挖高 = 53.7 × 0.35 = 18.8m^3

（2）原土夯实

S = 开挖的基础面积 = 53.7m^2

（3）地面下 3∶7 灰土垫层 150 厚

V = 地面面积（含道牙下）× 灰土高 = 53.7 × 0.15 = 8.06m^3

（4）地面下 C15 混凝土垫层 100 厚

V = 地面面积（含道牙下）× 垫层高 = 53.7 × 0.1 = 5.37m^3

（5）40 厚干硬水泥砂浆结合层

S = 53.7m^2

（6）砾石地面 30 厚

S = 砾石地面面积 = 13.5m^2

（7）混凝土砖地面 60 厚

S = 混凝土砖地面面积 = 32.5m^2

（8）现浇混凝土板地面

V = 现浇混凝土板地面体积 = 0.8m^3

（9）水洗豆石地面

S = 水洗豆石地面面积 = 1.4m^2

（10）混凝土侧石

L = 按照图纸实际计算的长度 = 55m

23. 20 号楼入口处地面

（1）开挖

V = 实际计算出 20 号楼入口处地面的面积 × 开挖高 = 39.8 × 0.42 = 16.72m^3

（2）原土夯实

S = 开挖的基础面积 = 39.8m^2

（3）地面下 3:7 灰土垫层 200 厚

V = 地面面积 × 灰土高 = 39.8 × 0.2 = 7.96m^3

（4）地面下 C10 混凝土垫层 150 厚

V = 地面面积 × 垫层高 = 39.8 × 0.15 = 5.97m^3

（5）40 厚干硬水泥砂浆结合层

S = 39.8m^2

（6）黑色花岗岩地面

S = 黑色花岗岩地面面积 = 6.8m^2

（7）小料石地面

S = 小料石地面面积 = 12.8m^2

（8）青石板地面

S = 青石板地面面积 = 17.1m^2

（9）混凝土台阶青石板面

S = 按照图纸实际面积计算 = 3.1m^2

24. 前广场地面的计算

（1）开挖

$V = 298.3 \times 0.43 + (85.5 + 4.7) \times 0.39 = 163.45m^3$

（2）原土夯实

$S = 298.3 + (85.5 + 4.7) = 388.5m^2$

（3）花岗岩地面下碎石垫层

$V = 298.3 \times 0.2 = 59.66m^3$

（4）小料石地面和卵石地面下 3:7 灰土垫层

$V = 90.2 \times 0.17 = 15.33m^3$

（5）C15 混凝土垫层

$V = 298.3 \times 0.15 + 90.2 \times 0.1 = 53.77m^3$

（6）花岗岩地面下干硬水泥砂浆

$S = 298.3m^2$

（7）500 × 500 × 50 灰色花岗岩地面

$S = 298.3m^2$

（8）100 × 100 × 100 小料石地面

$S = 85.5m^2$

（9）黑色卵石地面

$S = 3.14 \times 0.5^2 \times 6$ 组 $= 4.71m^2$

25. 消防通道的计算

（1）开挖

V = 实际计算的面积 × 开挖平均高 = 7089.5 × 0.47 = 3332.07m^3

（2）原土夯实

S = 开挖的基础面积 = 7089.5m^2

（3）350 厚石灰土

V = 4811 × 0.35 = 1683.85m^3

（4）乳化沥青透层

S = 沥青路面的面积 = 4811m^2

（5）中（细）粒沥青混凝土

S = 实际计算出的沥青混凝土路面的面积 = 4811m^2

（6）红色混凝土砖铺装地面

S = 实际计算出的铺装的面积 = 1870m^2

（7）40 厚干硬水泥砂浆结合层

S = 实际计算出的面积 = 1870m^2

（8）铺装下 3:7 灰土

V = 铺装面积 × 厚 = 1870 × 0.2 = 374m^3

（9）小料石地面

S = 实际计算出的面积 = 63.5m^2

（10）小料石地面下 200 厚级配砂石

V = 小料石地面面积 × 厚 = 63.5 × 0.2 = 12.7m^3

（11）100 厚的 C15 混凝土垫层

V = 小料石地面面积 × 厚 = 63.5 × 0.1 = 6.35m^3

（12）20 厚干硬水泥砂浆结合层

S = 实际计算的小料石地面面积 = 63.5m^2

（13）混凝土侧石

L = 实际计算的长度 = 3450m

（五）工程量清单（表 2-2-3）

分部分项工程工程量清单

专业工程名称：小区景观地面工程　　　　**表 2-2-3**

小区景观地面工程工程量清单

序号	地面种类	单位	工程量	综合单价	合价
1	防腐木平台面 33 厚（含木龙骨）				
	开挖	m^3	55.56		
	原土夯实	m^2	185.2		
	3:7 灰土垫层 150 厚	m^3	27.78		
	C15 混凝土垫层 150 厚	m^3	27.78		

小区景观地面工程工程量清单

序号	地 面 种 类	单位	工 程 量	综合单价	合价
	防腐木平台面 30 厚（含木龙骨 70 厚）	m^2	185.2		
2	600×300×50 青石板地面				
	铺青石板	m^2	8.3		
3	400×800×60 青石板汀步				
	600×300×50 青石板	m^3	2.8		
4	楼间步道混凝土砖（60 厚）				
	开挖	m^3	158.88		
	原土夯实	m^2	397.2		
	3:7 灰土垫层 200 厚	m^3	79.44		
	C10 混凝土垫层 100 厚	m^3	39.72		
	40 厚 1:3 水泥砂浆结合层	m^2	397.2		
	混凝土砖面层（60 厚）	m^2	397.2		
	混凝土抹角	m^3	1.5		
5	入户道路铺装混凝土砖（60 厚）				
	开挖	m^3	187.92		
	原土夯实	m^2	552.7		
	碎石垫层 150 厚	m^3	82.9		
	C10 混凝土垫层 100 厚	m^3	55.27		
	30 厚 1:3 干硬水泥砂浆结合层	m^2	552.7		
	混凝土砖面层（60 厚）	m^2	552.7		
	混凝土抹角	m^3	5.26		
	入户道路路牙	m	467.8		
6	砾石地面				
	开挖	m^3	6.98		
	原土夯实	m^2	34.9		
	3:7 灰土 150 厚	m^3	5.24		
	50 厚砾石	m^2	34.9		
7	60 厚青石板碎拼地面				
	开挖	m^3	53.1		
	原土夯实	m^2	151.7		
	3:7 灰土垫层 150 厚	m^3	22.76		
	C10 混凝土垫层 100 厚	m^3	15.17		
	40 厚 1:3 水泥砂浆结合层	m^2	151.7		
	60 厚青石板碎拼	m^2	151.7		
8	停车位地面				
	开挖	m^3	82.62		

续表

小区景观地面工程工程量清单

序号	地面种类	单位	工程量	综合单价	合价
	原土夯实	m^2	243		
	碎石垫层150厚	m^3	36.45		
	C15混凝土垫层100厚	m^3	24.3		
	40厚1:3水泥砂浆结合层	m^2	243		
	混凝土抹角	m^3	3.24		
	50厚混凝土板	m^3	40.5		
	50厚砾石	m^2	202.5		
9	滨水小径60厚青石板地面				
	开挖	m^3	85.3		
	原土夯实	m^2	243.7		
	3:7灰土垫层150厚	m^3	36.56		
	C10混凝土垫层100厚	m^3	24.37		
	40厚1:3水泥砂浆结合层	m^2	243.7		
	60厚青石板	m^2	243.7		
10	楼间景观带（一）				
	开挖	m^3	40.18		
	原土夯实	m^2	114.8		
	3:7灰土垫层150厚	m^3	17.22		
	C10混凝土垫层100厚	m^3	11.48		
	40厚1:3水泥砂浆结合层	m^2	114.8		
	水泥砖铺装	m^2	114.8		
	混凝土侧石	m	131		
11	楼间景观带（二）				
	开挖	m^3	25.9		
	原土夯实	m^2	74		
	3:7灰土垫层150厚	m^3	11.1		
	C10混凝土垫层100厚	m^3	7.4		
	40厚1:3水泥砂浆结合层	m^2	74		
	水泥砖铺装	m^2	74		
	混凝土侧石	m	90		
12	楼间景观带（三）				
	铺装开挖	m^3	22.75		
	原土夯实	m^2	65		
	3:7灰土垫层150厚	m^3	9.75		
	C10混凝土垫层100厚	m^3	6.5		
	40厚1:3水泥砂浆结合层	m^2	65		

小区景观地面工程工程量清单

序号	地　面　种　类	单位	工　程　量	综合单价	合价
	水泥砖铺装	m^2	65		
	混凝土侧石	m	86		
13	节点广场（一）				
	开挖	m^3	5.56		
	原土夯实	m^2	15.44		
	3:7 灰土垫层 150 厚	m^3	2.32		
	C10 混凝土垫层 150 厚	m^3	2.32		
	30 厚 1:3 水泥砂浆结合层	m^2	13.84		
	100×100×30 小料石地面	m^2	4.44		
	500×500×30 白色花岗岩地面	m^2	9.4		
	四周混凝土砖立铺	m^2	1.6		
14	节点广场（二）				
	开挖	m^3	11.59		
	原土夯实	m^2	32.2		
	3:7 灰土垫层 150 厚	m^3	4.83		
	C10 混凝土垫层 150 厚	m^3	4.83		
	30 厚 1:3 水泥砂浆结合层	m^2	32.2		
	100×100×30 小料石地面	m^2	32.2		
	四周混凝土砖立铺	m^2	2.4		
15	回车场（一）				
	开挖	m^3	56.54		
	原土夯实	m^2	141.34		
	200 厚碎石垫层	m^3	4.58		
	C15 混凝土垫层 150 厚	m^3	3.44		
	铺装下 3:7 灰土 300 厚	m^3	31.98		
	40 厚 1:3 水泥砂浆结合层	m^2	118.44		
	花岗岩地面下 30 厚 1:3 水泥沙浆面	m^2	22.9		
	水泥砖铺装 60 厚	m^2	106.6		
	50 厚机抛黑色花岗岩地面	m^2	22.9		
	混凝土砖道牙	m	118.4		
16	回车场（二）				
	开挖	m^3	56.02		
	原土夯实	m^2	140.06		
	碎石垫层 200 厚	m^3	5.94		
	C15 混凝土垫层 150 厚	m^3	4.46		
	铺装下 3:7 灰土 300 厚	m^3	30.21		

续表

小区景观地面工程工程量清单

序号	地 面 种 类	单位	工 程 量	综合单价	合价
	40厚干硬水泥砂浆结合层	m^2	140.06		
	水泥砖铺装	m^2	100.7		
	50厚绣石地面	m^2	29.7		
	混凝土砖道牙	m	96.6		
17	回车场（三）				
	开挖	m^3	28.47		
	原土夯实	m^2	73		
	3:7灰土垫层200厚	m^3	14.6		
	C15混凝土垫层100厚	m^3	4.46		
	30厚水泥砂浆结合层	m^2	70.4		
	水泥砖铺装60厚	m^2	12.8		
	100×100×30小料石地面	m^2	6.9		
	黑色卵石地面	m^2	6.7		
	400×400×60青石板地面	m^2	44		
	混凝土砖道牙	m	26		
18	回车场（四）				
	开挖	m^3	29.01		
	原土夯实	m^2	96.7		
	3:7灰土垫层200厚	m^3	19.34		
	C15混凝土垫层100厚	m^3	9.67		
	30厚水泥砂浆结合层	m^2	94		
	400×400×60青石板	m^2	62		
	水泥砖铺装60厚	m^2	18		
	100×100×30小料石地面	m^2	8.1		
	黑色卵石地面	m^2	5.9		
	混凝土砖道牙	m	27		
19	水边半圆广场				
	开挖	m^3	80.09		
	原土夯实	m^2	185.85		
	3:7灰土垫层	m^3	27.88		
	C15混凝土垫层	m^3	14.16		
	水泥砂浆结合层	m^2	185.85		
	SBS防水层两遍	m^2	38.47		
	钢筋混凝土地面	m^3	5.77		
	水泥砂浆结合层两道	m^2	38.47		
	30厚青石板地面	m^2	14.74		

小区景观地面工程工程量清单

序号	地面种类	单位	工程量	综合单价	合价
	青石板碎拼地面	m^2	84.4		
	30厚红色花岗岩地面	m^2	25.8		
	30厚灰色花岗岩地面	m^2	44		
	30厚灰色花岗岩台阶	m^2	46.8		
	红色水泥砖地面	m^2	9.8		
20	中心休闲广场				
	开挖	m^3	83.17		
	原土夯实	m^2	268.3		
	3:7灰土垫层	m^3	40.25		
	C15混凝土垫层	m^3	26.83		
	30厚水泥砂浆结合层	m^2	263.1		
	红色花岗岩地面层（异形）30厚	m^2	156		
	小料石地面100×100×30	m^2	95		
	红色花岗岩汀步石600×600×30	m^2	1.9		
	水泥砖道牙	m	5.2		
	花岗岩台阶30厚（含混凝土台阶）	m^2	10.2		
21	路端半圆广场				
	开挖	m^3	51.74		
	原土夯实	m^2	161.7		
	混凝土垫层100厚	m^3	16.17		
	40厚干硬水泥砂浆结合层	m^2	161.7		
	3:7灰土150厚	m^3	24.26		
	青石板处铜条分界	m	210		
	小料石面层	m^2	7.1		
	卵石面层	m^2	8.6		
	青石板碎拼地面	m^2	146		
22	路端周边路面				
	开挖	m^3	18.8		
	原土夯实	m^2	53.7		
	混凝土垫层100厚	m^3	5.37		
	40厚干硬水泥砂浆结合层	m^2	53.7		
	3:7灰土150厚	m^3	8.06		
	砾石面层	m^2	13.5		
	混凝土面砖	m^2	32.5		
	混凝土现浇板地面	m^3	0.8		
	水洗豆石地面	m^2	1.4		

续表

小区景观地面工程工程量清单

序号	地面种类	单位	工程量	综合单价	合价
	混凝土侧石	m	55		
23	20号楼入口处地面				
	开挖	m^3	16.72		
	原土夯实	m^2	39.8		
	3:7灰土200厚	m^3	7.96		
	C10混凝土垫层150厚	m^3	5.97		
	40厚水泥砂浆结合层	m^2	39.8		
	500×500×30黑色花岗岩面	m^2	6.8		
	100×100×30小料石面	m^2	12.8		
	400×400×30青石板面	m^2	17.1		
	混凝土台阶30厚青石板面	m^2	3.1		
24	前广场地面				
	开挖	m^3	163.45		
	原土夯实	m^2	388.5		
	碎石垫层150厚	m^3	59.66		
	C15混凝土垫层	m^3	53.77		
	3:7灰土垫层	m^3	15.33		
	干硬水泥砂浆结合层	m^2	298.3		
	500×500×50灰色花岗岩面	m^2	298.3		
	100×100×100小料石面	m^2	85.5		
	黑色卵石地面	m^2	4.71		
25	消防通道				
	开挖	m^3	3332.07		
	原土夯实	m^2	7089.5		
	石灰土350厚	m^3	1683.85		
	乳化沥青透层	m^2	4811		
	中（细）粒沥青混凝土（3细5中）	m^2	4811		
	红色混凝土铺装	m^2	1870		
	铺装下3:7灰土200厚	m^3	374		
	40厚干硬水泥砂浆结合层	m^2	1870		
	200×100×400混凝土侧石	m	3450		
	小料石减速带下200厚级配砂石	m^3	12.7		
	100厚C15混凝土垫层	m^3	6.35		
	20厚干硬水泥砂浆结合层	m^2	63.5		
	100×100×100小料石减速带	m^2	63.5		
	合　计	元			

计取其他费用略。

三、景观围墙工程工程量清单的编制

（一）主要参阅的图纸

1. 小院围墙的平面图或平面放线图。

2. 小院围墙的详图及工程做法（包括围墙的基础，墙体的平、立、剖面图，铁艺详图）。

3. 围墙铁艺门的详图。

（二）需要注意的问题

1. 围墙的几种做法和平面界限。

2. 围墙的施工要求。

3. 围墙的铁艺部分的做法和具体尺寸，刷油漆的遍数和做法。

4. 构造柱的位置。

（三）工程量计算的相关规则

1. 围墙平整场地是每边各加 1m 计算。

2. 人工挖地槽的体积应是外墙地槽和内墙地槽总体积。槽长的计算：外墙地槽按外墙地槽的中心线计算，内墙地槽长度按内墙槽底净长度计算；槽宽按设计图示尺寸加工作面的宽度计算；槽深按自然地坪至槽底计算。当需要放坡时，应将放坡的土方量合并于总土方量中。

3. 基础垫层按设计图示尺寸以体积计算。其长度：外墙按中心线，内墙按垫层净长度计算。

4. 金属栏杆、动物金属笼舍按设计图示尺寸以质量计算。不扣除孔眼、切边、切肢的质量，焊条、铆钉、螺栓等不另行增加质量，不规则或多边形钢板以其外接矩形面积乘以厚度以单位理论质量计算。

5. 挖地槽原土回填的工程量，可按地槽挖土工程量乘以系数 0.6 计算。

6. 实心砖墙按设计尺寸以体积计算，外墙按中心线，内墙按净长计算。围墙高度算至压顶上表面（如有混凝土压顶时算至压顶的下表面），围墙柱并入围墙体积内。标准砖厚度按表 2-2-4 计算。

标准砖厚度 表 2-2-4

墙　厚	1/4	1/2	3/4	1	3/2	2
计算厚度（mm）	53	115	180	240	365	490

7. 现浇混凝土构造柱按设计图示尺寸以体积计算。不扣除构件内钢筋、预埋铁件所占体积，其柱高按全高计算。

8. 现浇混凝土基础梁、圈梁、过梁按设计图示尺寸以体积计算。不扣除构件内钢筋、预埋铁件所占体积，伸入墙内的梁头、梁垫并入梁的体积内。其梁长：(1) 梁与柱连接时，梁长算至柱侧面。(2) 主梁与次梁连接时，次梁长算至主梁侧面。

9. 柱面抹灰按设计图示柱断面周长乘以高度以面积计算。墙面、柱面镶贴块料按设计图示尺寸以面积计算。

10. 混凝土梁、柱、檩条油漆，按设计图示尺寸以油漆部分展开面积计算。

11. 抹灰面油漆，按设计图示尺寸以油漆展开面积计算。

12. 刷、喷涂料，按设计图示尺寸以面积计算。

(四) 工程量计算

按照小院的相关施工图所给出的具体尺寸进行计算后，得出小院围墙的具体长度、构造柱个数、铁艺围栏和铁艺小门个数，见表2-2-5。

小院围墙的具体数值 **表2-2-5**

楼号	构造柱（外）	构造柱（内）	铁艺围栏	小院门（0.9m）	小院门（1.2m）	围墙长（m）
1	7	15	25	2		48.07
2	9	29	28	4		80.08
3	10	29	28	2	1	79.89
4	7	26	24	2	2	67.62
5	1	8	7	1		24.66
6	4	30	20	3	1	75.29
7	5	34	22	1	5	87.97
8	3	44	24	1	5	100.22
9	4	14	14	1	1	41.98
10	3	55	28	1	5	124.91
11	6	36	24		6	84.75
12	11	40	31		5	98.91
13	10	38	30	6		87.25
14	8	18	20	1	2	45.09
15	12	40	34	1	4	92.28
16	13	44	36	1	4	92.32
17	11	49	35	8	2	119
18	9	26	25	2	2	62.6
19	9	33	27		4	87.59
20	11	40	28	1	4	99.11
合计	153（个）	648（个）	510（个）	38（个）	53（个）	1599.59

1. 平整场地工程量的计算

S =（围墙的长 +2）×（围墙的宽 +2）=（1599.59 +2）×（0.22 +2）=3555.53m^2

2. 开挖工程量的计算

V = 围墙部分 + 墙内构造柱的加深加宽部分 + 独立的构造柱部分

（1）围墙部分

V = 长 × 宽 × 开挖高

长 = 1599.59m（从图纸上实际长度的计算）

宽 = 0.42m

高 = 0.78m

$V = 524.03\text{m}^3$

（2）墙内构造柱的加深加宽部分

V = 长 × 墙体与构造柱之间的宽差 × 墙体与构造柱之间开挖的高差 × 相同个数

长 = 0.24m

宽 = 0.98 − 0.42 = 0.56m

高 = 0.95 − 0.78 = 0.17m

个数 = 648 个

$V = 14.81\text{m}^3$

（3）独立的构造柱部分

V = 长 × 宽 × 开挖高 × 相同个数

长 = 0.24m

宽 = 0.98m

高 = 0.95m

个数 = 153 个

$V = 34.19\text{m}^3$

开挖总量 = 573.03m^3

3. 原土夯实工程量的计算

S = 围墙部分 + 墙内构造柱的加宽部分 + 独立的构造柱部分

（1）围墙部分

S = 长 × 开挖的宽

长 = 1599.59m（从图纸上实际长度的计算）

宽 = 0.42m

$S = 671.83\text{m}^2$

（2）墙内构造柱的加宽部分

S = 长 × 墙体与构造柱之间的宽差 × 相同个数

长 = 0.24m

宽 = 0.98 − 0.42 = 0.56m

个数 = 648 个

$S = 87.09\text{m}^2$

（3）独立的构造柱部分

S = 长 × 宽 × 相同个数

长 =0.24m

宽 =0.98m

个数 =153 个

$S=35.99m^2$

原土夯实总量 $=794.91m^2$

4. 灰土垫层工程量的计算

V = 围墙部分 + 墙内构造柱的加宽部分 + 独立的构造柱部分

(1) 围墙部分

V = 长 × 宽 × 垫层高

长 =1599.59m(从图纸上实际长度的计算)

宽 =0.42m

高 =0.15m

$V=100.78m^3$

(2) 墙内构造柱的加宽部分

V = 长 × 墙体构造柱比墙体宽出的部分 × 相同个数

长 =0.24m

宽 =0.98 −0.42 =0.56m

高 =0.15m

个数 =648 个

$V=13.06m^3$

(3) 独立的构造柱部分

V = 长 × 宽 × 垫层高 × 相同个数

长 =0.24m

宽 =0.98m

高 =0.15m

个数 =153 个

$V=5.4m^3$

灰土垫层总量 $=119.24m^3$

5. C15 混凝土垫层工程量的计算

V = 围墙部分 + 墙内构造柱的加宽部分 + 独立的构造柱部分

(1) 围墙部分

V = 长 × 宽 × 垫层高

长 =1599.59m(从图纸上实际长度的计算)

宽 =0.42m

高 =0.15m

$V=100.78m^3$

(2) 墙内构造柱的加宽部分

V = 长 × 墙体构造柱比墙体宽出的部分 × 相同个数

长 = 0.24m

宽 = 0.98 − 0.42 = 0.56m

高 = 0.15m

个数 = 648 个

$V = 13.06\text{m}^3$

(3) 独立的构造柱部分

V = 长 × 宽 × 垫层高 × 相同个数

长 = 0.24m

宽 = 0.98m

高 = 0.15m

个数 = 153 个

$V = 5.4\text{m}^3$

混凝土垫层总量 = 119.24m^3

6. 混凝土构造柱基础工程量的计算

V = 构造柱基础断面 × 高 × 相同个数

构造柱基础断面 = $0.58 \times 0.64 = 0.3712\text{m}^2$

高 = 0.2m

相同个数 = 153

$V = 11.36\text{m}^3$

7. 回填土工程量的计算

V = 开挖的体积 × 0.6(系数)

$= 573.03 \times 0.6$

$= 343.82\text{m}^3$

8. 混凝土构造柱工程量的计算

V(墙外) = 构造柱断面 × 高 × 相同个数

构造柱断面 = $0.18 \times 0.24 = 0.0432\text{m}^2$

高 = 1.4m

相同个数 = 153

V(墙外) = 9.25m^3

V(墙内) = 构造柱断面 × 高 × 相同个数

构造柱断面 = $0.18 \times 0.24 = 0.0432\text{m}^2$

高 = 1.42m

相同个数 = 648

V(墙内) = 39.75m^3

构造柱总量 = 49m^3

9. 围墙上部细石混凝土压顶工程量的计算

V = 混凝土压顶长 × 宽 × 高

长 = 1599.59m

宽 =0.18m

高 =0.06m

V =17.28m^3

10. C20 混凝土防潮带工程量的计算

V = 混凝土防潮带长 × 宽 × 高

长 =1599.59 − 墙内构造柱的长 0.24 ×648 个 =1444.07m

宽 =0.18m

高 =0.06m

V =15.6m^3

11. 砖砌围墙(含砖基础)工程量的计算

V = 围墙长(减去墙内构造柱所占的长) × 宽 × 高

长 =1599.59 −0.24 ×648 个 =1444.07m

宽 =0.18m

高 =0.48 +1 −0.06 −0.06 =1.36m

V =353.51m^3

12. 水泥砂浆抹墙面工程量的计算

S = 墙面长 × 展开宽 + 独立构造柱的长 × 展开宽 × 相同个数

围墙部分:

长 =1599.59m

展开宽 = 双面 + 顶面 =1 ×2 +0.22 =2.22m

S_1 =3551.09m^2

与铁艺相交接的墙的侧面:

S_2 = 墙宽 × 高 × 个数 =0.22 ×1 ×510 ×2 面 =224.4m^2

与小院门相交接的墙的侧面:

S_3 = 墙宽 × 高 × 门的个数 =0.22 ×1 ×(38 +53) ×2 面 =40.04m^2

围墙部分合计 = $S_1 + S_2 + S_3$ =3815.53m^2

独立的构造柱部分:

整个侧面 S = 四面周长 × 高 × 个数 =0.24 ×4 ×153 =146.88m^2

顶面抹面 S = 顶面面积 × 个数 =0.24 ×0.22 ×153 =8.08m^2

构造柱部分合计 =154.96m^2

整个围墙抹面工程量 =3970.49m^2

13. 喷刷米色涂料工程量的计算

S = 墙面长 × 展开宽 + 独立构造柱的长 × 展开宽 × 相同个数

围墙部分:

长 =1599.59m

展开宽 = 双面 + 顶面 =1 ×2 +0.22 =2.22m

S_1 =3551.09m^2

与铁艺相交接的墙的侧面:

S_2 = 墙宽 × 高 × 个数 = 0.22 × 1 × 510 × 2 面 = 224.4m^2

与小院门相交接的墙的侧面：

S_3 = 墙宽 × 高 × 门的个数 = 0.22 × 1 × (38 + 53) × 2 面 = 40.04m^2

围墙部分合计 = $S_1 + S_2 + S_3$ = 3815.53m^2

独立的构造柱部分：

整个侧面 S = 四面周长 × 高 × 个数 = 0.24 × 4 × 153 = 146.88m^2

顶面喷刷 S = 顶面面积 × 个数 = 0.24 × 0.22 × 153 = 8.08m^2

构造柱部分合计 = 154.96m^2

整个围墙喷刷工程量 = 3970.49m^2

14. 铁艺围栏（含制作、安装、油漆）

T = 各种规格的铁管的长度 × 每米重量

外框 40 × 40 × 4　T = 一个的长 × 重量 × 个数 = 3.2 × 3.14 × 510 = 5.125t

内栏 20 × 20 × 3　T = 一个的长 × 重量 × 个数 = 5.5 × 0.942 × 510 = 2.642t

埋件 -100 × 150 × 8　T = 单个平方米 × 重量 × 个数 = 0.1 × 0.15 × 62.8 × 510 × 4 个 = 1.922t

埋件 ϕ8　T = 一个的长 × 重量 × 个数 = 0.32 × 0.395 × 510 × 4 个 = 0.26t

合计：T = 9.95t

15. 小院门（包括制作、安装、油漆、门轴等五金）

S = 门的外框面积 × 个数

S_1(宽 1.2m) = 1.1 × 0.9 × 53 = 52.47m^2

S_2(宽 0.9m) = 0.85 × 0.9 × 38 = 29.07m^2

$S = S_1 + S_2$ = 81.54m^2

（五）小区内围墙工程工程量清单（表 2-2-6）

分部分项工程工程量清单

专业工程名称：围墙工程　　　　**表 2-2-6**

小区内围墙工程工程量清单

序号	工程项目	单位	工程量	综合单价	合计
1	平整场地	m^2	3555.53		
2	开挖	m^3	573.03		
3	原土夯实	m^2	794.91		
4	灰土垫层	m^3	119.24		
5	C15 混凝土垫层	m^3	119.24		
6	混凝土构造柱基础	m^3	11.36		
7	回填土	m^3	343.82		
8	混凝土构造柱	m^3	49		
9	围墙上部细石混凝土压顶	m^3	17.28		
10	C20 混凝土防潮带	m^3	15.6		

续表

小区内围墙工程工程量清单

序号	工 程 项 目	单位	工 程 量	综合单价	合计
11	砖砌围墙（含砖基础）	m^3	353.51		
12	水泥砂浆抹墙面	m^2	3970.49		
13	喷刷米色涂料	m^2	3970.49		
14	铁艺围栏（含制作、安装、油漆）	t	9.95		
15	小院门（包括制作、安装、油漆、门轴等五金）	m^2	81.54		
16	合计	元			

计取其他费用略。

四、景观水系工程工程量清单的编制

（一）主要参阅的图纸

1. 各种水景的平面图或平面放线图。
2. 水景工程的剖面图及工程做法。
3. 各个节点的剖面图及工程做法。
4. 各种水中汀步和曲桥的平面、详图及工程做法。

（二）需要注意的问题

1. 各种水景的不同做法和平面界限的划分。
2. 各种水景的施工要求。
3. 各个节点的不同做法和要求。

（三）工程量计算的相关规则

1. 木桥面项目包括：选料，锯料，刨光，制作及安装。

2. 木梁、木栏杆制作安装项目包括：放样，选料，刨光，画线，制作及剔凿成型；安装项目包括：安装，吊线，校正，固定。木栏杆项目还包括雕饰，望柱脚铁件安装及刷防腐油。

3. 石桥基础，石桥墩，石桥台，拱碹石制作、安装，金刚墙砌筑，按设计图示尺寸以体积计算。

4. 木制步桥按设计图示尺寸以桥面板长乘桥面宽以面积计算。

5. 石砌驳岸按设计图示尺寸以体积计算。

6. 原木桩驳岸按设计图示尺寸以桩长（包括桩尖）计算。

7. 散铺砂卵石护岸（自然护岸）按设计图示尺寸平均护岸宽度乘以护岸长度以面积计算。

8. 木梁按设计图示尺寸，以立方米计算。

9. 木栏杆以地面上皮至扶手上皮间高度乘以长度（不扣望柱）以平方米计算。

10. 汀步铺装按设计图示尺寸以体积计算。

11. 混凝土水池、喷泉池、花池、花坛壁按设计图示尺寸以体积计算。

12. 挖基础土方按设计图示尺寸及基础垫层底面积乘以挖土深度的天然密实体积计算。

13. 石基础按设计图示尺寸以体积计算。基础的长度：外墙按中心线，内墙按净长计算。

（四）工程量计算

根据所给的水系的平面图和各个节点的施工图和详图，用 CAD 软件实际括算。

1. 水边半圆广场旁旱喷水池、收水沟

（1）开挖

V = 坑体的体积

$V=2\times3.14\times1.1\div2\times1.85\times1.75+2\times3.14\times1.7\times$ 约 0.8 个圆 $\times1=11.78\text{m}^3$

（2）3:7 灰土垫层

V = 坑体下的灰土体积

$V=2\times3.14\times1.1\div2\times1.85\times0.15+8.5\times0.8\times0.2=2.32\text{m}^3$

（3）C20 混凝土垫层

V = 坑体下的混凝土垫层的体积

$V=2\times3.14\times1.1\div2\times1.65\times0.2+8.5\times0.6\times0.2=2.16\text{m}^3$

（4）混凝土泵坑

V = 泵坑和旱喷及排水沟的体积

$V=2\times3.14\times1.1\div2\times0.15\times1.2+3.14\times1.1^2\div2\times0.15+8.5\times1\times0.15+8.5\times0.8\times0.15=3.2\text{m}^3$

（5）水泥砂浆抹面

S = 坑内及旱喷内抹面面积

$S=2\times3.14\times1.1\div2\times1.2+3.14\times1.1^2\div2+8.5\times1+8.5\times0.8=21.34\text{m}^2$

（6）不锈钢箅子

$S=3.14\times1.1^2\div2+8.5\times0.2+0.6\times0.8=4.02\text{m}^2$

2. 小区水系工程（含楼前水溪、跌水项目）

（1）整个小区的水系面积和周长（用 CAD 实际计算）

$S=3150\text{m}^2$

L = 上部 360m + 下部 295m = 655m

A. 开挖

V = 水系面积 × 开挖均深 $=3150\times(0.661+0.505)=3672.9\text{m}^3$

B. 原土夯实

$S=3150\text{m}^2$

C. 3:7 灰土垫层

V = 水系面积 × 厚 = 3150 × 0.15 = 472.5m^3

D. 素混凝土垫层

V = 水系面积 × 厚 = 3150 × 0.1 = 315m^3

E. C15 钢筋混凝土池底

V = 水系面积 × 厚 = 3150 × 0.12 = 378m^3

F. 水泥砂浆结合层（两遍）

S =（水系面积 + 台阶立面）× 两遍 =（3150 + 655 × 0.6）× 2 = 7086m^2

G. SBS 防水层两遍

S =（水系面积 + 台阶立面）× 两遍 =（3150 + 655 × 0.6）× 2 = 7086m^2

H. 水泥砂浆保护层

S = 水系面积 + 台阶立面 = 3150 + 655 × 0.6 = 3543m^2

I. 池底卵石

V = 水底面积 × 厚 = 3150 × 0.08 = 252m^3

J. 混凝土台阶水泥砂浆面

S = 边长 × 展开宽 = 655 ×（0.5 + 0.34）= 550.2m^2

K. 水系边天然石材

V = 33m^3（约）

（2）庭院中的水溪（一）的计算

用 CAD 实际计算，该水溪面积是 77m^2；边长是 42m。

A. 开挖

V = 水系面积 × 开挖均深 = 77 × 0.5 + 局部加深 55 × 0.3 + 泵坑 1.8 × 1.8 × 0.6 = 56.9m^3

B. 原土夯实

S = 77m^2

C. 3∶7 灰土

V = 水系面积 × 厚 = 77 × 0.2 = 15.4m^3

D. 素混凝土垫层

V = 水溪面积 × 厚 = 77 × 0.1 = 7.7m^3

E. C15 钢筋混凝土池底

V = 水溪面积 × 厚 = 77 × 0.15 = 11.55m^3

F. 水泥砂浆结合层

S = 水溪面积 + 构架处立面 = 77 + 16.5 × 0.45 = 84.43m^2

G. SBS 防水层两遍

S =（水溪面积 + 构架处立面）× 两遍 =（77 + 16.5 × 0.45）× 2 = 168.86m^2

H. 水泥砂浆保护层

S = 水溪面积 + 构架处立面 = 77 + 16.5 × 0.45 = 84.43m^2

I. 水泥砂浆结合层

S = 水溪面积 + 构架处立面 = 77 + 16.5 × 0.45 = 84.43m^2

J. 水溪边天然石材

$V=11\text{m}^3$（约）

K. 钢筋混凝土水溪边（木构架处）

$V=16.5\times0.45\times0.4=2.97\text{m}^3$

L. 混凝土泵坑

$V=$底+边$=1.8\times1.8\times0.15+1.8\times4\times0.7\times0.15=1.24\text{m}^3$

（3）庭院中的水溪（二）的计算

用CAD实际计算，该水溪面积是244m^2；边长是77m。

A. 开挖

$V=$水系面积×开挖均深$=244\times1.28=312.3\text{m}^3$

B. 原土夯实

$S=244\text{m}^2$

C. 3∶7灰土

$V=$水系面积×厚$=244\times0.2=73.2\text{m}^3$

D. C15钢筋混凝土池底

$V=$水溪面积×厚$=77\times0.05=12.2\text{m}^3$

E. 水泥砂浆面层

$S=$水溪面积+水溪边×展开宽$=244+77\times1.38=350.3\text{m}^2$

F. 土工膜防水层

$S=$水溪面积+水溪边×展开宽$=244+77\times1.38=350.3\text{m}^2$

G. 混凝土台阶水泥砂浆面

$S=77\times1=77\text{m}^2$

H. 砌墙

$V=95\times0.35\times0.3+95\times0.2\times0.2=13.78\text{m}^3$

3. 水系中的汀步（开挖项目已经计算在整个水系中了）

（1）混凝土汀步

$V=$汀步的混凝土体积×个数

$V=0.25\times0.25\times1.5\times12+0.8\times0.8\times0.15\times12=2.4\text{m}^3$

（2）外贴花岗岩面

$S=$整个汀步的外饰面积×个数

$S=0.8\times0.8\times12+3.2\times0.21\times12=15.8\text{m}^2$

4. 木桥

（1）开挖

$V=$桥下柱的基础的开挖

$V=1.5\times1.5\times0.7\times8$个$=12.6\text{m}^3$

（2）C10混凝土垫层

$V=$柱下混凝土垫层的体积×相同个数

$V=0.9\times0.9\times0.1\times8=0.65\text{m}^3$

(3) 混凝土独立基础

V=柱下混凝土基础的体积×相同个数

$V=0.7\times0.7\times0.15\times8+(0.7+0.3)\times0.15\div2\times8=1.19\text{m}^3$

(4) 混凝土柱

V=钢筋混凝土柱的体积×相同个数

$V=0.2\times0.2\times0.9\times8=0.29\text{m}^3$

(5) 防腐木柱

V=木柱体积×相同个数

$V=0.15\times0.15\times1.05\times8=0.19\text{m}^3$

(6) 木栏杆

S=木栏杆最外面的面积

$S=1.2\times0.62\times6$ 组 $=4.46\text{m}^2$

(7) 木桥面

S=木桥面的平面面积

$S=4.35\times1.7=7.4\text{m}^2$

5. 混凝土小拱桥(两座)

(1) 开挖

V=桥下柱的基础的开挖

$V=1.9\times(0.8+0.6)\times0.47\times4$ 个 $=5\text{m}^3$

(2) C10 混凝土垫层

V=桥下混凝土垫层的体积×相同个数

$V=1.9\times0.8\times0.1\times2\times2$ 个 $=0.61\text{m}^3$

(3) 碎石基础垫层

V=桥下碎石垫层的体积×相同个数

$V=1.9\times0.8\times0.15\times2\times2$ 个 $=0.91\text{m}^3$

(4) 混凝土梁

$V_{L1}=(1.5\times0.28\times0.6+1.5\times0.3\times0.12)\times2\times2$ 个 $=1.224\text{m}^3$

$V_{L2}=($弧长 $5.1\times0.2\times0.3+5.1\times0.13\times0.1)\times2\times2$ 个 $=1.49\text{m}^3$

$V_{L4}=1.5\times0.2\times0.15\times2=0.09\text{m}^3$

V_L 合计 $=2.8\text{m}^3$

(5) 混凝土桥板

V=弧长 $4.5\times1.5\times0.1\times2$ 个 $=1.35\text{m}^3$

(6) 灰色花岗岩饰面

S=平面+侧面+桥首处侧面

$S=5.1\times0.2\times2\times2+5.1\times0.19\times2\times2+$弧长 $3.9\times0.49\times2\times2+0.6\times2\times0.2\times4\times2$ 个(侧立面量折合在侧面中了)$+0.2\times0.35\times4\times2=18.08\text{m}^2$

(7) 防腐木地面(带龙骨)

$S=3.8\times1.6\times2$ 个 $=12.16m^2$

6. 跌水（开挖项目已经计算在水溪中了）

（1）3:7 灰土垫层

$V=1\times1\times0.2\times2=0.4m^3$

（2）C20 混凝土垫层

$V=1\times1\times0.2\times2=0.4m^3$

（3）混凝土跌水

$V=0.8\times0.8\times0.3\times2+0.36\times0.36\times1.9\times2+0.8\times0.4\times0.4\times2=1.13m^3$

（4）外贴花岗岩面

$S=0.4\times4\times2\times1.4+(0.4+0.8)\times2\times0.4+0.4\times0.8\times2+0.4\times0.4\times2=6.4m^2$

（5）泵坑混凝土

$V=1.2\times1.2\times0.15+1.2\times4\times0.15\times0.7=0.72m^3$

（6）钢丝网盖

$S=1.5\times1.5=2.25m^2$

（五）工程量清单的编制

分部分项工程工程量清单

专业工程名称：小区景观水系工程　　　　　　　　　　表 2-2-7

序号	项 目 名 称	单位	工 程 量	综合单价	合价
	一、水边半圆广场旁旱喷水池、收水沟				
1	开挖	m^3	11.78		
2	3:7 灰土垫层	m^3	2.32		
3	C20 混凝土垫层	m^3	2.16		
4	混凝土泵坑	m^3	3.2		
5	水泥砂浆抹面	m^2	21.34		
6	不锈钢箅子	m^2	4.02		
	二、小区水系工程				
	（一）水系				
1	开挖	m^3	3672.9		
2	原土夯实	m^2	3150		
3	3:7 灰土垫层	m^3	472.5		
4	素混凝土垫层	m^3	315		
5	C15 钢筋混凝土池底	m^3	378		
6	水泥砂浆结合层（两遍）	m^2	7086		
7	SBS 防水层两遍	m^2	7086		
8	水泥砂浆保护层	m^2	3543		
9	池底卵石	m^3	252		
10	混凝土台阶水泥砂浆面	m^2	550.2		

续表

序号	项目名称	单位	工程量	综合单价	合价
11	水系边天然石材	m^3	33		
	（二）庭院中的水溪（一）				
1	开挖	m^3	56.9		
2	原土夯实	m^2	77		
3	3:7 灰土垫层	m^3	15.4		
4	素混凝土垫层	m^3	7.7		
5	C15 钢筋混凝土池底	m^3	11.55		
6	水泥砂浆结合层	m^2	84.43		
7	SBS 防水层两遍	m^2	168.86		
8	水泥砂浆结合层	m^2	84.43		
9	水泥砂浆保护层	m^2	84.43		
10	水溪边天然石材	m^3	11		
11	钢筋混凝土水溪边（木构架处）	m^3	2.97		
12	混凝土泵坑	m^3	1.24		
	（三）庭院中的水溪（二）				
1	开挖	m^3	312.3		
2	原土夯实	m^2	244		
3	3:7 灰土垫层	m^3	73.2		
4	C15 钢筋混凝土池底	m^3	12.2		
5	水泥砂浆面层	m^2	350.3		
6	土工膜防水层	m^2	350.3		
7	混凝土台阶水泥砂浆面	m^2	77		
8	砌墙	m^3	13.78		
	三、水系中的汀步				
1	混凝土汀步	m^3	2.4		
2	外贴花岗岩面	m^2	15.8		
	四、木桥				
1	开挖	m^3	12.6		
2	C10 混凝土垫层	m^3	0.65		
3	混凝土独立基础	m^3	1.19		
4	混凝土柱	m^3	0.29		
5	防腐木柱	m^3	0.19		
6	木栏杆	m^2	4.46		
7	木桥面	m^2	7.4		
	五、混凝土小拱桥（两座）				
1	开挖	m^3	5		
2	C10 混凝土垫层	m^3	0.61		
3	碎石基础	m^3	0.91		

续表

序号	项目名称	单位	工程量	综合单价	合价
4	混凝土梁	m^3	2.8		
5	混凝土桥板	m^3	1.35		
6	灰色花岗岩饰面	m^2	18.08		
7	防腐木地面（带龙骨）	m^2	12.16		
	六、跌水				
1	3:7 灰土垫层	m^3	0.4		
2	C20 混凝土垫层	m^3	0.4		
3	混凝土跌水	m^3	1.13		
4	外贴花岗岩面	m^2	6.4		
5	泵坑混凝土	m^3	0.72		
6	钢丝网盖	m^2	2.25		
	合计	元			

其他费用计取略。

五、景观工程工程量编制技巧及注意事项

（一）如何避免或尽量避免工程量编制中的错误

1. 在计算前一定要反复的查看施工图纸，先大后小，先易后烦，前后对照，在查看中了解做法和构造，发现问题及时与设计人员沟通。

2. 在计算前和计算中要经常去现场实地了解现状。

3. 建立苗木的场家联系渠道，经常了解苗木的销售价格。

4. 经常深入苗圃调研苗木的生长和苗木的新品种的引进情况。

5. 经常深入装饰市场和灯具市场了解价格情况。

6. 细心做好每一个记录，以备查询。

7. 在计算中做到草稿整洁，数字清楚整齐，便于查询和查看。

8. 在计算中对每一个数字的截取都要细心，对于感觉不是很清楚的数字或是图纸问题都要前后对照，反复查看。

9. 对于常规的一些园林小品建立常规的总的价格监控，对每一次出现的园林小品根据做法和构造做一些常规的记录作为一个价格的总控，为今后相仿的园林小品作参照样本来检查验证计算是否出现错误。

10. 熟悉基价中的各项规则和规定。

11. 了解所签合同的全部内容。

12. 做好现场签证的了解、保管、整理工作，及时做好签证的结算工作。

（二）在查看施工图纸时要注意的问题

1. 设计师在设计中很可能会出现一些大大小小的“问题”，比如尺寸的标注错误、比

例标注错误、做法设计错误、图例标注问题、苗木数量错误等等，这些都是要注意的。一定要在计算中认真查看，有时需要进行抽查。比如苗木数量，如果有时间的话就要重新数一下，即使时间紧张，也要进行必要的抽查。

2. 看图纸一定要细心、全面，先从大的方面看。对于园林小品要全面的查看，对照平、立、剖面图和详图之间的联系及尺寸、做法。发现问题及时与设计师联系沟通。

（三）要经常深入施工现场

1. 施工图纸与现场实际做法有时还是会存在一定距离的，有些施工图纸甚至与施工现场相脱节或是施工图纸表述的不清楚。比如现场标高与施工图纸的标注往往就会出现不一致，这关系到今后计算挖土或是回填种植土的高度和多少，所以经常深入现场了解现场的一手资料是很必要的。

2. 有些设计在施工中无法实现或是设计与施工现场有脱节，这就需要预算人员及时深入现场掌握第一手情况，与现场的技术人员共同商讨解决问题。

3. 了解现场的一些排水、给水和供电管线的走向、位置、大小等。

（四）要熟悉基价

1. 作为计算的依据，基价是不可替代的。基价的计算规则和计算方法，包含的工作内容以及各种费用的记取等等，都是预算人员必须要熟知的。

2. 基价每四年就要更换一次，增添新的内容，删减不用的项目，增加新的工艺和做法，重新拟定新的计算规则，这就要求预算人员要与时俱进，对新颁发的基价要及时全面的学习掌握。

（五）如何掌握变化多端的市场价格

1. 对于受季节和市场影响变化很大的苗木价格，要与周边的苗圃和苗场建立苗木价格信息沟通渠道，经常深入这些苗圃进行调研，掌握第一手价格信息。

2. 订阅并经常查看每个月由当地基价主管部门颁布的建材造价信息，及时了解建材行情和信息。

3. 经常深入装饰城、灯具城、石材城了解建材和灯具的信息和价格变化。

4. 利用网络工具查看了解市场中建材的价格信息。

（六）计算工程量时要注意的问题

1. 计算时要做到草底整洁、干净。

2. 计算中对于截取的尺寸要认真查对。

3. 有电子图的充分利用电脑软件，用 CAD 软件截取尺寸更加准确快速。如果没有提供尺寸发可以利用软线作为量取曲形园林道路和小品的工具，再结合比例尺进行尺寸发截取。

4. 对于图纸标注不清或有疑惑的问题要作好标记，以待及时解决。

（七）如何对已经计算出的预算价进行一个大致的审查

1. 平时积累一些常规园林小品的价格记录（区分不同形式、不同材质、不同做法），这样可以作为参照，查验一些同类园林小品的价格是否合理。

2. 平时尽量积累各种形式房屋（区分不同小区、不同容积率等）的每平米造价，这样可以作为参照，查验同类房屋计算的预算是否属合理价位。

3. 经常到相关的单位进行调研，了解其他单位不同小区或公园建设的价格，作为参照资料查验所做的项目是否合理。

4. 对于每一个项目的结算后都要作出造价分析（分不同种园林设计和房形设计），分析出绿地和建筑的每平米造价，作为今后设计规划备用资料。

（八）要了解所签合同的内容

1. 甲乙双方所签定的施工合同作为计算的一个依据，要详细了解。

2. 合同中一些特别约定、时间进度要求及相关奖罚规定更要详细了解，并在编制中有所反映。

（九）最终预算的审查要注意什么问题

对绿化种植工程造价审定而言，审价人员必须依据工程竣工图、工程变更签定单、质量验收等资料，并经现场调查、核实，了解工程中各种变动因素后，方可进行正式的审查工作。审查工作一般可以分为：工程量核查、价格取定核查和费用计算核查三个阶段。

工程量核查阶段，主要了解该绿化种植工程中土方量（包括出废土、进种植土、场内土方驳运等）计算数据是否合理、正确，土方施工工程量作为隐蔽工程，签证手续是否齐全；苗木种植品种、数量统计是否正确；苗木规格是否和竣工图上要求的一致；施工质量是否达到设计要求等情况。

价格取定核查阶段，主要了解各种单价的取定是否合理、是否符合规定。其中包括土方单价的取定，是否符合文件规定；土方量计算中，是否有低价土方混进高价土方中计算的情况；核查苗木单价的发布期和工程施工期是否相符；如果实际种植苗木规格小于设计要求时，应选用相应较低的苗木单价；确定苗木种植数量不足或死亡的补救办法后（或由施工方补植，或由业主另行补植），计算相应的苗木费用；同时还需核查苗木种植费用计算时，是否有高套定额单价和多套苗木数量等情况。

费用计算核查阶段，主要了解该工程类别、定位是否正确，费率百分比选用是否合理，计算结果是否正确；人工、材料、机械补差是否符合文件的规定，人工数量汇总是否正确等情况。

经过以上三个审查阶段仔细复核和审价人员后期认真计算后，才能保证该绿化工程最终造价的正确性。

（十）计算种植土需要注意的问题

土方费用的计算，应根据不同的施工方法逐项分列计算土方量，再匹配相对应的土方单价进行计算，累计之和称之为该绿化种植工程的土方总费用。

一般计算方法如下：

1. 当原地形标高、土壤质量符合绿化设计和植物生长要求，不需另行增加土方时，可计算一次绿地整理工程内容。绿地整理是园林植物种植前一项必不可少的施工工艺，按平方米计算。

2. 当原地形标高符合设计要求，但少量土方质量不符合植物生长要求时，一般可采用好土深翻到表面，垃圾土深埋到地下的施工方法处理，其土方量的多少，可按实际挖土量计算。

3. 当原地形标高太低，明显缺土时，一般采用种植土（汽车）内运的方式解决。按实际进土方量计算。

4. 当原地形标高太高，有多余土外运（或者不采用垃圾土深埋处理方式）时，按实际外运土方量及相应单价，计算其外运土方费用。

5. 当遇到施工现场因设计要求，堆置高低起伏地形时，可参照园林定额中的人工换土、土方造型子目基价，根据不同的堆置高度，分别计算堆土量，并根据相应的子目基价，计算其土方堆地形。

实际施工中，由于情况错综复杂，不单单发生一种情况，则应区别不同情况，按以上介绍的不同的土方费用计算方法，逐项进行土方费用的计算。

（十一）如何避免在计算中发生漏项

尽量以一种格式或是一种归类来安排计算，比如可以按照基价的前后顺序来安排计算的项目；或是按照一种归类来安排，例如：种植工程，苗木价格→栽植费→养管费→防寒费→开挖费→换土费等；道路工程，把小区内所有的道路工程归类起来，然后按照道路面层的不同材料做法来安排计算。

第三章　住宅小区景观电气照明工程工程量清单编制

第一节　住宅小区景观电气照明工程工程量清单编制基础知识

一、相关专业知识介绍

（一）电缆工程

1. 电缆的基本构造是由导体、绝缘层、保护层三部分组成。电缆按导线材质可分为两种：铜芯、铝芯。按用途可以分为：电力电缆、控制电缆、通信电缆、射频同轴电缆、移动式软电缆。按绝缘可分为橡皮绝缘、油浸纸绝缘、塑料绝缘。按芯数有单芯、双芯、三芯、四芯及多芯。按电压可分为低压电缆、高压电缆、工作电压等级有500V和1kV、6kV及10kV等。

2. 电缆型号的内容包含有：用途类别，绝缘材料、导体材料、铠装保护层等。

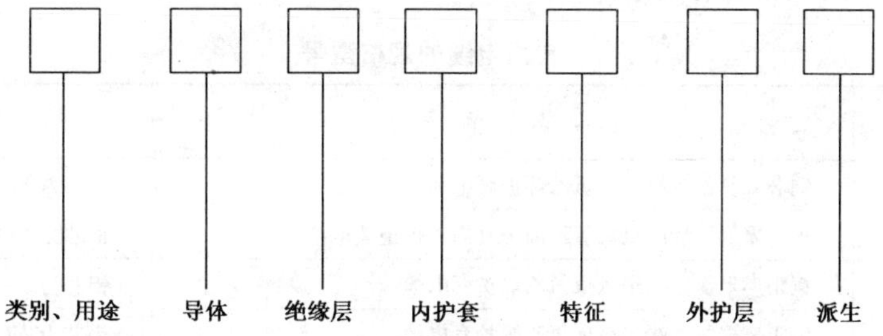

电缆的型号见表3-1-1，外保护层代号见表3-1-2，在电缆型号后面还注有芯线根数、截面、工作电压和长度。

电缆型号含义　　表3-1-1

类　别	导　体	绝　缘	内护套	特　征
电力电缆 （省略不表示） K：控制电缆 P：信号电缆 YT：电梯电缆	T：铜线 （可省） L：铝线	Z：油浸纸 X：天然橡胶 （X）D 丁基橡胶 （X）E 乙丙橡胶 VV：聚氯乙烯	Q：铅套 L：铝套 H：橡套 （H）P：非燃性 HF：氯丁胶	D：不滴油 F：分相 CY：充油 P：屏蔽 C：滤尘用或重型

续表

类　别	导　体	绝　缘	内护套	特　征
U：矿用电缆 Y：移动式软缆 H：市内电缆 UZ：电钻电缆 DC：电气化车辆用电缆		Y：聚乙烯 YJ：交联聚乙烯 E：乙丙胶	V：聚氯乙烯护套 Y：聚乙烯护套 VF：复合物 HD：耐寒橡胶	G：高压

外保护层代号含义 **表 3-1-2**

第一个数字		第二个数字	
代号	铠装层类型	代号	外被层类型
0	无	0	无
1	钢带	1	纤维线包
2	双钢带	2	聚氯乙烯护套
3	细圆钢丝	3	聚乙烯护套
4	粗圆钢丝	4	

外保护层还有一些其他的标识方法，例：11——裸金属护套；12——钢带铠装一级保护层；22——钢带铠装二极保护层；20——裸钢带铠装一级保护层；29——内钢带铠装外保护层。例：YJLV22 - 3 × 25 + 1 × 16 - 10 - 350 表示交联聚乙烯绝缘、聚氯乙烯内护套、双钢带铠装、聚氯乙烯外护套、三芯 $25mm^2$、一芯 $16mm^2$ 的电力电缆。

3. 常用电缆的规格型号见表 3-1-3。

常用电缆的规格型号 **表 3-1-3**

型　号	名　称	备　注
VV	铜芯聚氯乙烯绝缘聚氯乙烯护套电缆	铝芯为 VLV
VV29	铜芯聚氯乙烯绝缘聚氯乙烯护套内钢带铠装电缆	铝芯为 VLV29
ZR-VV	铜阻燃聚氯乙烯绝缘聚氯乙烯护套电缆	铝芯为 ZR-VLV
ZR-VV22	铜阻燃聚氯乙烯绝缘聚氯乙烯护套电缆	铝芯为 ZR-VLV22
KVV	铜芯聚氯乙烯绝缘、聚氯乙烯护套控制电缆	铝芯为 KLVV
KVV29	铜芯聚氯乙烯绝缘、聚氯乙烯护内钢带铠装控制电缆	
HQ	铜芯纸绝缘裸铅包电话电缆	
YZ	中型橡套电缆	
YC YCW	重型橡套电缆	

（二）常用的低压控制和保护器

工程中常用的低压电器设备有刀开关、熔断器、低压断路器、接触器、磁力启动器及各种继电器等。

（三）灯具安装基本要求

1. 室外照明安装不应低于3m（在墙上安装时可不低于2.5m）。

2. 路灯安装的相线应装熔断器，线路进入灯具处应做防水弯。路灯可分为马路弯灯、高压水银柱灯和钠柱灯。一般装于水泥柱或金属管杆上，柱或杆的底部一般都装有底座，底座内装有接线板或接线盒，内装保险丝、整流器。路灯根据要求可分为单叉、双叉等形式。

3. 金属卤化物灯的安装高度不应低于5m，电源线经接线柱连接并不得使电源线靠近灯具表面；灯管必须与接触器和限流器配套使用。

4. 变配电所内高、低压柜及母线的正上方不得安装灯具（不包括采用封闭母线、封闭式盘柜的变配电柜）。

二、与电气系统相关的工程量清单项目设置及工程量计算规则

（一）电缆

1. 直埋电缆的挖、填土（石）方，除特殊要求外，可按表3-1-4计算土方量。

直埋电缆的挖、填土（石）方量　　　表3-1-4

项　　目	电缆根数	
	1～2	每增加1根
每米沟长挖方量（m^3）	0.45	0.153

注：1. 2根以内的电缆沟，系按上口宽度600mm、下口宽度400mm、深度900mm计算的常规土方量（深度按规范的最低标准）；

2. 每增1根电缆，其宽度增加170mm；

3. 以上土方量系按埋深从自然地坪起算，如设计埋深超过900mm时，多挖的土方量应另行计算。

2. 电缆沟盖板揭、盖基价，按每揭或每盖一次延长米计算。如又揭又盖，则按两次计算。

3. 电缆保护管长度，除按设计规定长度计算外，遇到下列情况，应按以下规定增加保护管长度：

（1）横穿道路时，按路基宽度两端各增加2m；

（2）垂直敷设时，管口距地面增加2m；

（3）穿过建筑物外墙时，按基础外缘以外增加1m；

（4）穿过排水沟时，按沟壁外缘以外增加1m。

4. 电缆保护管埋地敷设，其土方量凡有施工图注明的，按施工图计算；无施工图的一般按沟深0.9m、沟宽按最外边的保护管两侧边缘外各增加0.3m工作面计算。

5. 电缆敷设按单根以延长米计算，一个沟内（或架上）敷设三根各长100m的电缆，应按300m计算，以此类推。

6. 电缆敷设长度应根据敷设路径的水平和垂直敷设长度，按表3-1-5规定增加附加

长度。

7. 电缆终端头及中间头均以“个”为计量单位。电力电缆和控制电缆均按一根电缆有两个终端头考虑。中间电缆头设计有图示的，按设计确定；设计没有规定的，按实际情况计算（或平均250m一个中间头考虑）。

电缆敷设附加长度 **表 3-1-5**

序号	项 目	预留长度（附加）	说 明
1	电缆敷设弛度、波形弯度、交叉	2.5%	按电缆全长计算
2	电缆进入建筑物	2.0m	规范规定最小值
3	电缆进入沟内或吊架时引上（下）预留	1.5m	规范规定最小值
4	电力电缆终端头	1.5m	规范规定最小值
5	电缆进控制、保护屏及模拟盘等	高+宽	按盘面尺寸
6	变电所进线、出线	1.5m	规范规定最小值
7	电缆中间接头盒	两端各留2.0m	检修余量最小值
8	高压开关柜、保护屏及模拟盘等	2.0m	盘下进出线
9	电缆至电动机	0.5m	从电机接线盒起算
10	电梯电缆与电缆架固定	每处0.5m	规范最小值
11	电缆绕过梁柱等增加长度	按实计算	按被绕物的断面情况计算

注：电缆附加及预留长度是电缆敷设长度的组成部分，应计入电缆长度工程量之内。

（二）控制设备及低压电器

1. 控制箱、配电箱安装均应根据其名称、型号、规格，以“台”为计量单位，按设计图示数量计算。其工程内容包括：基础槽钢、角钢的制作安装；箱体安装。

2. 盘、柜配线分不同规格，以“m”为计量单位。

3. 铁构件制作安装均按施工图设计尺寸，以成品重量“kg”为计量单位。

4. 焊压接线端子基价只适用于导线。电缆终端头制作安装基价中已包括压接端子，不得重复计算。

5. 小电器安装，应根据其名称、型号、规格，以“个”（套）为计量单位，按设计图示数量计算。

（三）照明器具安装

1. 普通吸顶灯及其他灯具安装，应根据其名称、型号、规格，以“套”为计量单位。按设计图示数量计算。其工程内容包括：支架制作、安装；组装；油漆。

2. 装饰灯安装，应根据其名称、型号、规格、安装高度，以“套”为计量单位。按设计图示数量计算。其工程内容包括：支架制作、安装；组装。

3. 荧光灯安装，应根据其名称、型号、规格、安装形式，以“套”为计量单位。按设计图示数量计算。其工程内容包括：安装。

4. 路灯安装工程，应区别不同臂长、不同灯数，以“套”为计量单位计算。

工厂厂区内、住宅小区内路灯安装执行安装工程预算基价，城市道路的路灯安装执行市政路灯安装基价。

5. 成套型、组装型杆座安装工程量，按不同杆座材质，以杆座安装只数计算。

（四）电机检查接线及调试

普通小型直流电动机、可控硅调速直流电动机检查接线及调试，应根据其名称、型号、容量（kW）及类型，以“台”为计量单位，按设计图示数量计算。其工程内容包括：检查接线，干燥，系统调试。

（五）配管配线

1. 各种配管应区别不同敷设方式、敷设位置、管材材质、规格，以“延长米”为计量单位，不扣除管路中间的接线箱（盒）、灯头盒、开关盒所占长度。其工程内容包括：刨沟槽；钢索架设（拉紧装置安装）；支架制作、安装；电线管路敷设；接线盒（箱）、灯头盒、开关盒、插座盒安装；防腐油漆。

2. 管内穿线的工程量，应区别线路性质、导线材质、导线截面，以单线“延长米”为计量单位计算。线路分支接头线的长度已综合考虑在基价中，不得另行计算。其工程内容包括：支持体（夹板、绝缘子、槽板等）；钢索架设（拉紧装置安装）；支架制作、安装；配线；管内穿线。

照明线路中的导线截面大于或等于6mm^{2}以上时，应执行动力线路穿线相应项目。

3. 动力配管混凝土地面刨沟工程量，应区别管子直径，以“延长米”为计量单位计算。

4. 灯具、明、暗开关、插座、按钮等的预留线，已分别综合在相应的基价内，不另行计算。配线进入开关箱、柜、板的预留线，按表3-1-6规定的长度，分别计入相应的工程量。

配线进入开关箱、柜、板的预留线（每一根线） **表3-1-6**

序号	项目	预留长度	说明
1	各种开关柜、箱、板	高+宽	盘面尺寸
2	单独安装（无箱、盘）的铁壳开关、闸刀开关、启动器、母线槽进出线盒等	0.3m	以安装对象中心计算
3	由地面管子出口引至动力接线箱	1.0m	从管口计算
4	电源与管内导线连接（管内穿线与软、硬线接点）	0.2m	从管口计算
5	出户线	1.5m	从管口计算

（六）电气调整试验

1. 电气调试系统的划分以电气原理系统图为依据。电气设备元件的本体试验均包括在相应基价的系统调试内，不得重复计算。

2. 送配电设备系统调试，系按一侧有一台断路器考虑的，若两侧均有断路器时，则应按两个系统计算。

3. 送配电系统调试，适用于各种供电回路（包括照明供电回路）的系统调试。

（七）防雷接地

1. 接地极制作安装以“根”为计量单位，其长度按设计长度计算，设计无规定时，每根长度按2.5m计算。若设计有管帽时，管帽另按加工件计算。

2. 接地母线敷设，按设计长度以“m”为计量单位计算工程量。接地母线、避雷线敷设，均按延长米计算。其长度按施工图设计水平和垂直规定长度另加3.9%的附加长度（包括转弯、上下波动、避绕障碍物、搭接头所占长度）。计算主材费时应另增加规定的损耗率。

3. 接地跨接线以“处”为计量单位，按规程规定凡需作接地跨接线的工程内容，每跨接一次按一处计算，户外配电装置构架均需接地，每副构架按“一处”计算。

4. 避雷针的加工制作、安装，以“根”为计量单位，独立避雷针安装以“基”为计量单位。长度、高度、数量均按设计规定。独立避雷针的加工制作应执行“一般铁构件”制作基价或按成品计算。

5. 利用建筑物内主筋作接地引下线安装以每“10m”为计量单位，每一柱子内按焊接两根主筋考虑，如果焊接主筋数超过两根时，可按比例调整。

（八）相关规定

1. 小电器包括：按钮、照明开关、插座、小型安全变压器、电风扇、继电器等。

2. 普通吸顶灯及其他灯具包括：圆球吸顶灯、半圆球吸顶灯、方形吸顶灯、软线吊灯、吊链灯、防水吊灯、壁灯等。

3. 工厂灯包括：工厂罩灯、防水灯、防尘灯、碘钨灯、投光灯、混光灯、高度标志灯、密封灯等。

4. 装饰灯包括：吊式艺术装饰灯、吸顶式艺术装饰灯、荧光灯艺术装饰灯、几何型组合艺术装饰灯、标志灯、诱导装饰灯、水下艺术装饰灯、点光源艺术灯、歌舞厅灯具、草坪灯具等。

三、住宅小区景观电气照明工程工程量编制技巧及注意事项

住宅小区的园林绿化中的电气工程主要是室外的照明工程，在计算中应注意以下几点：

1. 要经常翻看预算基价，不但要熟记基价的计算方法和计算规则，而且还要对自己常用的一些工程项目的基价做到“别人什么时候问，什么时候都能马上回答”的熟悉程度。

2. 做好预算还有一个更重要的环节就是积累经验。如何积累经验？个人有个人的做法，实际操作必不可少。在实际操作过程中，你在熟记计算规则基础上，还要自己找规律。例如，在电气工程量计算时，要按照系统图的每一个回路计算，每一个回路包括哪些东西，都要在计算书中写清楚，以便日后核对工程量。再例如，电缆安装工程基价内容主

要有电缆沟挖填、铺砂盖砖或盖混凝土板，电缆敷设、电缆保护管敷设、电缆终端头制安和电缆桥架安装、组合式托臂、托架、立柱安装、电缆防火堵洞。那么你在编制工程量清单时，电缆安装应包括哪些内容呢？电力电缆、控制电缆包括：揭（盖）盖板，电缆敷设，电缆头制作、安装，过路保护管敷设，防火堵洞，电缆防护，电缆防火隔板，电缆防火涂料。编制清单时，要把上述内容考虑为一个综合单价来报。

3. 如何编制一个有竞争力的报价呢？要有经验数据的积累，把以前做过的类似工程的预算拿来进行对比分析、对做过的类似已完工程进行对比分析，对工程量可能发生变更增项的项目，单价可以适当高报，对于一些不可能发生变更的项目或大体积的项目可以适当降低报价，这样有利于中标。

4. 在景观照明工程中，室外电缆的埋地敷设是必不可少的施工项目，那么在计算电缆的工程量时，要注意些什么呢？电缆长度如何计算？

电缆长度的计算：每条电缆由始端到终端视为一根电缆，将每根电缆的水平长度加垂直长度，再加上预留长度即为该电缆的全长。注意：若为室外直埋电缆，其长度还应乘以2.5%曲折弯余量。同时，还要计算出入建筑物或电杆引上及引下的备用长度。其计算方法可用公式表示为：

$$L=(l_1+l_2+l_3)\times(1+2.5\%)+l_4+l_5$$

式中　L——电缆总长（m或km）；

l_1——电缆水平长度（m）；

l_2——电缆垂直长度（m）；

l_3——电缆余留长度（m）；

l_4——进入建筑物长度（m）；

l_5——电杆引上及引下长度（m）；

$(1+2.5\%)$——曲折弯余量系数。

5. 在电缆施工中如何区分电缆终端头和电缆中间头的计算方法呢？电缆终端头和中间头都是以“个”为计量单位。一根电缆根据电缆的回路按两个终端头计算，中间头设计要看图纸，按图计算，没有设计的，按实际发生计算，也可按平均250m一个中间头计算。

6. 在计算电缆沟内铺砂盖砖以及相关的配电设施中应注意什么呢？电缆沟内铺砂盖砖工程量以沟长度按“m”计量，电缆沟内用钢筋混凝土保护板和标志桩的加工制作，不包括基价，可按建筑工程基价有关规定计量。在做室外配电柜箱的安装中，要注意基价中均不包括支架制作和基础型钢制作安装，所以铁构件制作安装单独列项，单独取费。

7. 在查阅图纸及在招标前应注意什么呢？当你拿到一套施工图纸，准备做投标报价时，你不要急于拿图就算，首先要详细阅读招标文件，特别是对招标文件中投标范围的描述，一定要看清。有些招标单位的招标文件写的很简单，甚至很模糊，这些都要记下来，在答疑的时候提出来。分析图纸也很重要，要把图纸的流程看懂，看看图纸有没有什么问题，如果有马上和招标单位沟通，以免做无用功。

8. 要想编制做好工程量清单还要有一个重要的前提，就是做好结算造价分析。一个好的预算员，在做完某项工程之后，对自己所做的工程要做好造价分析。现在普遍使用的造价软件，都能自动分析出所需要的材料、数量、单价、合价等数据。要把所有权重的材料单独分析出来，计算单方用量及单方成本并制作成表格形式。在以后的工作中，如遇到相同的工程，则可以根据此工程材料单价及目前市场单价很快计算出新工程的造价，这样做的准确率极高。对于类似工程，也可以根据这些造价分析计算出总造价。在实际工作中，多多积累这样的造价分析数据，不管是快速投标还是结算审核，都能做到既准确又快速。

第二节 某住宅小区景观电气工程工程量清单编制实例

本工程为室外景观工程照明，所有的电缆均直埋敷设。

一、主要参阅的图纸

1. 照明与动力总平面图。
2. 配电系统图。

二、工程量计算

按照配电系统图中 AL1、AL2、AL3 三个配电箱的回路分别计算，电缆敷设工程比一般绝缘线敷设复杂，其预留也较多，计算时应注意。

（一）AL1 配电系统图

1. 照明配电箱安装

AL1 配电箱安装 1 台

2. AL1 配电箱电缆敷设

（1）WL1 回路：

①电缆敷设：

YJV22 − 3 × 6　$L = [146 + 1.5 \times 2 + 2 + 0.8 \times 9 + 1.5 \times 7 + (2 + 2) \times 8] \times 1.025 = 206\text{m}$

注：电缆水平长度从图上实量为 146m，电力电缆终端头预留 1.5 × 2，进入 AL1 箱预留 2m，地下垂直长度 0.8 × 9，中间头预留长度 1.5 × 7，中间头接线盒两端各留（2 + 2）× 8，1.025 为波形系数。

②配管工程：SC32 = 0.8 × 9 = 7.2m

③灯具安装：地埋灯 8 个

④挖土方：单根电缆敷设，用电缆水平长度计算

工程量：$146 \times 0.45 = 65.7\text{m}^3$

⑤铺砂盖砖：电缆沟的铺砂盖砖沿电缆沟进行

工程量：146m

（2）WL2 回路：

①电缆敷设

YJV22 - 3 × 6 $L=[181+1.5\times2+2+0.8\times14+1.5\times12+(2+2)\times13]\times1.025=274\text{m}$

注：电缆水平长度从图上实量为 181m，电力电缆终端头预留 1.5 × 2，进入 AL1 箱预留 2m，地下垂直长度 0.8 × 14，中间头预留长度 1.5 × 12，中间头接线盒两端各留（2 + 2）× 13，1.025 为波形系数。

②配管工程：SC32 = 0.8 × 14 = 11.2m

③灯具安装：草坪灯 13 个

④草坪灯基础：13 个

⑤挖土方：单根电缆敷设，用电缆水平长度计算

工程量：181 × 0.45 = 81.45m^3

⑥铺砂盖砖：电缆沟的铺砂盖砖沿电缆沟进行

工程量：181m

（3）WL3 回路：

①电缆敷设

YJV22 - 3 × 6 $L=[127+1.5\times2+2+0.8\times9+1.5\times7+(2+2)\times8]\times1.025=186\text{m}$

注：电缆水平长度从图上实量为 127m，电力电缆终端头预留 1.5 × 2，进入 AL1 箱预留 2m，地下垂直长度 0.8 × 9，中间头预留长度 1.5 × 7，中间头接线盒两端各留（2 + 2）× 8，1.025 为波形系数。

②配管工程：SC32 = 0.8 × 9 = 7.2m

③灯具安装：庭院灯 8 个

④庭院灯基础：8 个

⑤挖土方：单根电缆敷设，用电缆水平长度计算

工程量：127 × 0.45 = 57.15m^3

⑥铺砂盖砖：电缆沟的铺砂盖砖沿电缆沟进行

工程量：127m

（4）WP1 回路：

①电缆敷设

YJV22 - 5 × 4 $L=(104+1.5\times2+2+0.8\times2+0.5)\times1.025=114\text{m}$

注：电缆水平长度从图上实量为 104m，电力电缆终端头预留 1.5 × 2，进入 AL1 箱预留 2m，地下垂直长度 0.8 × 2，电缆至电动机预留 0.5m，1.025 为波形系数。

②配管工程：SC40 = 0.8 × 2 = 1.6m

③挖土方：单根电缆敷设，用电缆水平长度计算

工程量：104 × 0.45 = 46.8m^3

④铺砂盖砖：电缆沟的铺砂盖砖沿电缆沟进行

工程量：104m

（二）AL2 配电系统图

1. 照明配电箱安装

AL2 配电箱安装 1 台。

2. AL2 配电箱电缆敷设

（1）WL1 回路：

①电缆敷设：

YJV22－3×6　$L=[90+1.5\times2+2+0.8\times6+1.5\times4+(2+2)\times5]\times1.025=129m$

注：电缆水平长度从图上实量为90m，电力电缆终端头预留1.5×2，进入AL2箱预留2m，地下垂直长度0.8×6，中间头预留长度1.5×4，中间头接线盒两端各留（2+2）×5，1.025为波形系数。

②配管工程：SC32＝0.8×6＝4.8m

③灯具安装：庭院灯5个

④庭院灯基础：5个

⑤挖土方：单根电缆敷设，用电缆水平长度计算

工程量：$90\times0.45=40.5m^3$

⑥铺砂盖砖：电缆沟的铺砂盖砖沿电缆沟进行

工程量：90m

（2）WL2回路：

①电缆敷设

YJV22－3×6　$L=[120+1.5\times2+2+0.8\times6+1.5\times4+(2+2)\times5]\times1.025=160m$

注：电缆水平长度从图上实量为120m，电力电缆终端头预留1.5×2，进入AL2箱预留2m，地下垂直长度0.8×6，中间头预留长度1.5×4，中间头接线盒两端各留(2+2)×5，1.025为波形系数。

②配管工程：SC32＝0.8×6＝4.8m

③灯具安装：庭院灯5个

④庭院灯基础：5个

⑤挖土方：单根电缆敷设，用电缆水平长度计算

工程量：$120\times0.45=54m^3$

⑥铺砂盖砖：电缆沟的铺砂盖砖沿电缆沟进行

工程量：120m

（3）WL3回路：

①电缆敷设

YJV22－3×6　$L=[110+1.5\times2+2+0.8\times10+1.5\times8+(2+2)\times9]\times1.025=175m$

注：电缆水平长度从图上实量为110m，电力电缆终端头预留1.5×2，进入AL2箱预留2m，地下垂直长度0.8×10，中间头预留长度1.5×8，中间头接线盒两端各留（2+2）×9，1.025为波形系数。

②配管工程：SC32＝0.8×10＝8m

③灯具安装：草坪灯9个

④草坪灯基础：9个

⑤挖土方：单根电缆敷设，用电缆水平长度计算

工程量：$110\times0.45=49.5m^3$

⑥铺砂盖砖：电缆沟的铺砂盖砖沿电缆沟进行

工程量：110m

（4）WL4回路：

①电缆敷设

YJV22－3×6　$L=[230+1.5\times2+2+0.8\times13+1.5\times11+(2+2)\times12]\times1.025=318m$

注：电缆水平长度从图上实量为230m，电力电缆终端头预留1.5×2，进入AL2箱预留2m，地下垂直长度0.8×13，中间头预留长度1.5×11，中间头接线盒两端各留(2+2)×12，1.025为波形系数。

②配管工程：SC32 =0.8×13 =8m

③灯具安装：草坪灯12个

④草坪灯基础：12个

⑤挖土方：单根电缆敷设，用电缆水平长度计算

工程量：$230 \times 0.45 = 103.5m^3$

⑥铺砂盖砖：电缆沟的铺砂盖砖沿电缆沟进行

工程量：230m

（三）AL3配电系统图

1. 照明配电箱安装

AL3配电箱安装1台。

2. AL3配电箱电缆敷设

（1）WL1回路：

①电缆敷设

YJV22-3×6　$L = [60+1.5\times2+2+0.8\times10+1.5\times8+(2+2)\times9]\times1.025 = 124m$

注：电缆水平长度从图上实量为60m，电力电缆终端头预留1.5×2，进入AL3箱预留2m，地下垂直长度0.8×10，中间头预留长度1.5×8，中间头接线盒两端各留(2+2)×9，1.025为波形系数。

②配管工程：SC32 =0.8×10 =8m

③灯具安装：庭院灯9个

④庭院灯基础：9个

⑤挖土方：单根电缆敷设，用电缆水平长度计算

工程量：$60 \times 0.45 = 27m^3$

⑥铺砂盖砖：电缆沟的铺砂盖砖沿电缆沟进行

工程量：60m

（2）WL2回路：

①电缆敷设

YJV22-3×6　$L = [200+1.5\times2+2+0.8\times19+1.5\times17+(2+2)\times18]\times1.025 = 326m$

注：电缆水平长度从图上实量为200m，电力电缆终端头预留1.5×2，进入AL3箱预留2m，地下垂直长度0.8×19，中间头预留长度1.5×17，中间头接线盒两端各留（2+2）×18，1.025为波形系数。

②配管工程：SC32 =0.8×19 =15.2m

③灯具安装：草坪灯18个

④草坪灯基础：18个

⑤挖土方：单根电缆敷设，用电缆水平长度计算

工程量：$200 \times 0.45 = 90m^3$

⑥铺砂盖砖：电缆沟的铺砂盖砖沿电缆沟进行

工程量：200m

（3）WL3 回路：

①电缆敷设

YJV22 -3×6 $L=[180+1.5\times2+2+0.8\times15+1.5\times13+(2+2)\times14]\times1.025=279$m

注：电缆水平长度从图上实量为180m，电力电缆终端头预留 1.5×2，进入 AL3 箱预留 2m，地下垂直长度 0.8×15，中间头预留长度 1.5×13，中间头接线盒两端各留（2+2）×14，1.025 为波形系数。

②配管工程：SC32 $=0.8\times15=12$m

③灯具安装：草坪灯 14 个

④草坪灯基础：14 个

⑤挖土方：单根电缆敷设，用电缆水平长度计算

工程量：$180\times0.45=81$m^3

⑥铺砂盖砖：电缆沟的铺砂盖砖沿电缆沟进行

工程量：180m

（4）WL4 回路：

①电缆敷设

YJV22 -3×6 $L=[160+1.5\times2+2+0.8\times8+1.5\times6+(2+2)\times7]\times1.025=214$m

注：电缆水平长度从图上实量为160m，电力电缆终端头预留 1.5×2，进入 AL3 箱预留 2m，地下垂直长度 0.8×8，中间头预留长度 1.5×6，中间头接线盒两端各留（2+2）×7，1.025 为波形系数。

②配管工程：SC32 $=0.8\times8=6.4$m

③灯具安装：庭院灯 7 个

④庭院灯基础：7 个

⑤挖土方：单根电缆敷设，用电缆水平长度计算

工程量：$160\times0.45=72$m^3

⑥铺砂盖砖：电缆沟的铺砂盖砖沿电缆沟进行

工程量：160m

（5）WP1 回路：

①电缆敷设

YJV22 -5×4 $L=(180+1.5\times2+2+0.8\times2+0.5)\times1.025=192$m

注：电缆水平长度从图上实量为180m，电力电缆终端头预留 1.5×2，进入 AL3 箱预留 2m，地下垂直长度 0.8×2，电缆至电动机预留 0.5m，1.025 为波形系数。

②配管工程：SC40 $=0.8\times2=1.6$m

③挖土方：单根电缆敷设，用电缆水平长度计算

工程量：$180\times0.45=81$m^3

④铺砂盖砖：电缆沟的铺砂盖砖沿电缆沟进行

工程量：180m

三、电气设备安装工程工程量清单

分部分项工程工程量清单

专业工程名称：电气设备安装工程 **表 3-2-1**

序号	项 目 名 称	单位	工程量	综合单价	合 价
1	AL1 配电箱	台	1		
2	AL2 配电箱	台	1		
3	AL3 配电箱	台	1		
4	庭院灯安装	个	34		
5	庭院灯基础	个	34		
6	草坪灯安装	个	66		
7	草坪灯基础	个	66		
8	地埋灯安装	个	8		
9	电缆敷设 YJV22－3×6	m	2391		
10	电缆敷设 YJV22－5×4	m	306		
11	SC32 钢管安装	m	84.8		
12	SC40 钢管安装	m	3.2		
13	电缆沟挖填	m^3	849.6		
14	铺砂盖砖	m	1888		
15	系统调试	项	1		
	合计	元			

计取其他费用略。

第四章　住宅小区景观浇灌系统工程工程量清单编制

第一节　住宅小区景观浇灌系统工程工程量清单编制基础知识

一、相关知识介绍

(一) 管道工程的分类

一般工业与民用管道工程按工作介质和用途可分为工艺管道、给排水、消防、采暖及燃气管道等工程。

园林给水系统主要包括绿地喷灌工程、喷泉工程和排盐工程。

(二) 管材的分类

1. 园林绿化给水工程包括的管材种类很多，主要有金属管道和非金属管道。金属管道有铸铁管、焊接钢管、镀锌钢管、无缝钢管、不锈钢管；非金属管道有塑料管、预应力钢筋混凝土管、石棉水泥管。

2. 园林给水工程中常用的塑料管有硬聚氯乙烯管、交联聚乙烯管、聚丙烯管等。塑料管具有重量轻、抗震性好、耐磨、耐腐蚀、安装方便、使用寿命长、内壁光滑水力性能好等优点，可输送多种酸、碱、盐及有机溶剂。但受温度影响大易变形、变脆，工作压力不稳定，膨胀系数较大等缺点。

(三) 管件和紧固件

当管道需要连接、分支、转弯、变径时，就需要用管件来解决，对不同的管道则需要采用不同的管件。常用的管件有三通、弯头、四通、管箍、异径管、法兰、活接头、外丝等。

(四) 常用阀门

阀门是控制管道内流体流动及调节管道内的水量和水压的重要设备。它可以开闭、调节、维持一定的压力，阀门一般都安装在分支管处、穿障碍物和过长的管线上。阀门的口径一般与管径相同。由于阀门的功能和结构不同，可分为闸阀、截止阀、蝶阀、止回阀、减压阀、疏水器、电磁阀、安全阀、球阀等许多类型。给水管路一般用闸阀和蝶阀。

（五）几种常用水泵的性能特点

园林工程中常用的水泵主要有离心式水泵和潜水泵两种，离心泵分为单级离心泵和多级离心泵两种，其特点是依靠泵内的叶轮旋转所产生的离心力将水吸入并压出。离心式水泵结构简单、体积小、重量轻、吸程高、耗电低，扬程选择范围大，使用维修方便。潜水泵具有使用方便、安装简便、不占地等特点。水泵的型号是根据流量、扬程、尺寸来决定的。

（六）喷泉工程

喷泉是人们为了造景需要而建造在园林、城市街道广场、小区和公共建筑群中，具有装饰性的喷水装置。它对城市环境具有多种价值，不仅能湿润周围空气、清除尘埃，而且能通过水珠与空气的撞击产生大量对人体有益的负氧离子；同时，各式各样的喷泉造型，随着音乐欢快跳动的水花，配上色彩纷呈的灯光，既能美化环境、改善城市文化艺术面貌，又能使人精神振奋，给人以美的享受。

喷泉从其外形可分为水泉和旱泉，其类型有普通装饰性喷泉、与雕塑结合的喷泉、水雕塑、自控喷泉。喷泉一般都采用自循环方式。进水管的设计要求在较短时间内能充满水池。管路与潜泵应贯彻结构紧凑、独立供水的原则，以便设备布局和系统的调试与控制。喷泉的色彩来自两种光源，一种是水下彩色光源，另一种是水面外的投射光源。水下光源安装在喷头附近的水面下，投射光源则根据水形与流向确定其安装位置和照射方向。喷泉系统的控制方式通常有手动控制、程序控制和音乐控制三种。手动控制喷泉缺乏变化，但成本低廉。程序控制喷泉有丰富的水形变化。音乐控制喷泉采用无级调速控制，将音乐与水形变化完美结合，同时给人们以视觉和听觉的享受。

喷泉的种类主要有以下几种：

（1）音乐喷泉：由电脑控制声、光及喷孔组合而产生配合音乐节奏的不同形状与色彩；

（2）程控喷泉：程控的特点是需要针对每一个乐曲编程；

（3）雕塑喷泉：雕塑本已是一种很形象的艺术，但若配以活水，则会呈现出另一番情趣；

（4）旱池喷泉：喷泉放置在地下，表面饰以光滑美丽的石材，可铺设成各种图案和造型；

（5）壁泉：人工堆叠的假山或自然形成的陡坡壁面上有水流过形成壁泉；

（6）涌泉：水由下向上冒出，不作高喷，称为涌泉；

（7）泳池喷泉：在泳池内设置的喷泉，具有活水、清新空气、嬉戏等功能；

（8）室内喷泉：娱乐场、酒店、居家等配以装饰性的喷泉，能给人以高雅、素美之感；

（9）其他喷泉：水幕电影、子弹喷泉、时钟喷泉、鼠跳泉、游戏喷泉、乐谱喷泉等。

（七）绿地灌溉工程

园林草坪是为改善环境、增加美感、陶冶情操等目的而栽植的，因此要求它们最好常年生长皆绿。现代园林草坪灌溉的方法主要有喷灌和微灌技术，如果我们想使整个面积都得到相同的水量，通常用喷灌，如草坪灌溉。如果我们想让某一特定区域湿润而使周围干燥时，可采用微喷灌或滴灌，如灌木灌溉。滴灌有时也用于草坪地下灌溉。园林草坪喷微灌技术以其节水、节能、省工和灌水质量高等优点，越来越被人们所认识。绿地灌溉工程中管道的敷设方式有地埋固定管道和地面移动管道两种。我国喷灌工程的地埋固定管道一般使用硬质聚氯乙烯管、改性聚丙烯管、钢丝网水泥管、钢筋混凝土管、铸铁管等，这些管材均可满足喷灌工程的技术要求。这些管材的性能前面都做过介绍，在此就不一一介绍了。我国地面移动管道主要使用带有快速接头的薄壁铝合金管和塑料软管。其中的薄壁铝管的生产工艺经历了冷拔、焊接、挤压三个阶段，已达到铝材生产的先进水平。挤压铝合金管较冷拔管的成品率高得多，而机械性能又优于焊接管。移动铝管除管材外，还要配上快速接头，才能成为移动管道。快速接头及其他附件一般是由喷灌机厂生产并成套供应移动管道式喷灌系统。

二、与管道系统相关的设备安装工程工程量计算规则与公式

（一）管道安装

1. 各种管道，均以施工图所示中心长度，以“m”为计量单位，不扣除阀门、管件（包括减压器、疏水器、水表、伸缩器等组成安装）所占的长度。

2. 镀锌铁皮套管制作，以“个”为计量单位，其安装已包括在管道安装基价内，不得另行计算。

3. 管道支架制作安装，室内管道公称直径32mm以下的安装工程已包括在内，不得另行计算。公称直径32mm以上的，可另行计算。

4. 各种伸缩器制作安装，均以“个”为计量单位。方形伸缩器的两臂，按臂长的两倍合并在管道长度内计算。

5. 管道压力试验，按不同的压力和规格不分材质以“m”为计量单位，不扣除阀门、管件所占的长度。调节阀等临时短管制作拆装项目，使用管道系统试压时需要拆除的阀件以临时短管代替连通管道，其工作内容包括完工后短管拆除和原阀件复位等。液压试验和气压试验已包括强度试验和严密性试验工作内容。

6. 编制工程量清单时，管道安装清单项目应包括以下内容：

（1）管道、管件及弯管的制作、安装；

（2）管件安装；

（3）套管（包括防水套管）制作、安装；

（4）管道除锈、刷油、防腐；

（5）管道绝热及保护层安装、除锈、刷油；

（6）给水管道消毒、冲洗。

7. 管道安装工程基价包括以下内容：

（1）管道及接头零件安装；

（2）水压试验或灌水试验；

（3）*DN*32以内钢管包括管卡及托钩制作安装；

(4) 钢管包括弯管制作与安装，无论是现场煨制或成品弯管均不得换算；

(5) 铸铁排水管、雨水管及塑料排水管均包括管卡及托支架、臭气帽、雨水漏斗制作安装；

(6) 穿墙及过楼板铁皮套管安装人工。

(二) 阀门安装

1. 一般阀门安装均应根据项目特征（名称、材质、连接形式、焊接方式、型号、规格、绝热及保护层要求）以“个”为计量单位。按设计图纸数量计算。其工程内容包括：安装，操纵装置安装，绝热，保温盒制作，安装、除锈、刷油，压力试验、解体检查及研磨，调试。法兰阀门安装，如仅为一侧法兰连接时，基价所列法兰、带螺栓及垫付圈数量减半，其余不变。

2. 各种法兰连接用垫片，均按石棉橡胶板计算，如用其他材料，不得调整。

3. 法兰阀（带短管甲乙）安装，均以“套”为计量单位，如接口材料不同时，可作调整。

4. 自动排气阀安装以“个”为计量单位，已包括了支架制作安装，不得另行计算。

5. 浮球阀安装均以“个”为计量单位，已包括了联杆及浮球的安装，不得另行计算。

6. 浮标液面计、水位标尺是按国际编制的，如设计与国标不符时，可作调整。

(三) 低压器具、水表组成与安装

1. 减压器、疏水器组成安装以“组”为计量单位，如设计组成与基价不同时，阀门和压力表数量可按设计用量进行调整，其余不变。

2. 减压器安装按高压侧的直径计算。

3. 法兰水表安装以“组”为计量单位。基价中旁通管及止回阀如设计规定的安装形式不同时，阀门及止回阀可按设计规定进行调整，其余不变。

(四) 风机、泵安装

1. 水泵安装以“台”为计量单位；以设备重量“t”分列基价项目。在计算设备重量，直联体的风机、泵，以本体及电机、底座的总重量计算。非直联式的风机、泵，以本体和底座的总重量计算，不包括电动机重量。

2. 深井泵的设备重量以本体、电动机、底座及设备扬水管的总重量计算。

3. DB 型高硅铁离心泵以“台”为计量单位，按不同设备型号分列基价项目。

4. 水泵安装中不包括设备支架制作安装和设备基础浇筑。

(五) 刷油、防腐蚀、绝热工程工程量计算公式

1. 除锈、刷油工程设备筒体、管道表面积计算公式：

$$S = \pi \times D \times L$$

式中 π——圆周率；

D——设备或管道直径；

L——设备筒体高或管道延长米。

2. 计算设备筒体、管道表面积时已包括各种管件、阀门、人孔、管口凹凸部分，不再另处计算。

（六）防腐蚀工程工程量计算公式

1. 设备筒体、管道表面积计算公式同（五）。

2. 阀门、弯头、法兰表面积计算公式：

（1）阀门面积

$$S=\pi\times D\times 2.5D\times K\times N$$

式中 D——直径；

K——1.05；

N——阀门个数。

（2）弯头面积

$$S=\pi\times D\times 1.5D\times K\times 2\pi\times N/B$$

式中 D——直径；

K——1.05；

N——弯头个数；

B——90°弯头，$B=4$；45°弯头，$B=8$。

（3）法兰表面积

$$S=\pi\times D\times 1.5D\times K\times N$$

式中 D——直径；

K——1.05；

N——法兰个数。

3. 设备和管道法兰翻边防腐蚀工程量计算公式：

$$S=\pi\times(D+A)\times A$$

式中 D——直径；

A——法兰翻边宽。

（七）绝热工程工程量计算公式

1. 设备筒体或管道绝热、防潮和保护层工程量计算公式：

$$V=\pi\times(D+1.033\delta)\times 1.033\delta$$

$$S=\pi\times(D+2.1\delta+0.0082)\times L$$

式中 D——直径；

1.033、2.1——调整系数；

δ——绝热层厚度；

L——设备筒体或管道长；

0.0082——捆扎线直径或钢带厚。

2. 阀门绝热、防潮和保护层工程量计算公式：

$$V=\pi(D+1.033\delta)\times 2.5D\times 1.033\delta\times 1.05\times N$$

$$S=\pi(D+2.1\delta)\times 2.5D\times 1.05\times N$$

3. 法兰绝热、防潮和保护层工程量计算公式：

$$V=\pi(D+1.033\delta)\times 1.5D\times 1.033\delta\times 1.05\times N$$

$$S=\pi(D+2.1\delta)\times 1.5D\times 1.05\times N$$

4. 弯头绝热、防潮和保护层工程量计算公式：

$$V=\pi(D+1.033\delta)\times 1.5D\times 2\pi\times 1.033\delta\times N/B$$

$$S=\pi(D+2.1\delta)\times 1.5D\times 1.05\times 2\pi\times N/B$$

（八）计量单位

1. 刷油工程和防腐工程中，设备、管道以“m^2”为计量单位。一般金属结构和管廊钢结构以“kg”为计量单位；H型钢制结构（包括大于400mm以上的型钢）以“$10m^3$”为计量单位。

2. 绝热工程中，绝热层以“m^3”为计量单位，防潮层、保护层以“m^2”为计量单位。

3. 计算设备、管道内壁防腐蚀工程量时，当壁厚大于等于10mm时，按其内径计算；当壁厚小于10mm时，按其外径计算。

4. 按照规范要求，保温厚度大于100mm、保冷厚度大于80mm时应分层安装，工程量应分层计算。

5. 保护层镀锌铁皮厚度是按0.8mm以下综合考虑的，若采用厚度大于0.8mm时，其人工乘系数1.2；卧式设备保护层安装，其人工乘以系数1.05。

（九）其他应注意的问题

1. 编制工程量清单时对以下项目特征应加以说明：

（1）安装部位（室内、室外）；

（2）输送介质（给水、排水、热媒体、燃气、雨水）；

（3）材质；

（4）型号；

（5）规格；

（6）套管形式、材质、规格；

（7）接口材料；

（8）除锈、刷油、防腐、绝热及保护层设计要求。

2. 工程计价时应注意：

（1）管道安装中不包括法兰、阀门及伸缩器的制作安装；

（2）室内外给水、雨水铸铁管包括接头零件所需的人工，但接头零件价格另计；

（3）过楼板的钢套管的制作安装工料、按室外钢管（焊接）项目计算。

第二节　某住宅小区景观浇灌系统工程工程量清单编制实例

一、绿地浇灌系统

1. 说明

（1）该小区绿地浇灌工程用水，来自市政给水管网。

（2）给水管采用UPVC塑料给水管，管道埋地敷设。

（3）埋地管的开槽底面应平整，并做100mm厚的砂垫层，垫层的宽度不小于管径的2.5倍，水压试验合格后，方可在管道周围垫砂。垫砂至管顶以上100mm处。管道最低处安装自动泄水阀，防止冬季冻裂管道。

（4）洒水栓浇灌系统，乔木及小范围绿地采用洒水栓人工浇灌方式，洒水栓选用专用埋地式快速藕合洒水栓，安装高度与现场地面平，浇灌半径约为25m，阀门井及洒水栓均应设在绿地内。洒水栓边缘离路边30cm内。

（5）阀门的选用：$DN\leqslant50$mm者为球阀，$DN>50$mm者为闸阀或蝶阀。

2. 主要参阅的图纸

绿地浇灌平面图。

3. 工程量计算

根据图纸说明可知，该小区浇灌用水取自市政给水管网，设有两处接入口串联成环。因此可以将该工程分为两个环路计算，2号、6号楼之间的入水口为一个环路，15号楼处的入水口为一个环路。

工程量计算表　　　　**表4-2-1**

工程量名称	单位	计算公式	合计数量
一、自2号、6号楼之间的市政给水管			
UPVC管De63	m	89.5+38+26.5+32（自市政给水管网）	186
UPVC管De40	m	45+1.5+6.5+40.5	93.5
浇水井	座	7	7
水表井	座	1	1
泄水阀De63	个	3	3
球阀De63	个	1	1
开还槽	m^3	（0.3+0.4）×0.5÷2×279.5	48.9
二、自15号楼处的市政给水管			
UPVC管De63	m	34.5+41+13+44+72+57.5+22+55+18+30+19+37+72（自市政给水管网）	515

续表

工程量名称	单位	计算公式	合计数量
UPVC 管 De40	m	48 + 3 + 12.5 + 35 + 24.5 + 24.5	147.5
浇水井	座	18	18
水表井	座	1	1
泄水阀 De63	个	7	7
球阀 De63	个	1	1
开还槽	m^3	（0.3 + 0.4）×0.5 ÷ 2 × 662.5	115.94

注：浇水井的单价应含浇水井安装示意图中的全部内容。

4. 分部分项工程工程量清单

分部分项工程工程量清单

专业工程名称：绿地浇灌工程　　**表 4-2-2**

序号	项目名称	单位	工程量	综合单价	合价
1	UPVC 管 De63	m	701		
2	UPVC 管 De40	m	241		
3	浇水井	座	25		
4	水表井	座	2		
5	泄水阀 De63	个	10		
6	球阀 De63	个	2		
7	开还槽	m^3	164.84		
	合计	元			

计取其他费用略。

二、广场喷泉系统

1. 说明

（1）水泵水量为 10t/h，水泵扬程 15m，出口管径为 *DN*50，接三通后变为 *DN*32，喷头为 *DN*20。

（2）喷泉管线全部采用国标热镀锌管，埋地部分做两布三油防腐，外露部分刷防锈漆两道，水平管路坡度为 3‰。

（3）水池一边设一 *DN*40 补水阀门，以利于调节水景池的水量。

（4）泵坑及水景池与池边的排空井相连，以便水池水的排空及调节水池水量，排空管上设截止阀，可根据需要开启或关闭以调节水位。

2. 主要参阅的图纸

（1）小广场喷泉平面图。

（2）小广场喷泉系统图。

（3）半圆广场 A-A 剖面图。

3. 工程量计算

工程量计算表 **表 4-2-3**

工程量名称	单位	计算公式	合计数量
潜水泵 WQ10-15-1.5	台	1	1
加筋水泥管 *DN*200	m	4（接市政雨水）	4
镀锌钢管 *DN*100	m	1.1+1+1.4	3.5
不锈钢闸阀 *DN*100	个	1	1
镀锌钢管 *DN*50	m	2+0.1+0.5+1.8	4.4
不锈钢闸阀 *DN*50	个	1	1
止回阀 *DN*50	个	1	1
镀锌钢管 *DN*40	m	5.6	5.6
浮球阀 *DN*40	个	1	1
铜球阀 *DN*40	个	1	1
镀锌钢管 *DN*32	m	7.5+0.5	8
铜球阀 *DN*32	个	1	1
镀锌钢管 *DN*20	m	0.5×6	3
铜球阀 *DN*20	个	6	6
不锈钢金属网莲	个	1	1

计取其他费用略。

4. 分部分项工程工程量清单

分部分项工程工程量清单

专业工程名称：广场喷泉系统 **表 4-2-4**

序号	项目名称	单位	工程量	综合单价	合价
1	潜水泵 WQ10-15-1.5	台	1		
2	加筋水泥管 *DN*200	m	4		
3	镀锌钢管 *DN*100	m	3.5		
4	不锈钢闸阀 *DN*100	个	1		
5	镀锌钢管 *DN*50	m	4.4		
6	不锈钢闸阀 *DN*50	个	1		
7	止回阀 *DN*50	个	1		
8	镀锌钢管 *DN*40	m	5.6		
9	浮球阀 *DN*40	个	1		
10	铜球阀 *DN*40	个	1		
11	镀锌钢管 *DN*32	m	8		
12	铜球阀 *DN*32	个	1		
13	镀锌钢管 *DN*20	m	3		

续表

序号	项目名称	单位	工程量	综合单价	合价
14	铜球阀 *DN*20	个	6		
15	不锈钢金属网蓖	个	1		
	合计	元			

计取其他费用略。

三、小水池喷泉系统

1. 说明

（1）喷泉管线全部采用国标热镀锌管，埋地部分做两布三油防腐，外露部分刷防锈漆两道，水平管路坡度为3%。

（2）水池一边设一*DN*40补水阀门，以利于调节水景池的水量。

（3）泵坑及水景池与池边的排空井相连，以便水池水的排空及调节水池水量，排空管上设截止阀，可根据需要开启或关闭以调节水位。

2. 主要参阅的图纸

喷泉平面及系统图。

3. 工程量计算

工程量计算表 **表4-2-5**

工程量名称	单位	计算公式	合计数量
水泵 QP20-9-1.5	台	1	1
加筋水泥管 *DN*200	m	12（接市政雨水）	12
双壁波纹管 *DN*110	m	1.7+0.6	2.3
不锈钢闸阀 *DN*100	个	1	1
镀锌钢管 *DN*50	m	2.9+1.8+1.8+3.7+0.3+0.4+0.3	11.2
不锈钢闸阀 *DN*50	个	1	1
止回阀 *DN*50	个	1	1
铜球阀 *DN*50	个	2	2
截止阀 *DN*50	个	1	1

4. 分部分项工程工程量清单

分部分项工程工程量清单

专业工程名称：小水池喷泉系统 **表4-2-6**

序号	项目名称	单位	工程量	综合单价	合价
1	水泵 QP20-9-1.5	台	1		
2	加筋水泥管 *DN*200	m	12		

续表

序号	项 目 名 称	单位	工程量	综合单价	合价
3	双壁波纹管 *DN*110	m	2.3		
4	不锈钢闸阀 *DN*100	个	1		
5	镀锌钢管 *DN*50	m	11.2		
6	不锈钢闸阀 *DN*50	个	1		
7	止回阀 *DN*50	个	1		
8	铜球阀 *DN*50	个	2		
9	截止阀 *DN*50	个	1		
	合计	元			

计取其他费用略。

附　录

某住宅小区景观工程设计施工图

某住宅小区景观工程设计施工图

项目编号：××××××

日　　期：2008-03

出图专用章

图纸目录

共 2 页　第 1 页

序号	图纸名称	图号	实际张数	图纸号	折合标准张	备注	序号	图纸名称	图号	实际张数	图纸号	折合标准张	备注
01	封面	L0.1	1	A3			23	样板间入口水体放线图	J-1.3	1	A2 加长		
02	签署页	L0.2	1	A3			24	样板间入口平面定位图	J-1.4	1	A2		
03	图纸目录	L0.3	2	A3			25	样板间入口铺装平面图	J-1.5	1	A2		
04	设计说明	L0.4	3	A3			26	样板间 1-1 断面图及 1-1 剖面图	J-1.6	1	A2		
05	总平面索引图	Z-1	1	A1			27	2-2 剖面图	J-1.7	1	A2		
06	总平面围界放线图(一)	Z-2.0	1	A1			28	样板间节点大样及做法详图	J-1.8	1	A2 加长		
07	总平面围界放线图(二)	Z-2.1	1	A1			29	样板间广场铺装平面图	J-1.9	1	A2		
08	总平面围界放线图(三)	Z-2.2	1	A1			30	样板间广场平面定位图	J-1.10	1	A2		
09	总平面放线图(一)	Z-3.0	1	A1			31	样板间宅前小广场平面及详图	J-1.11	1	A2		
10	总平面放线图(二)	Z-3.1	1	A1			32	木平台一、木平台二平面详图	J-1.12	1	A2		
11	总平面放线图(三)	Z-3.2	1	A1			33	木平台三、木平台四平面详图	J-1.13	1	A2		
12	总平面竖向图	Z-4.0	1	A1			34	木平台五、木平台六平面详图	J-1.14	1	A2		
13	道路铺装索引图(一)	Z-5.0	1	A1			35	异形木平台七平面详图	J-1.15	1	A2		
14	道路铺装索引图(二)	Z-5.1	1	A1			36	木平台剖面详图一	J-1.16	1	A2		
15	道路铺装索引图(三)	Z-5.2	1	A1			37	木平台剖面详图二	J-1.17	1	A2		
16	总平面种植图(一)	Z-6.0	1	A1			38	楼间景观带平面图	J-1.18	1	A2 加长		
17	总平面种植图(二)	Z-6.1	1	A1			39	楼间景观带详图	J-1.19	1	A2 加长		
18	总平面种植图(三)	Z-6.2	1	A1			40	回车场一做法详图	J-1.20	1	A2		
19	植物名录表	Z-6.3	1	A3			41	回车场二做法详图	J-1.21	1	A2		
20	样板间总平面索引图	J-1.0	1	A1 加长			42	回车场三做法详图	J-1.22	1	A2		
21	样板间总平面放线图	J-1.1	1	A1 加长			43	回车场四做法详图	J-1.23	1	A2		
22	样板间竖向图	J-1.2	1	A1 加长			44	中心广场铺装平面图	J-1.24	1	A2		

项目名称：某住宅小区景观工程

图纸目录

共2页　第2页

序号	图纸名称	图号	实际张数	图纸号	折合标准张	备注	序号	图纸名称	图号	实际张数	图纸号	折合标准张	备注
45	中心广场铺装详图	J-1.25	1	A2			66	水边半圆广场树池座凳详图	J-1.46	1	A2		
46	水边半圆广场放线索引平面图	J-1.26	1	A2			67	树池座凳及木座凳详图	J-1.47	1	A2		
47	水边半圆广场竖向图	J-1.27	1	A2			68	私家庭院围墙做法详图	J-1.48	1	A2		
48	水边半圆广场铺装详图	J-1.28	1	A2			69	围墙详图	J-1.49	1	A2		
49	水边半圆广场剖面图	J-1.29	1	A2			70	汀步详图	J-1.50	1	A3		
50	铺装大样详图及结构做法一	J-1.30	1	A2			71	景观木桥详图	J-1.51	1	A2		
51	铺装大样详图及结构做法二	J-1.31	1	A2			72	围树座凳详图	J-1.52	1	A3		
52	铺装大样详图及结构做法三	J-1.32	1	A2			73	前广场平面放线图	J-1.53	1	A2		
53	水系竖向及索引图	J-1.33	1	A1			74	前广场铺装详图	J-1.54	1	A2		
54	水系放线图	J-1.34	1	A1 加长			75	拱桥详图(一)	J-1.55	1	A2		
55	水系详图(一)	J-1.35	1	A2			76	拱桥详图(二)	J-1.56	1	A2		
56	水系详图(二)	J-1.36	1	A2			77	景观亭详图	J-1.57	1	A2		
57	样板间廊架立面展开图	J-1.37	1	A2			78	廊架详图(一)	J-1.58	1	A2 加长		
58	样板间廊架施工详图	J-1.38	1	A2 加长			79	廊架详图(二)	J-1.59	1	A2		
59	样板间廊架平台详图	J-1.39	1	A2 加长			80	照明及动力总平面图	D-1.0	1	A2		
60	样板间廊架螺栓连接件位置图	J-1.40	1	A2			81	配电系统图	D-1.1	1	A2		
61	矮墙及矮墙座凳详图	J-1.41	1	A2			82	灯具参考	D-1.2	1	A2		
62	样板间座凳、跌水详图	J-1.42	1	A2			83	绿地浇灌平面图	S-1.0	1	A2		
63	景观玻璃亭详图(一)	J-1.43	1	A2			84	喷泉平面及系统图	S-1.1	1	A2		
64	景观玻璃亭详图(二)	J-1.44	1	A2			85	半圆广场 A-A 剖面图	S-1.2	1	A2		
65	中央广场座凳详图	J-1.45	1	A2									

项目名称：某住宅小区景观工程

一、工程概述：

1. 工程名称：某住宅小区景观工程设计
2. 建设单位：

二、设计依据：

1. 建设单位提供的电子图，及整套蓝图。
2. 建设单位领导的意见和要求。

三、工程内容：

本工程包括种植、绿地浇灌、土建、照明等工程。

四、种植土工程

绿地内整体更换种植土（须经土壤化验部门检验合格，并出具合格报告）厚度为90（局部80）cm。

种植土上施用腐熟肥料牛粪10cm（或相应有机肥），并与种植土均匀拌合。

（一）种植土部分

1. 种植土成分：

1）用于栽植植物所用种植土成分应具有以下特征：

a. 12%砂，3%有机肥料（底肥）。

b. 85%田园土。

c. 种植土内施入的底肥应为充分腐熟的迟效有机肥料。

2）酸碱度：pH值<8.5，含盐量<0.3%，氯离子含量<0.1%。

3）种植土需经相关部门化验合格后，经甲方认可方可进入施工场地，甲方应对种植土进行定期抽查化验，保证种植土质量。

4）种植土取土深度不超过表层土40cm以下，干燥土密度应小于1200kg/m^3。

5）在任何情况下，不能把黏土或类似黏土物质混入种植土中。

2. 种植土质量要求：

应以砂质壤土为宜，含有适量的已分解有机质、粗砂，不应含有石头、土块、其他植物、植物根系、木棍及其他物件。

（二）种植土的应用及土方工程

1. 土壤堆积方法：

1）所有土方按地形图整理、堆积。

2）除在图纸上特别说明外，种植床土表中心部位应轻微隆起。

2. 被污染的地层：

1）种植或播种的地层如果被油脂或有毒物质污染，应该在污染地层下至少再挖掘300mm，并将污染物质迁移到许可的地点。

2）所有被挖掘的地方应回填合格种植土。

3）景观承包商应确认所有被污染的区域和面积，并且在确认后得到有关方面的许可。

五、种植材料

植物材料质量应具备以下要求：

（一）茎、树干、枝条要求：

1. 应无病虫害，无导致树木死亡的病原体。

2. 应无突出疤痕，在分枝点不应有裂开的茎或树干。

3. 应无枯干、枯枝、枯叶。

4. 所有茎或树干应形态优美、根系发达、发育良好，栽种植池内能自行稳固支撑。

5. 植物高度应符合植物材料表中规格要求（植物茎高度应从种植池顶部测量）。

（二）树冠一般要求：

1. 应无虫害、无导致树木死亡的病原体。

2. 应无白化病、枯黄或缺乏叶绿素等症状。无人工、化学、病原体或虫害所导致的植物膨胀或枯萎。

3. 应无污染、无化学杀虫剂残余。

4. 应有足够枝叶以表现该树种之自然形态。

5. 树冠的宽度及树冠起点：从树冠的主要冠面测量其宽度，不包括偶然伸出的枝条，树冠起点是沿主要树干或茎，低分枝的树冠应从土表量起。

（三）根系和土壤一般规则：

1. 根系应发育良好，检查时应无虫害或线虫病原体。

2. 在种植盆内分配均匀，不可以超过盆限。

3. 提供稳固的支撑并确保植株的整体稳固。

六、种植操作

（一）植物运输及工地配合：

1. 保护植物免受太阳和风的侵袭。对于那些已经运抵而不能立即种植的植株，应放在阴谅处，进行良好维护，并补充足量水分，避免任何损坏。

2. 景观承包商应负责将指定植物材料从苗圃运输到现场，运输车辆应具备有保护措施，对植物加以保护，使其避免干旱、枯萎、日晒或其他不利因素影响。

（二）裸根植物：

1. 应先于树坑中垫土呈馒头状，使根系均匀铺开。

2. 回填土时，轻轻摇动植株以确保土壤与根系密合。

3. 压实土壤以固定主干及根系发展。

（三）草坪：

1. 草皮应在起出后24小时内运送并铺放在最后方位上。

2. 表土的高低及轮廓按指定标高作调整，成为无凸凹点及积水处的自然曲线，最后的标高应低于邻近硬质平面25mm。

3. 铺放草皮之前应除去所有尺寸大于30mm的石块。

4. 在铺置草皮时，不可踏在已铺好的草皮上，而应在已铺好的草皮上铺上木板，才可踏上铺置下一块草皮。

5. 铺置草皮后应立即浇水，之后每天除雨天外也应浇水。浇水应用细浇水喉，避免水土流失。

6. 如在铺置后21天依然有光秃小块，应把整块草皮除走，土壤重新耕作，并重铺草坪。

（四）水：

在工地范围内灌溉植物的水源不得污染，可用饮用水（自来水）代替。

七、土建工程

1. 在图纸内没有注明的材料要求：

水泥：优先选用高强度等级普通硅酸盐水泥、矿渣硅酸盐水泥，强度等级不低于 32. 5；

混凝土：垫层 C15，基础、墙体等 C25 钢筋混凝土；C25 抗渗钢筋混凝土抗渗等级 S8；

钢筋：Ⅰ级（A3，AY3）（符号 ϕ）；Ⅱ级（20MnSi，20MnNb(b)）（符号 Φ）；

焊条：采用电弧焊，E50（钢筋Ⅰ级：E43；Ⅱ级：E50）；

石料：MU20 以上；

机砖：MU7. 5 以上；

砂浆：地上 M5 以上；地下 M7. 5；

预埋件：钢板为 6mm，钢筋 ϕ8　L=200~300mm（图纸中未标明）；

木料：防腐木材；

钢材：超声波探伤、除锈，防锈漆二遍（图纸未注明外饰颜色的均刷成黑色）。

2. 在图纸内没有注明的其他要求：

标高、高程参见竖向设计详图；

座凳、垃圾筒和游戏设施购置成品。

3. 土建部分严格按施工图及相应技术规范施工。

4. 施工图与现场不符，可根据实际情况同甲方协商后进行调整。

5. 材质可根据甲方选定进行调整。

6. 设计中有遗漏或错误请及时通知设计人员共同解决。

7. 施工过程中严格遵守相应规范及操作规程。

八、照明工程及绿地浇灌工程

1. 照明工程、浇灌工程部分参见水、电部分施工图。

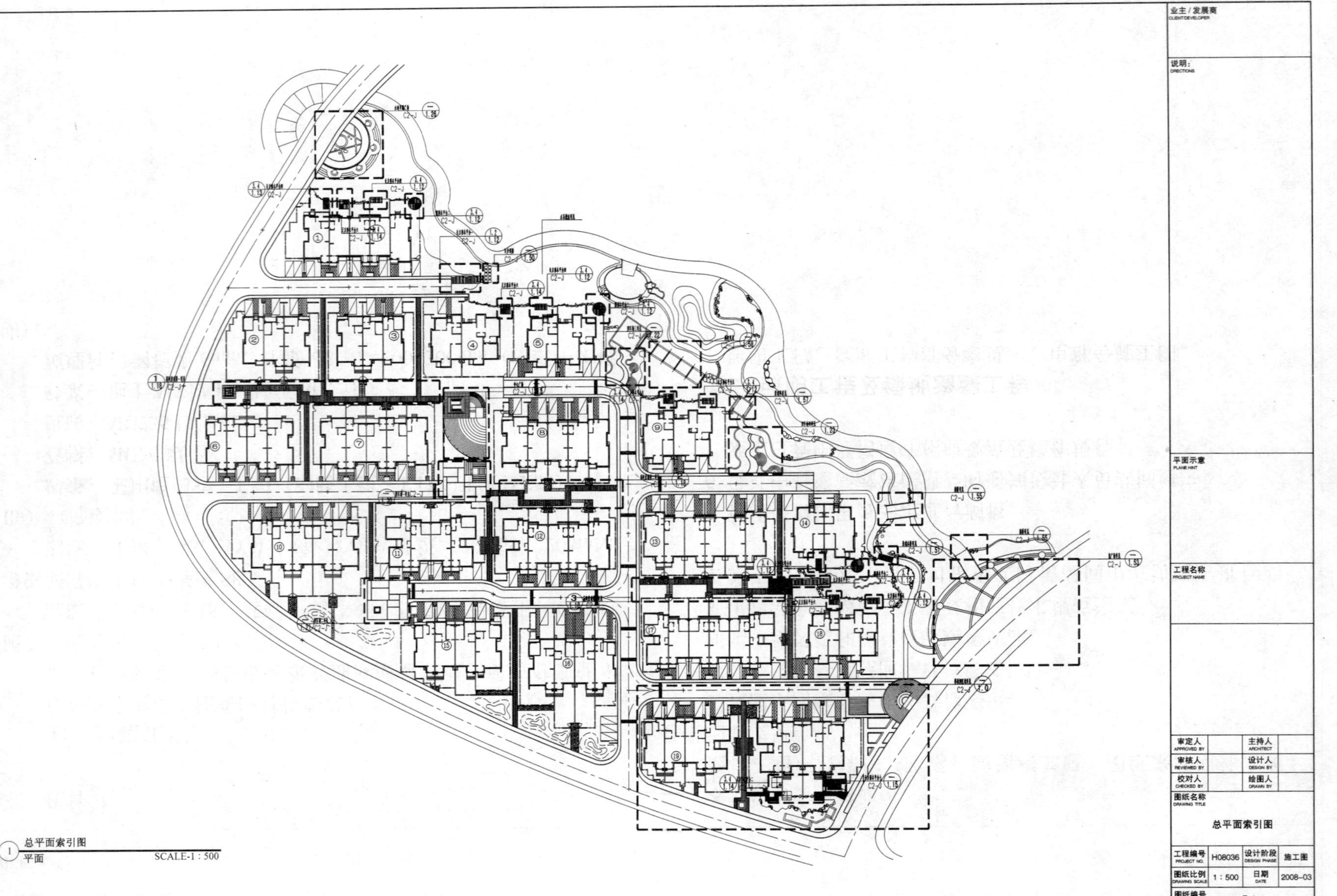
业主/发展商
CLIENT/DEVELOPER
说明:
DIRECTIONS
平面示意
PLANE HINT
工程名称
PROJECT NAME
审定人
APPROVED BY
主持人
ARCHITECT
审核人
REVIEWED BY
设计人
DESIGN BY
校对人
CHECKED BY
绘图人
DRAWN BY
图纸名称
DRAWING TITLE
总平面索引图
工程编号
PROJECT NO.
H08036
设计阶段
DESIGN PHASE
施工图
图纸比例
DRAWING SCALE
1:500
日期
DATE
2008-03
图纸编号
SHEET NO.
Z-1
1 总平面索引图
平面
SCALE-1:500

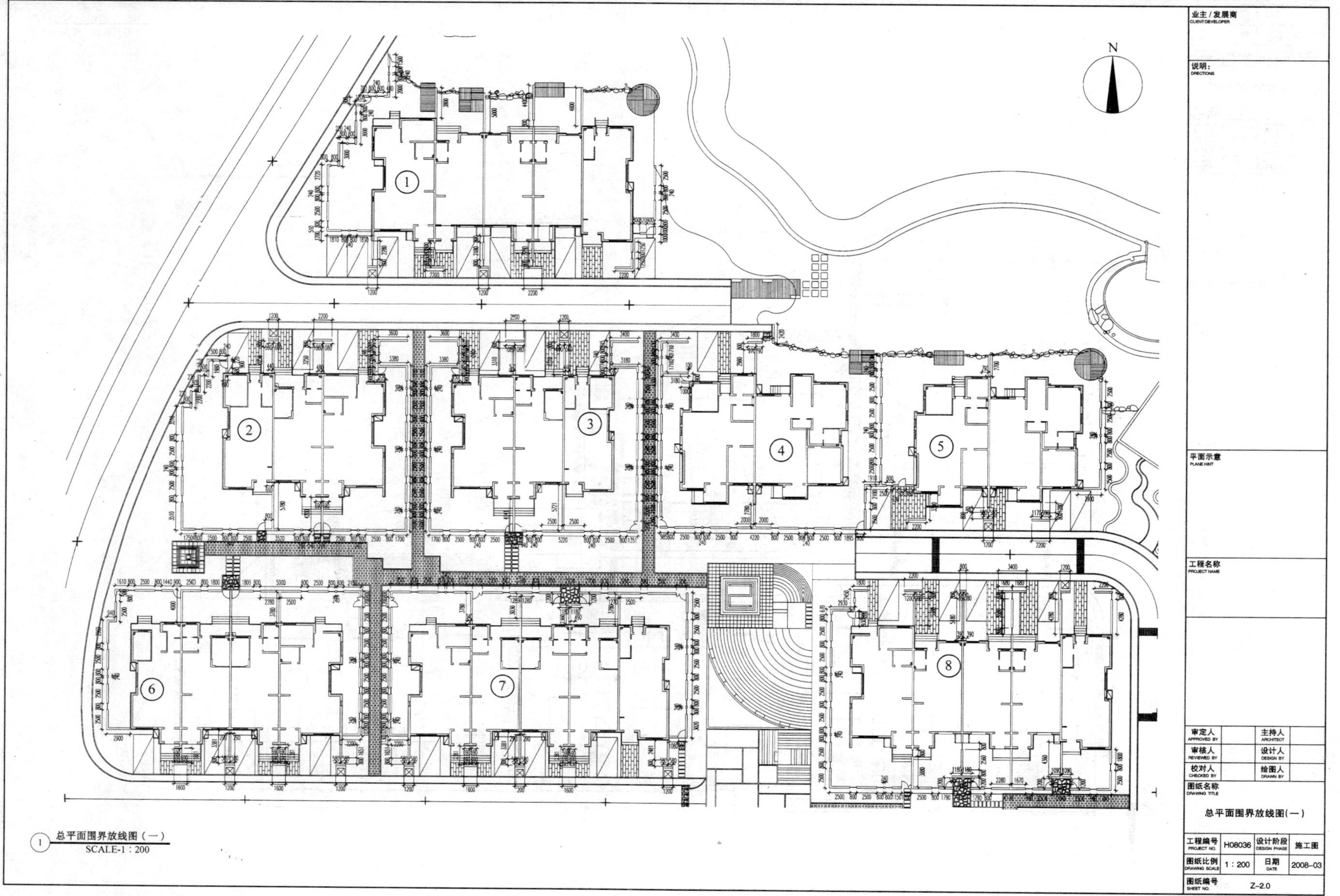

1 总平面围界放线图（一） SCALE-1：200

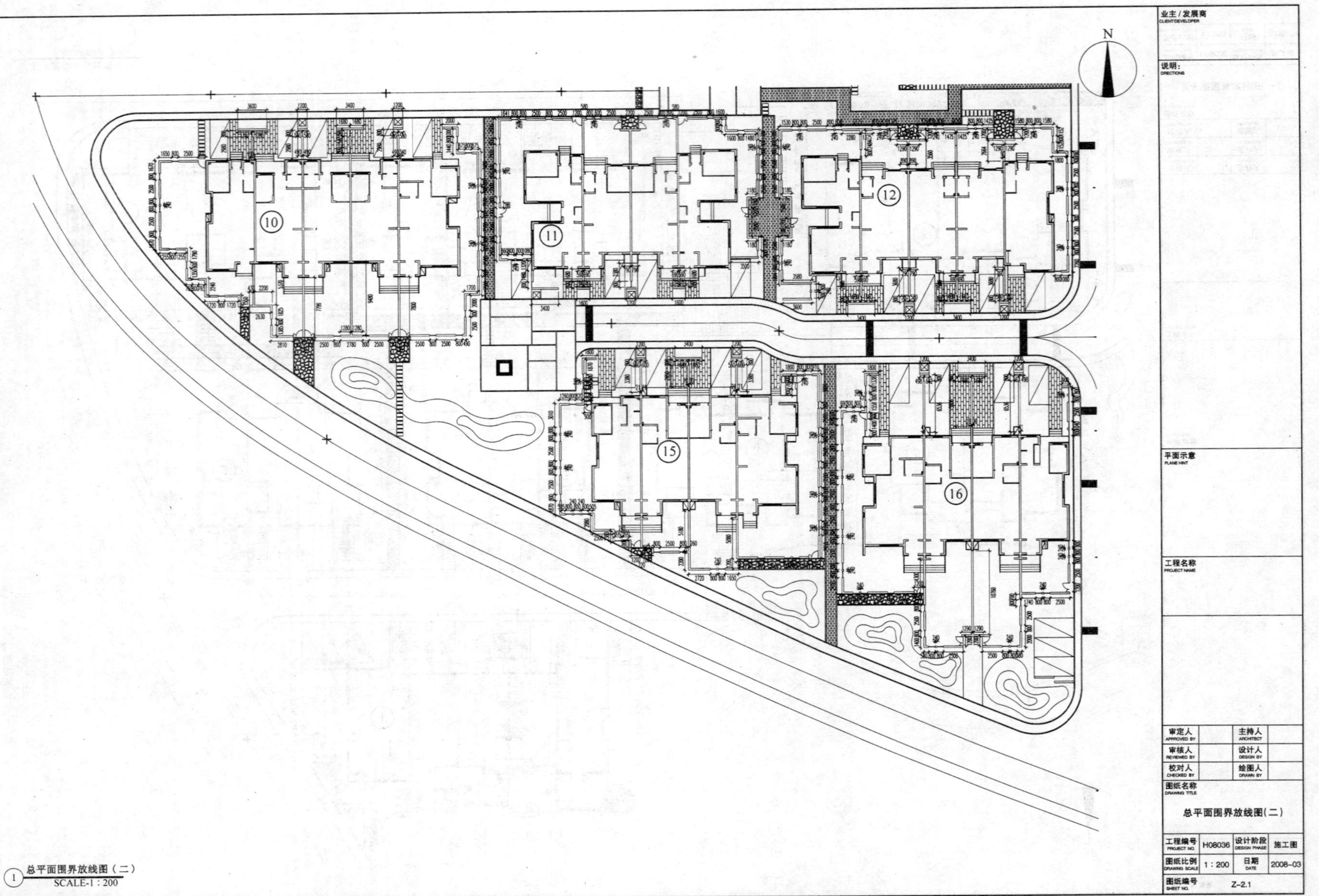

1 总平面围界放线图（二）
SCALE-1:200

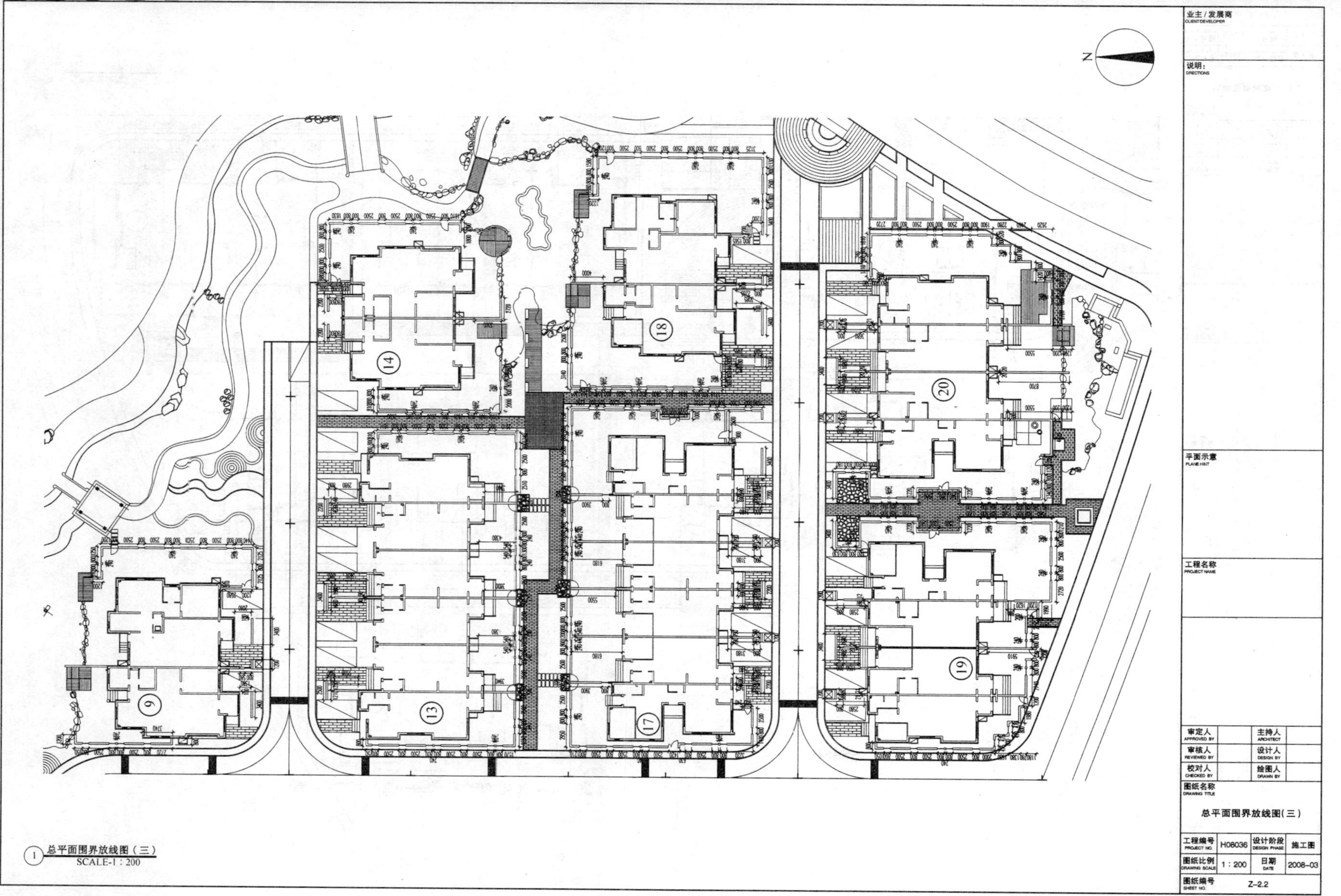
业主/发展商
说明:
平面示意
工程名称
审定人
主持人
审核人
设计人
校对人
绘图人
图纸名称
总平面围界放线图(三)
工程编号
H08036
设计阶段
施工图
图纸比例
1:200
日期
2008-03
图纸编号
Z-2.2
N
1 总平面围界放线图（三）
SCALE-1:200

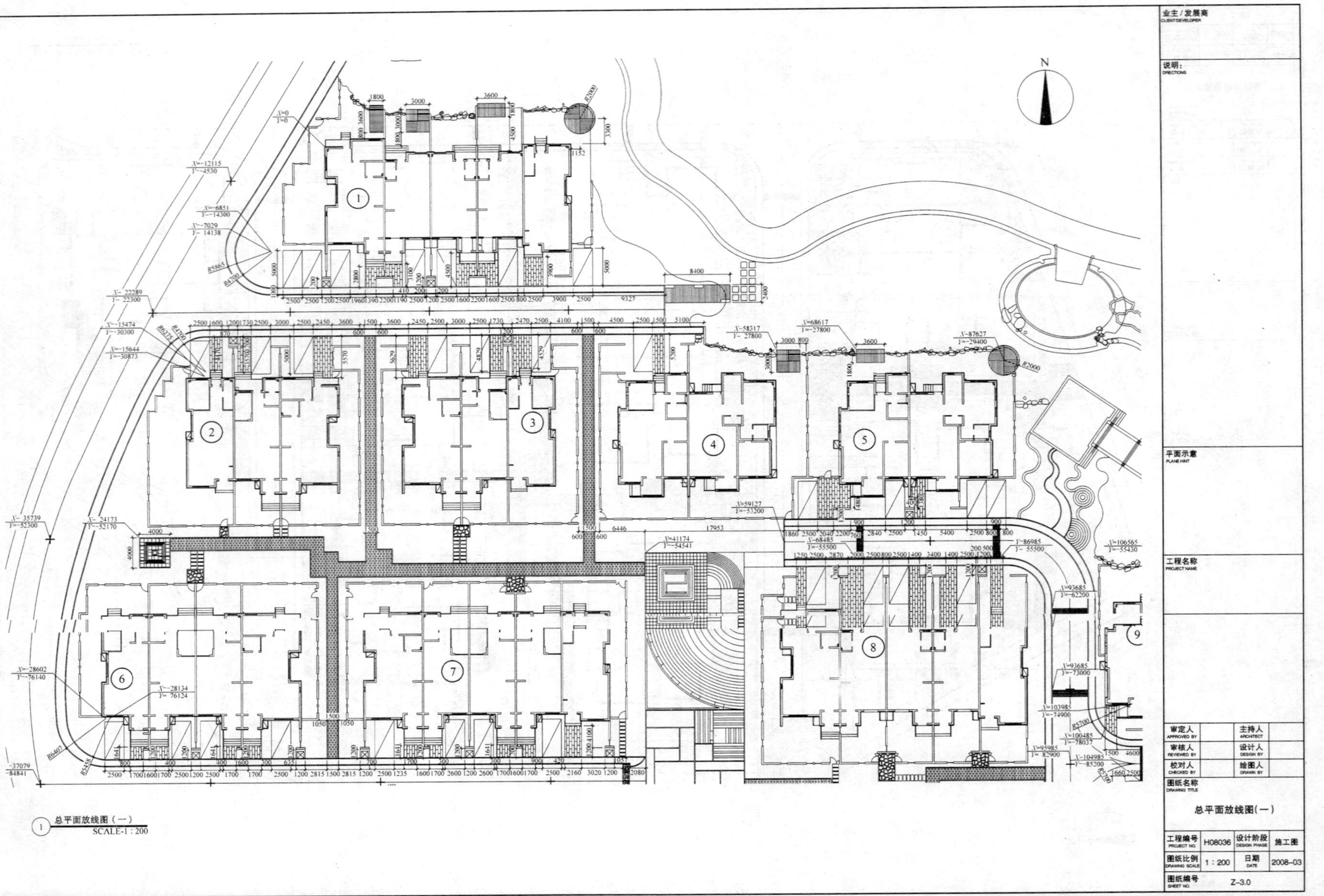
业主/发展商
CLIENT/DEVELOPER
说明:
DIRECTIONS
平面示意
PLANE HINT
工程名称
PROJECT NAME
审定人
APPROVED BY
主持人
ARCHITECT
审核人
REVIEWED BY
设计人
DESIGN BY
校对人
CHECKED BY
绘图人
DRAWN BY
图纸名称
DRAWING TITLE
总平面放线图(一)
工程编号
PROJECT NO.
H08036
设计阶段
DESIGN PHASE
施工图
图纸比例
DRAWING SCALE
1:200
日期
DATE
2008-03
图纸编号
SHEET NO.
Z-3.0
总平面放线图(一)
SCALE-1:200

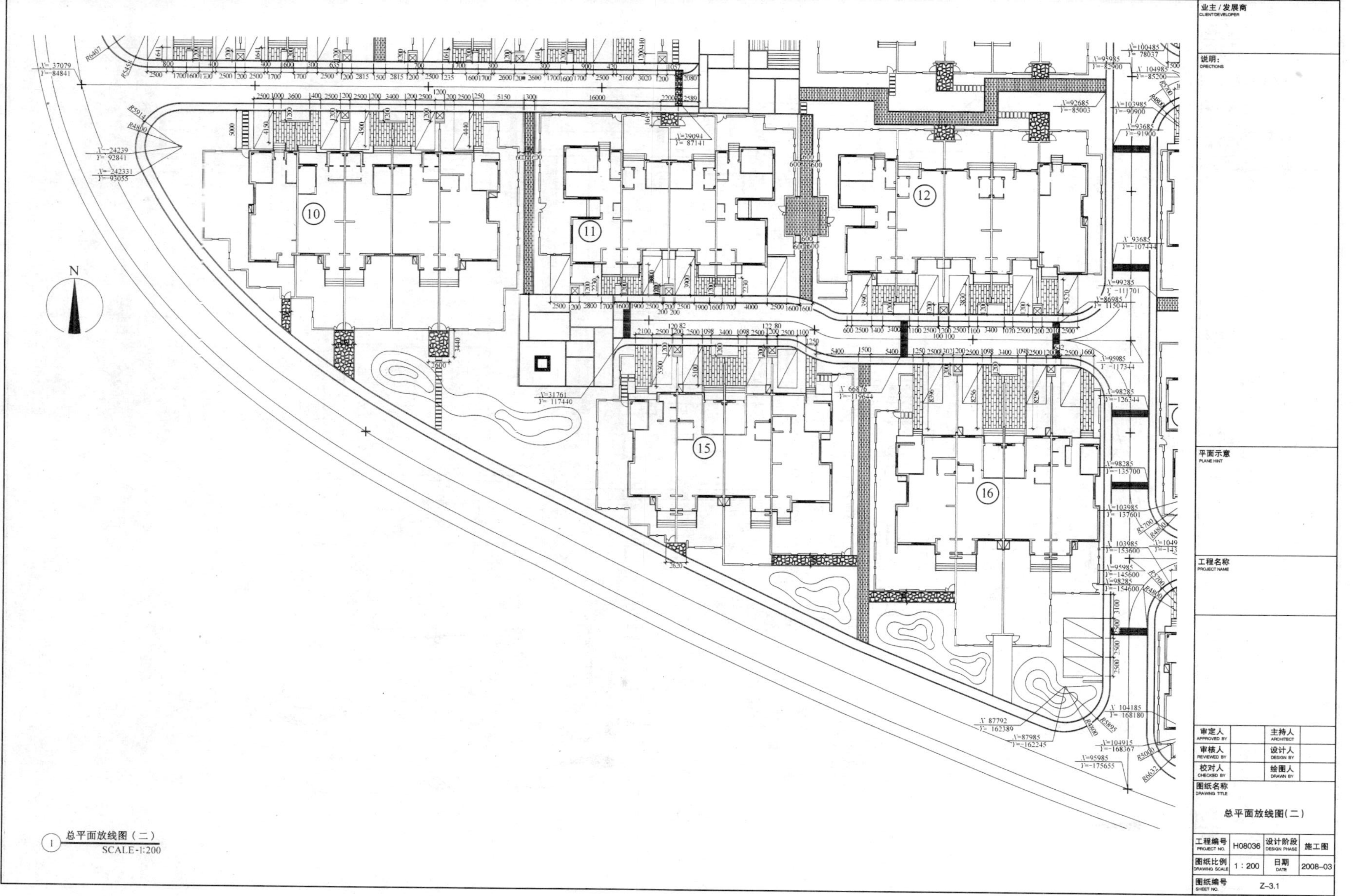
业主/发展商
CLIENT/DEVELOPER
说明:
DIRECTIONS
平面示意
PLANE HINT
工程名称
PROJECT NAME
审定人
APPROVED BY
主持人
ARCHITECT
审核人
REVIEWED BY
设计人
DESIGN BY
校对人
CHECKED BY
绘图人
DRAWN BY
图纸名称
DRAWING TITLE
总平面放线图(二)
工程编号
PROJECT NO.
H08036
设计阶段
DESIGN PHASE
施工图
图纸比例
DRAWING SCALE
1:200
日期
DATE
2008-03
图纸编号
SHEET NO.
Z-3.1
总平面放线图(二)
SCALE-1:200
N

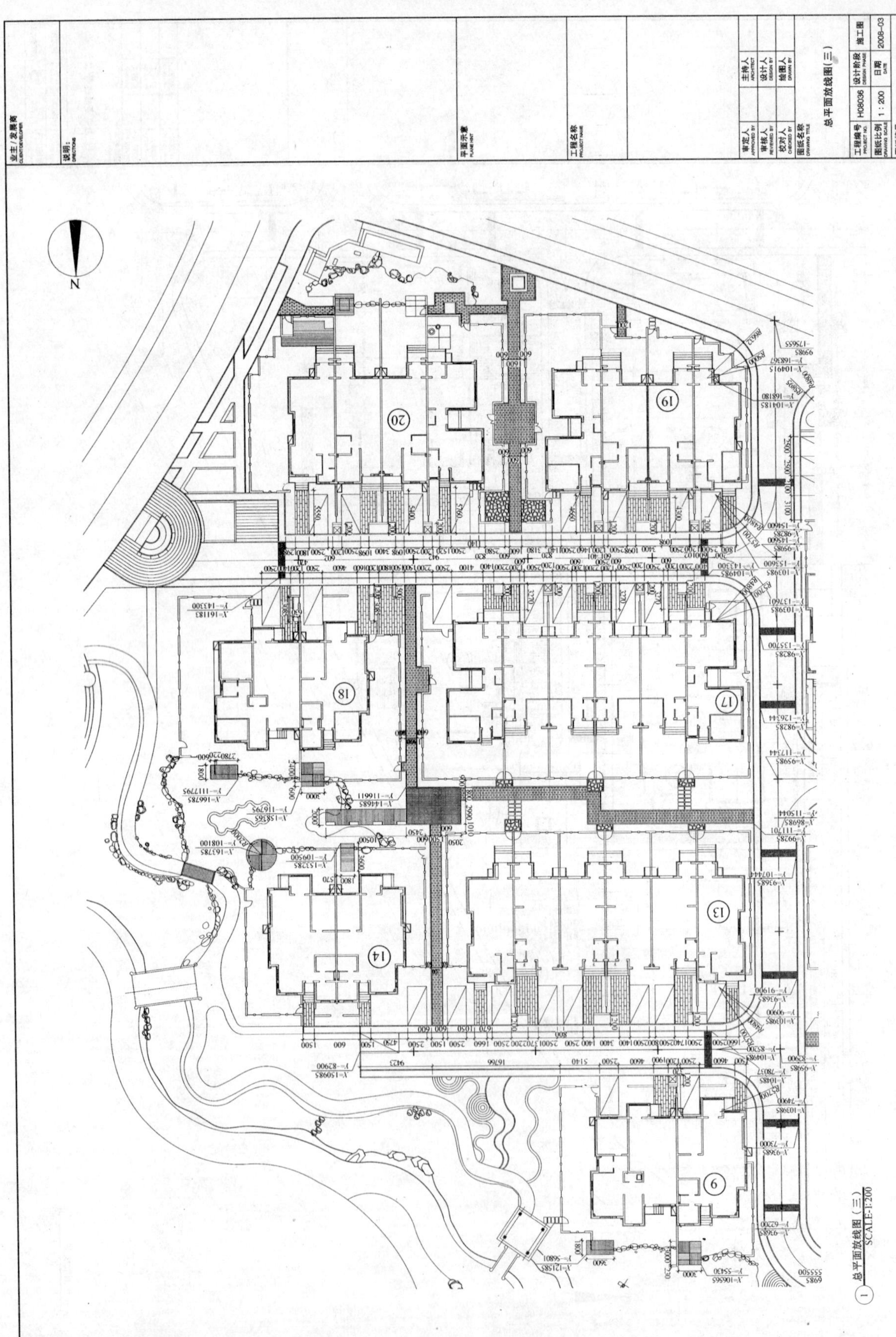

总平面放线图（三）
SCALE-1:200
业主/发展商
说明
平面示意
工程名称
图纸名称
审定人
主持人
审核人
设计人
校对人
绘图人
工程编号
H08036
设计阶段
施工图
图纸比例
1：200
日期
2008-03
图纸编号
Z-3.2

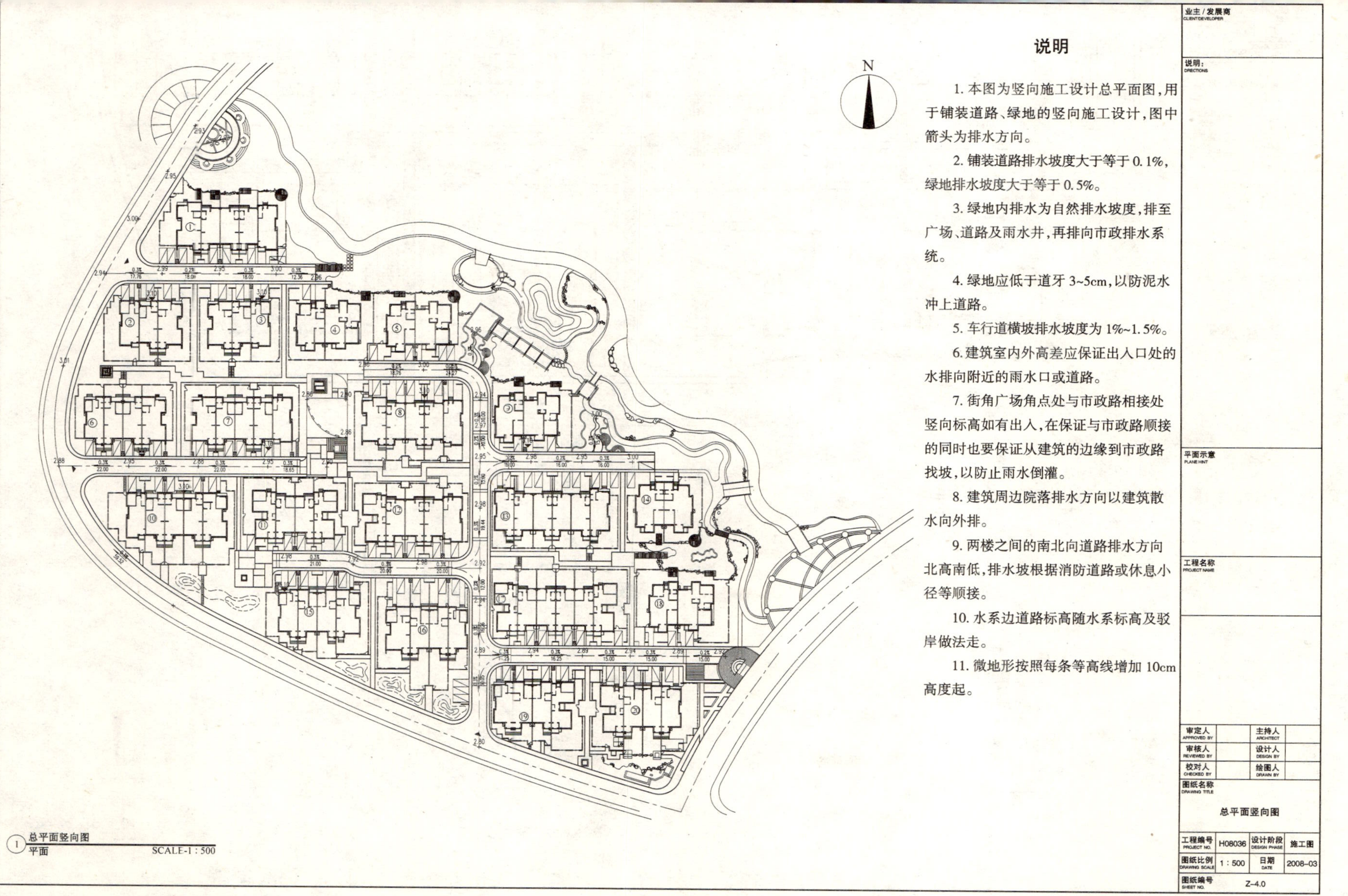

说明

1. 本图为竖向施工设计总平面图，用于铺装道路、绿地的竖向施工设计，图中箭头为排水方向。

2. 铺装道路排水坡度大于等于 0.1%，绿地排水坡度大于等于 0.5%。

3. 绿地内排水为自然排水坡度，排至广场、道路及雨水井，再排向市政排水系统。

4. 绿地应低于道牙 3~5cm，以防泥水冲上道路。

5. 车行道横坡排水坡度为 1%~1.5%。

6. 建筑室内外高差应保证出入口处的水排向附近的雨水口或道路。

7. 街角广场角点处与市政路相接处竖向标高如有出入，在保证与市政路顺接的同时也要保证从建筑的边缘到市政路找坡，以防止雨水倒灌。

8. 建筑周边院落排水方向以建筑散水向外排。

9. 两楼之间的南北向道路排水方向北高南低，排水坡根据消防道路或休息小径等顺接。

10. 水系边道路标高随水系标高及驳岸做法走。

11. 微地形按照每条等高线增加 10cm 高度起。

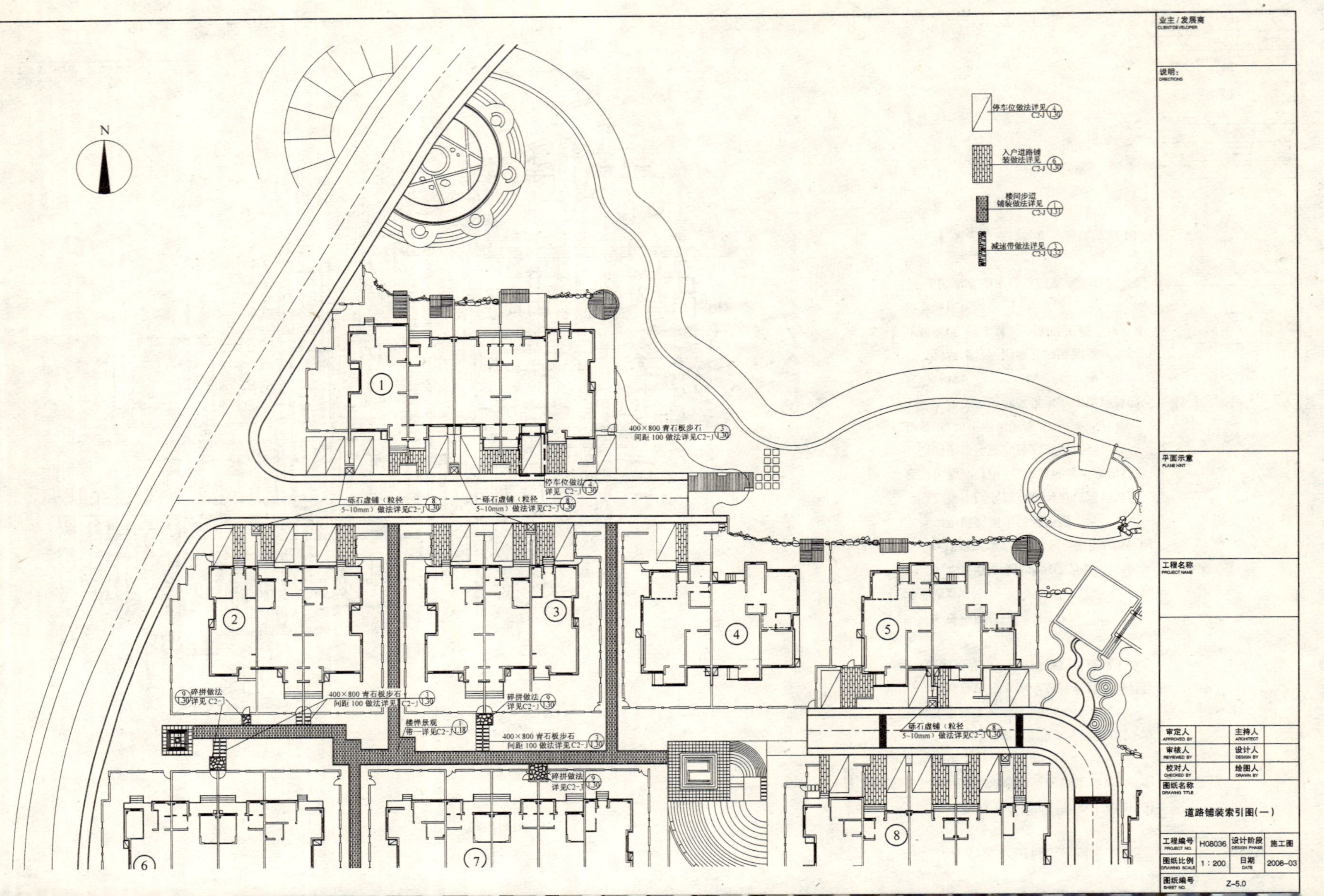
N
停车位做法详见 C2-J 4/1.30
入户道路铺装做法详见 C2-J 6/1.30
楼间步道铺装做法详见 C2-J 1/1.31
减速带做法详见 C2-J 3/1.32
400×800 青石板步石 间距 100 做法详见C2-J 3/1.30
停车位做法详见 C2-J 4/1.30
砾石虚铺（粒径 5~10mm）做法详见C2-J 8/1.30
碎拼做法详见 C2-J 9/1.30
楼悌景观带一详见C2-J 1/1.18
业主 / 发展商 CLIENT/DEVELOPER
说明： DIRECTIONS
平面示意 PLANE HINT
工程名称 PROJECT NAME
审定人 APPROVED BY
主持人 ARCHITECT
审核人 REVIEWED BY
设计人 DESIGN BY
校对人 CHECKED BY
绘图人 DRAWN BY
图纸名称 DRAWING TITLE
道路铺装索引图(一)
工程编号 PROJECT NO. H08036
设计阶段 DESIGN PHASE 施工图
图纸比例 DRAWING SCALE 1：200
日期 DATE 2008-03
图纸编号 SHEET NO. Z-5.0

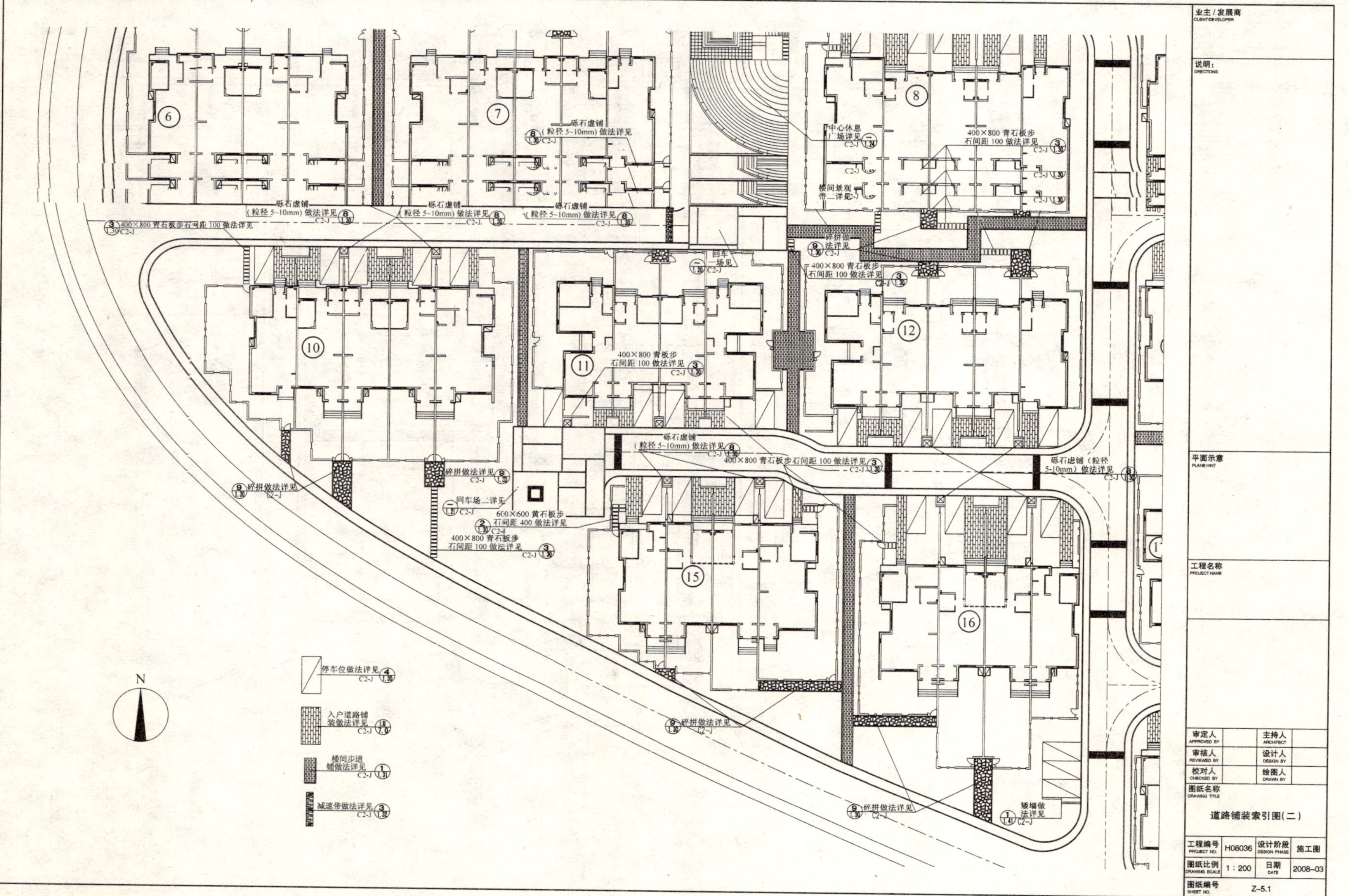
业主/发展商
CLIENT/DEVELOPER
说明：
DIRECTIONS
平面示意
PLANE HINT
工程名称
PROJECT NAME
审定人
APPROVED BY
主持人
ARCHITECT
审核人
REVIEWED BY
设计人
DESIGN BY
校对人
CHECKED BY
绘图人
DRAWN BY
图纸名称
DRAWING TITLE
道路铺装索引图(二)
工程编号
PROJECT NO.
H08036
设计阶段
DESIGN PHASE
施工图
图纸比例
DRAWING SCALE
1：200
日期
DATE
2008-03
图纸编号
SHEET NO.
Z-5.1
停车位做法详见
入户道路铺装做法详见
楼间步道铺做法详见
减速带做法详见
碎拼做法详见
矮墙做法详见
砾石虚铺（粒径 5~10mm）做法详见
400×800 青石板步石间距 100 做法详见
600×600 黄石板步石间距 400 做法详见
中心休息广场详见
楼间景观带二详见
回车场二详见
回车一场见
N

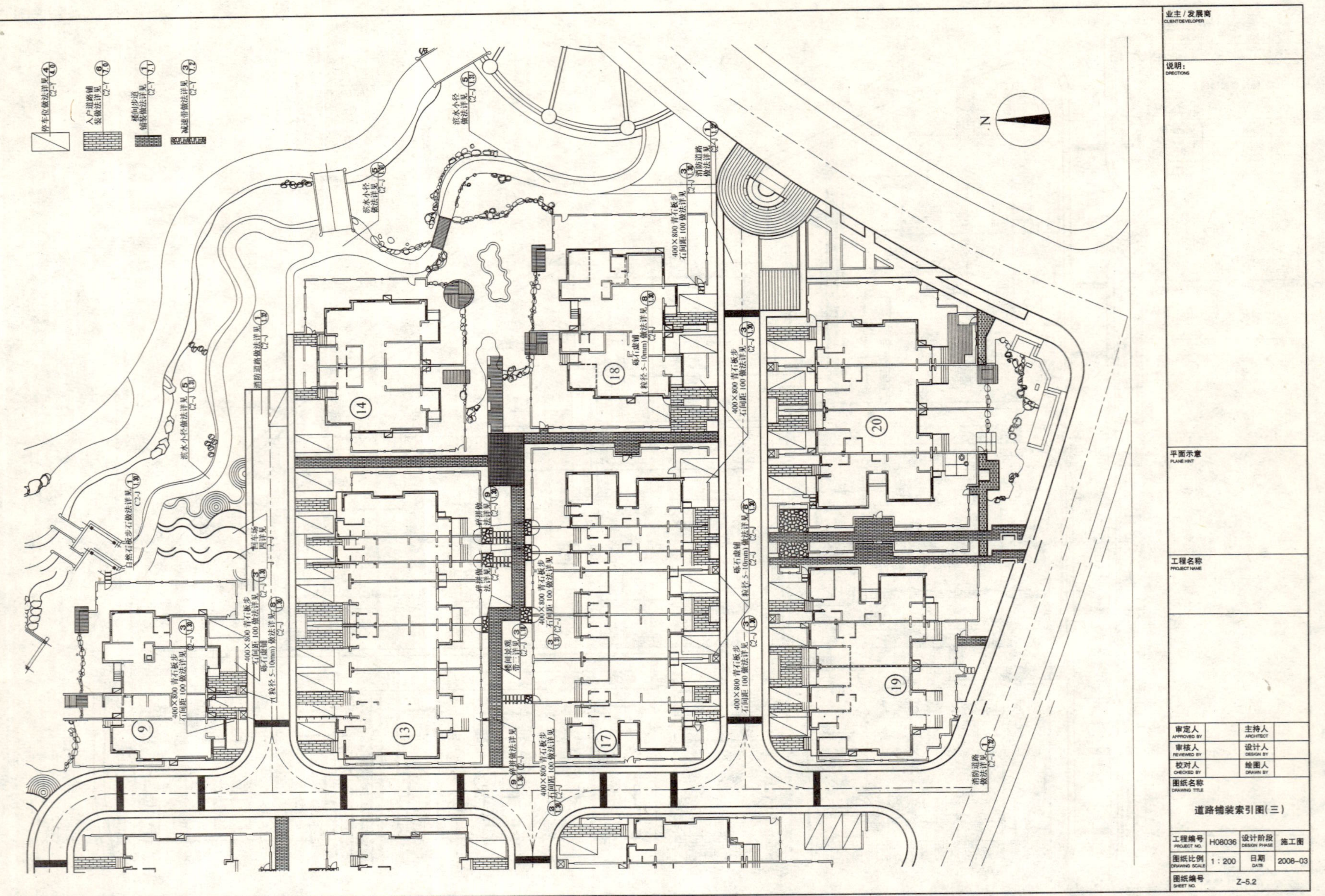
业主/发展商
CLIENT/DEVELOPER
说明:
DIRECTIONS
平面示意
PLANE HINT
工程名称
PROJECT NAME
审定人
APPROVED BY
审核人
REVIEWED BY
校对人
CHECKED BY
主持人
ARCHITECT
设计人
DESIGN BY
绘图人
DRAWN BY
图纸名称
DRAWING TITLE
道路铺装索引图(三)
工程编号
PROJECT NO.
H08036
设计阶段
DESIGN PHASE
施工图
图纸比例
DRAWING SCALE
1：200
日期
DATE
2008-03
图纸编号
SHEET NO.
Z-5.2
N
停车位做法详见
入户道路铺装做法详见
楼间步道铺装做法详见
减速带做法详见

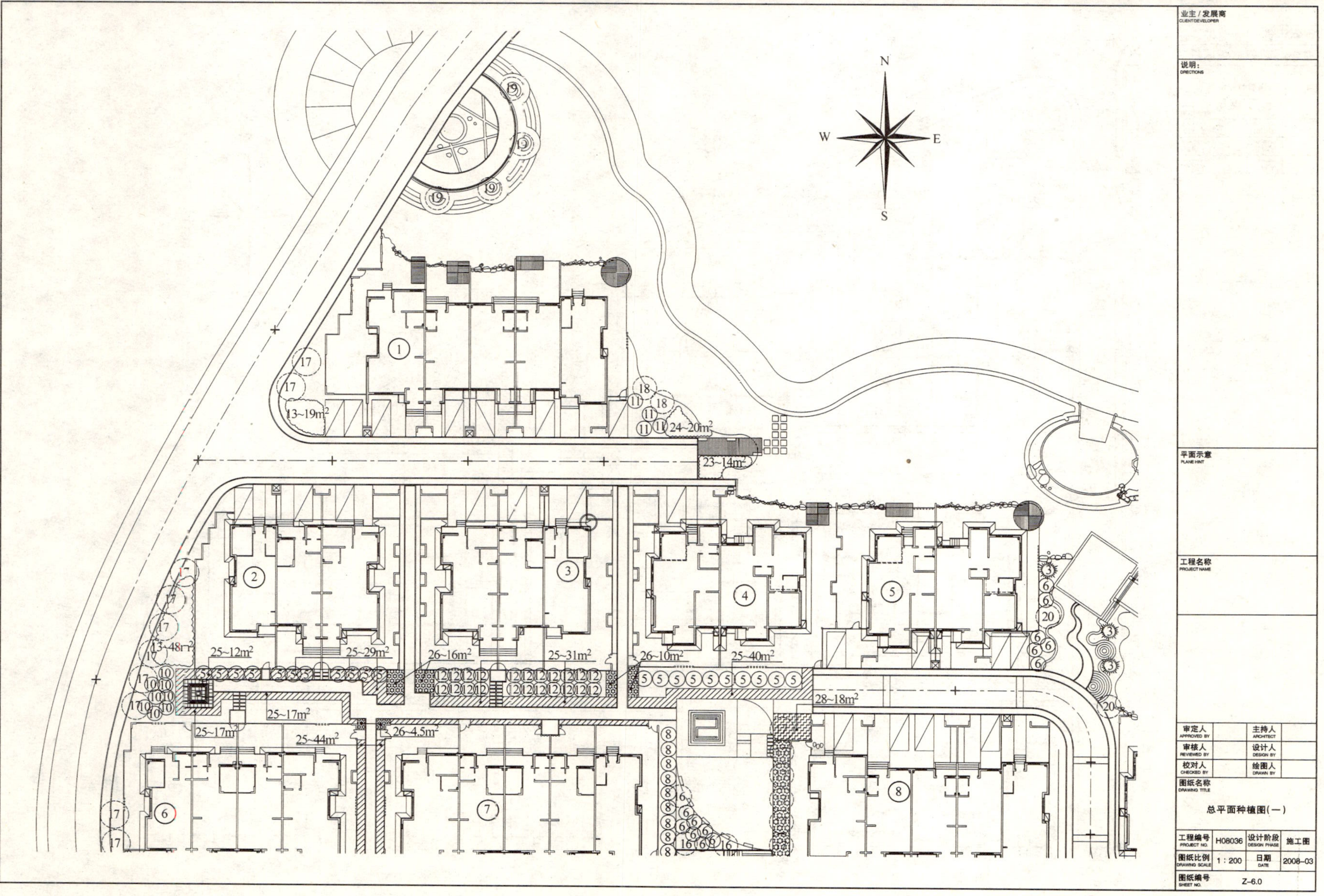

业主/发展商
CLIENT/DEVELOPER
说明：
DIRECTIONS
平面示意
PLANE HINT
工程名称
PROJECT NAME
审定人
APPROVED BY
主持人
ARCHITECT
审核人
REVIEWED BY
设计人
DESIGN BY
校对人
CHECKED BY
绘图人
DRAWN BY
图纸名称
DRAWING TITLE
总平面种植图（一）
工程编号
PROJECT NO.
H08036
设计阶段
DESIGN PHASE
施工图
图纸比例
DRAWING SCALE
1：200
日期
DATE
2008-03
图纸编号
SHEET NO.
Z-6.0

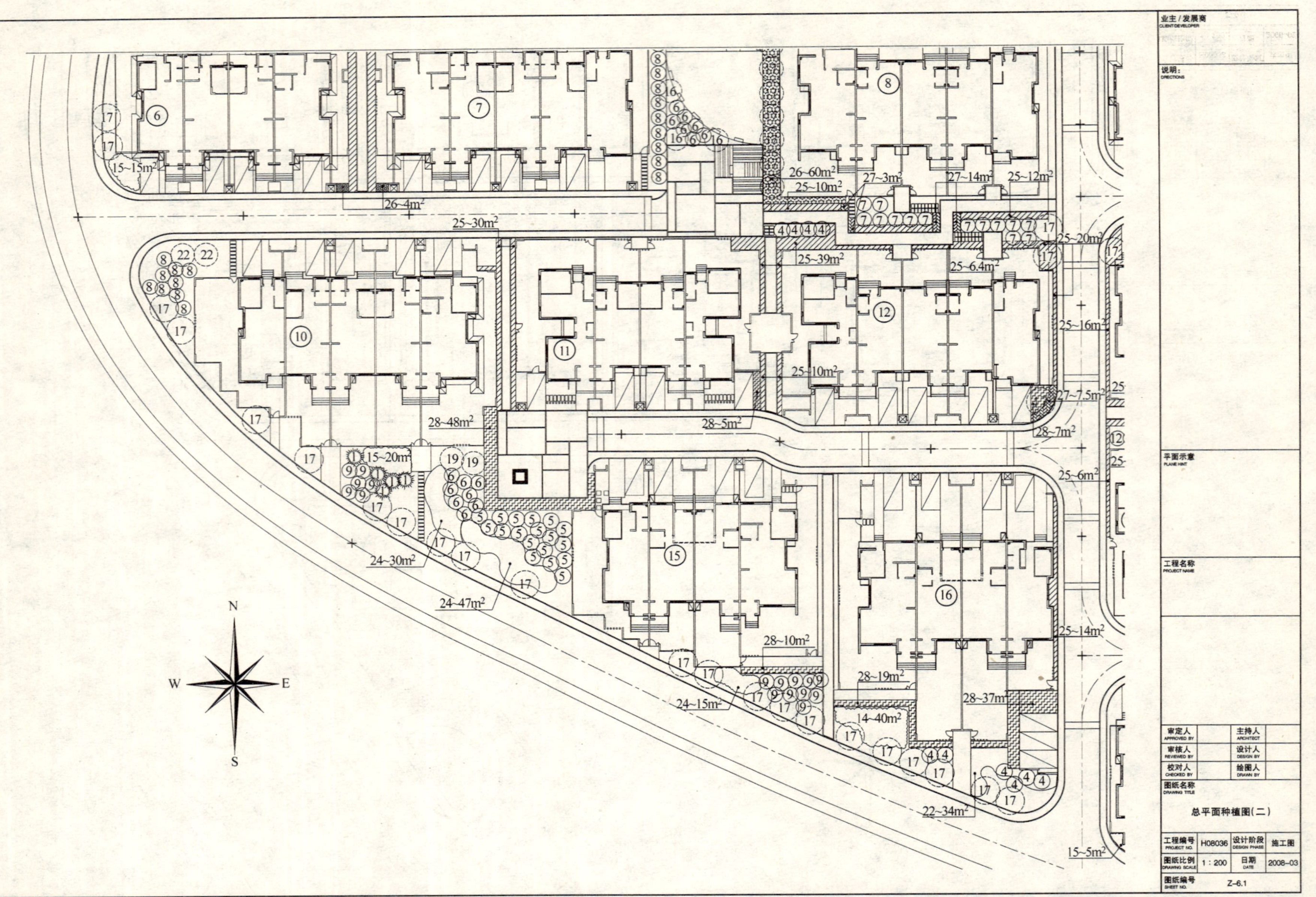
业主/发展商
说明：
平面示意
工程名称
审定人
主持人
审核人
设计人
校对人
绘图人
图纸名称
总平面种植图(二)
工程编号
H08036
设计阶段
施工图
图纸比例
1：200
日期
2008-03
图纸编号
Z-6.1

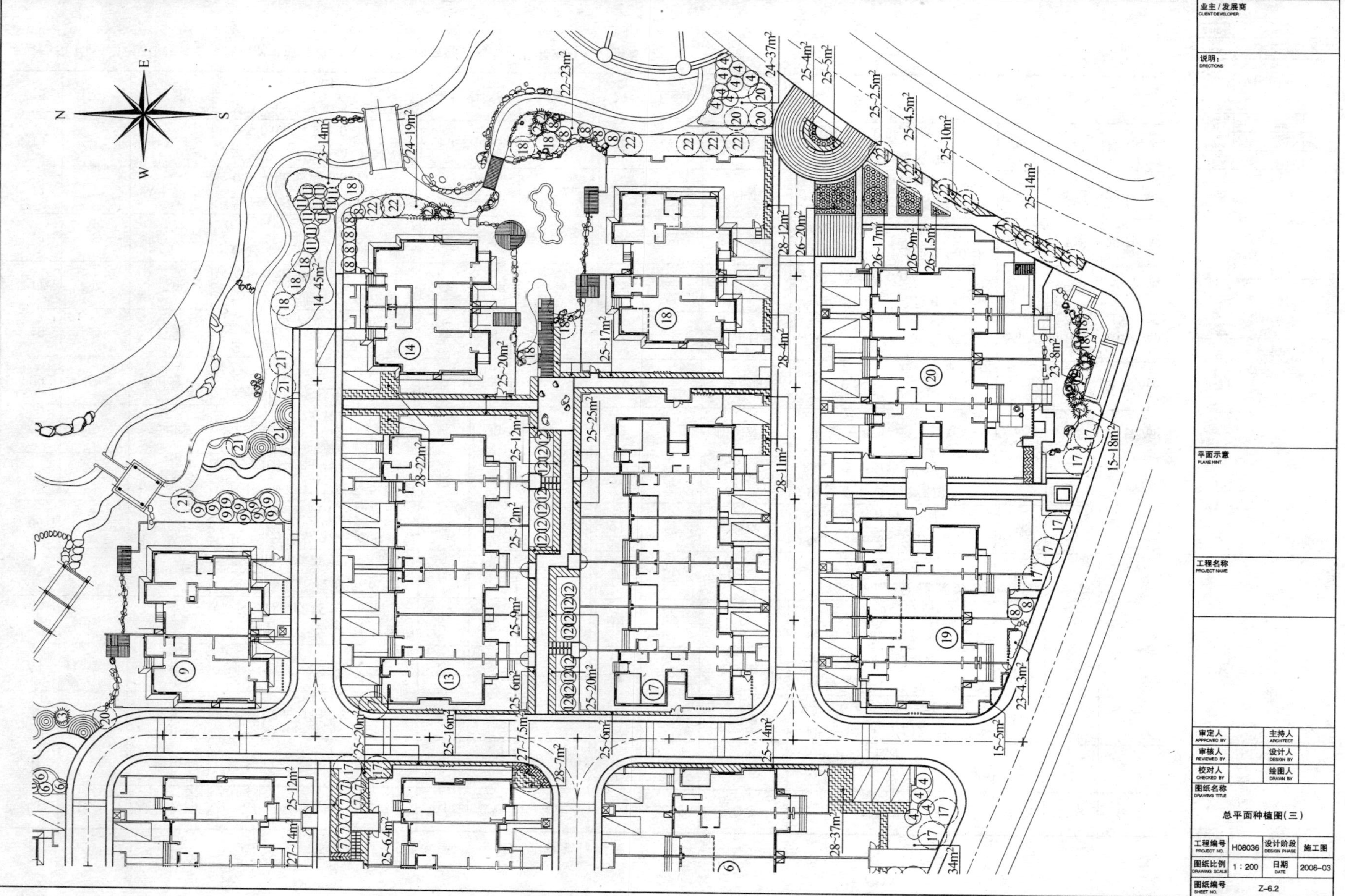
业主/发展商 CLIENT/DEVELOPER
说明: DIRECTIONS
平面示意 PLANE HINT
工程名称 PROJECT NAME
审定人 APPROVED BY
主持人 ARCHITECT
审核人 REVIEWED BY
设计人 DESIGN BY
校对人 CHECKED BY
绘图人 DRAWN BY
图纸名称 DRAWING TITLE
总平面种植图(三)
工程编号 PROJECT NO.
H08036
设计阶段 DESIGN PHASE
施工图
图纸比例 DRAWING SCALE
1:200
日期 DATE
2008-03
图纸编号 SHEET NO.
Z-6.2
N
S
E
W

植物材料表

编号	图例	植物名称	植物规格	单位	数量	备注	编号	图例	植物名称	植物规格	单位	数量	备注
01	①	桧柏	株高 3.0m,冠径 0.8m	株	5		16	⑯	栾树	胸径 8cm，分枝点为 2.5m，3~5 个分枝,半冠	株	3	
02	②	龙柏	株高 2.8m,冠径 0.8m	株	7		17	⑰	国槐	胸径 10cm，分枝点为 2.5~2.8m,3~5 个分枝,半冠	株	47	
03	③	雪松	地径 10cm,株高 5m	株	4		18	⑱	金丝垂柳	胸径 10cm，分枝点为 2.5~2.8m,3~5 个分枝,半冠	株	12	
04	④	金枝槐	地径 4~5,主枝数 5~6,修剪后冠径 0.8m 株高 1.2~1.5m	株	19		19	⑲	泡桐	胸径 10cm，分枝点为 2.8~3m,3~5 个分枝,半冠	株	6	
05	⑤	榆叶梅	地径 4~5,主枝数 5~6,修剪后冠径 0.8m 株高 1.2~1.5m	株	45		20	⑳	千头椿	胸径 10cm，分枝点为 3~3.3m,3~5 个分枝,半冠	株	5	
06	⑥	紫丁香	丛生,分枝数 3~4,修剪后冠径 0.8~1.0m 株高 1.2~1.5m	株	21		21	㉑	合欢	胸径 6~8cm，分枝点为 2.5~2.8m,3~5 个分枝,半冠	株	5	
07	⑦	木槿	地径 4~5,主枝数 5~6,修剪后冠径 0.8~1.0m 株高 1.2~1.5m	株	14		22	㉒	白蜡	胸径 6~8cm，分枝点为 2.5~2.8m,3~5 个分枝,半冠	株	20	
08	⑧	紫叶李	地径 4~5,主枝数 5~6,修剪后冠径 1.0~1.2m 株高 1.2~1.5m	株	32		22	[22]	德国鸢尾	丛生,三年生	m^2	57	20 株 /m^2
09	⑨	紫叶矮樱	地径 4~5,主枝数 5~6,修剪后冠径 0.8m 株高 1.2~1.5m	株	26		23	[23]	铺地柏	条长 0.6~0.8m	m^2	26	4 株 /m^2
10	⑩	石榴	地径 4~5,主枝数 5~6,修剪后冠径 0.8m 株高 0.8~1.0m	株	8		24	[24]	丰花月季	丛生,三年生	m^2	168	20 株 /m^2
11	⑪	碧桃	地径 4~5,主枝数 5~6,修剪后冠径 0.8m 株高 1.2~1.5m	株	14		25		大叶黄杨	主枝数 4~5，冠径 0.3~0.4m,修剪后株高 0.5~0.6m	m^2	510	20 株 /m^2
12	⑫	西府海棠	地径 4~5,主枝数 5~6,株高 2.0~2.5m	株	39		26		金叶女贞	主枝数 4~5，冠径 0.3~0.4m,修剪后株高 0.5~0.6m	m^2	146	20 株 /m^2
13	[13]	丛生紫薇	丛生,分枝数 4~5,修剪后冠径 0.3~0.4m 株高 0.8~1.0m	m^2	67	4 株 /m^2	27		紫叶小檗	主枝数 4~5，冠径 0.3~0.4m,修剪后株高 0.3~0.4m	m^2	41.5	20 株 /m^2
14	[14]	金银木	丛生,分枝数 4~5,修剪后冠径 0.5~0.6m 株高 1.0~1.2m	m^2	85	3 株 /m^2	28		红瑞木	主枝数 4~5，冠径 0.3~0.4m,修剪后株高 0.8~1.0m	m^2	171	15 株 /m^2
15	[15]	连翘	丛生,分枝数 4~5,修剪后冠径 0.3~0.4m 株高 1.0~1.2m	m^2	58	3 株 /m^2	29		高羊茅与黑麦混播(8:2)		m^2	1075	

注:植草区域仅包括乔木下及列植灌木或纯草坪区域,所有地被修剪篱及群栽灌木下不做植草。

业主 / 发展商 CLIENT/DEVELOPER
说明: DIRECTIONS
平面示意 PLANE HINT
工程名称 PROJECT NAME

审定人 APPROVED BY		主持人 ARCHITECT	
审核人 REVIEWED BY		设计人 DESIGN BY	
校对人 CHECKED BY		绘图人 DRAWN BY	

图纸名称 DRAWING TITLE: 植物名录表

工程编号 PROJECT NO.	H08036	设计阶段 DESIGN PHASE	施工图
图纸比例 DRAWING SCALE		日期 DATE	2008-03
图纸编号 SHEET NO.	Z-6.3		

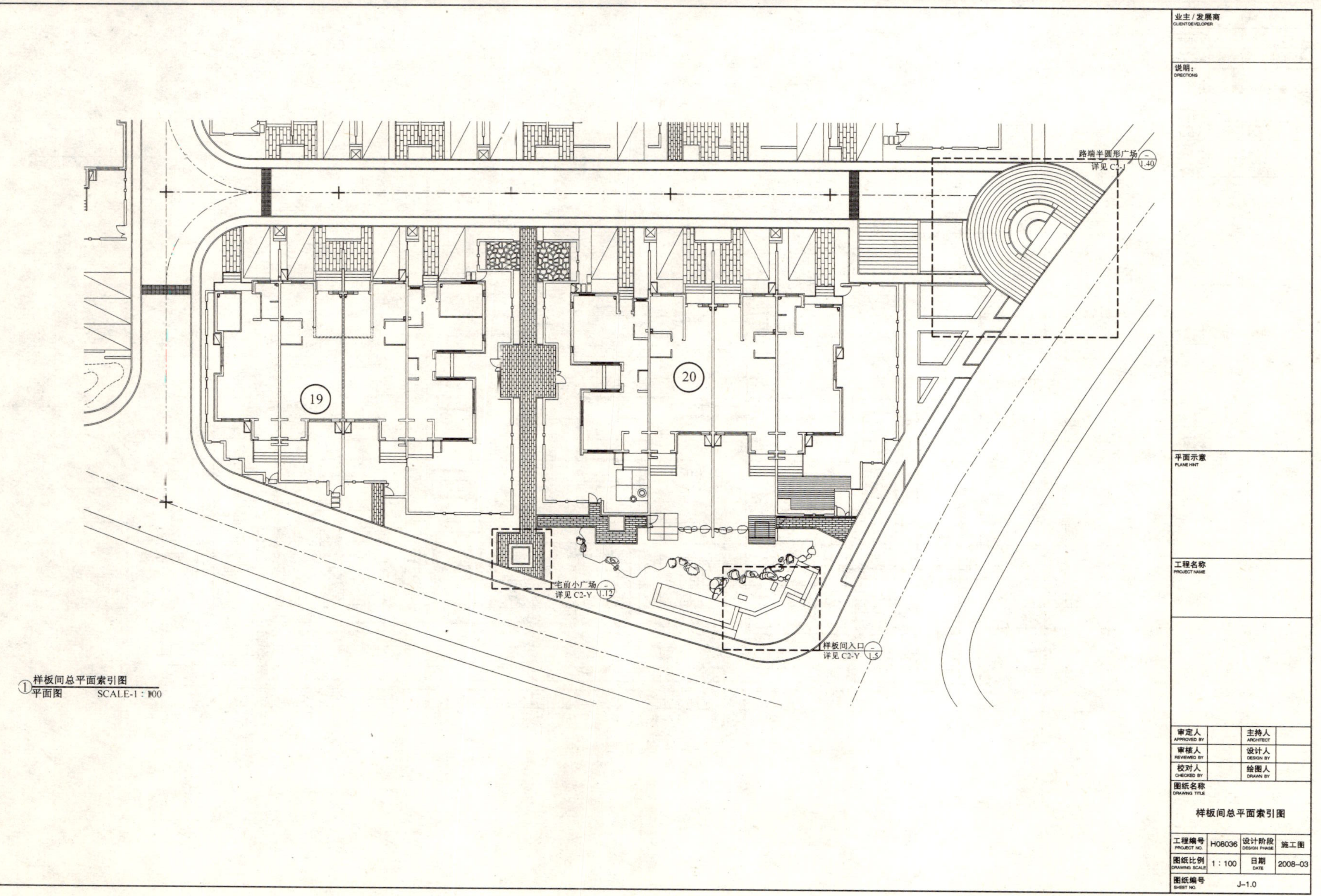
业主/发展商
CLIENT/DEVELOPER
说明：
DIRECTIONS
平面示意
PLANE HINT
工程名称
PROJECT NAME
审定人
APPROVED BY
主持人
ARCHITECT
审核人
REVIEWED BY
设计人
DESIGN BY
校对人
CHECKED BY
绘图人
DRAWN BY
图纸名称
DRAWING TITLE
样板间总平面索引图
工程编号 H08036
设计阶段 施工图
图纸比例 1：100
日期 2008-03
图纸编号 J-1.0
路端半圆形广场
详见 C2-J
1.40
宅前小广场
详见 C2-Y
1.12
样板间入口
详见 C2-Y
1.5
19
20
样板间总平面索引图
平面图 SCALE-1：100

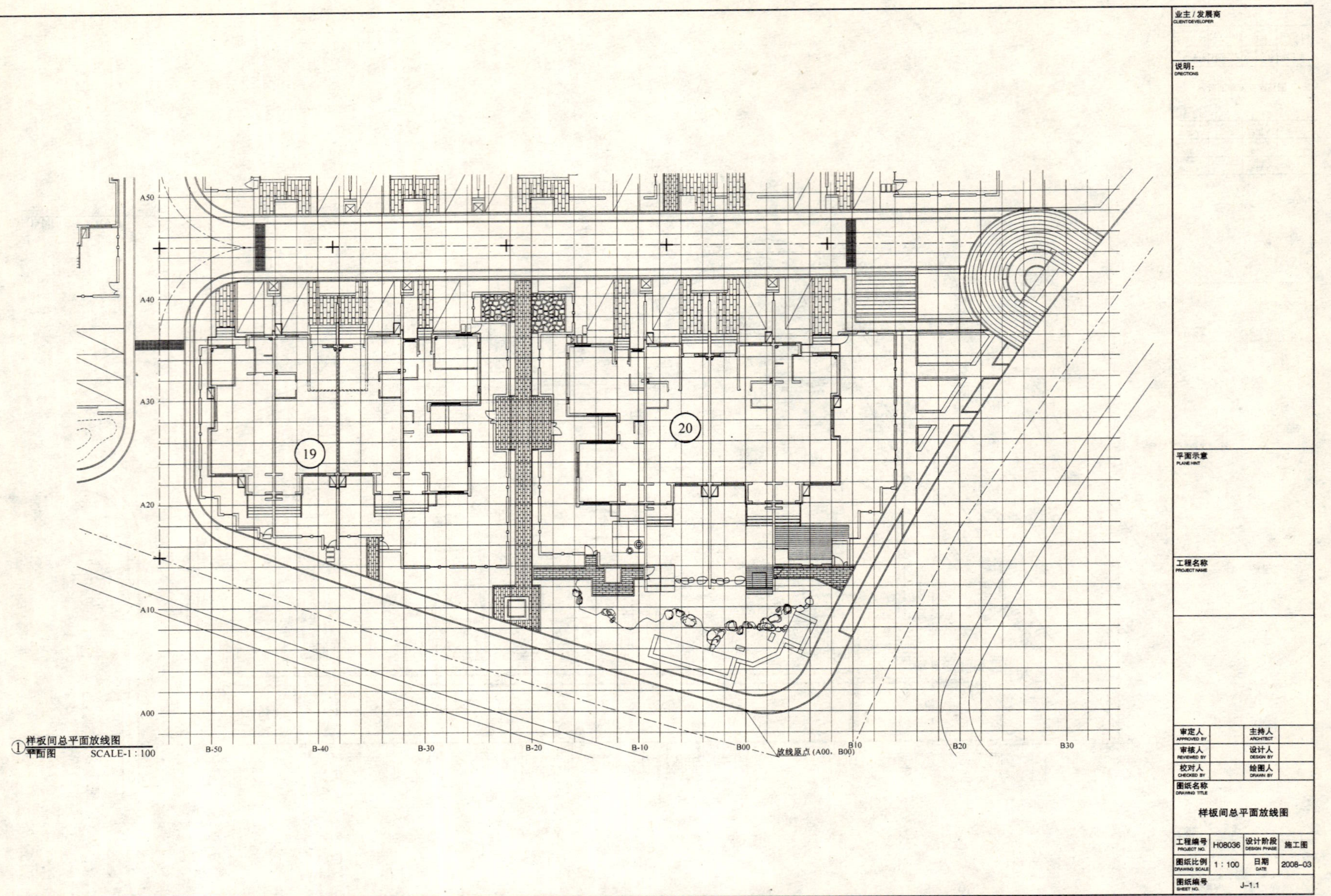
A50
A40
A30
A20
A10
A00
19
20
B-50
B-40
B-30
B-20
B-10
B00
B10
B20
B30
放线原点(A00，B00)
①样板间总平面放线图
平面图 SCALE-1:100
业主/发展商 CLIENT/DEVELOPER
说明: DIRECTIONS
平面示意 PLANE HINT
工程名称 PROJECT NAME
审定人 APPROVED BY
主持人 ARCHITECT
审核人 REVIEWED BY
设计人 DESIGN BY
校对人 CHECKED BY
绘图人 DRAWN BY
图纸名称 DRAWING TITLE
样板间总平面放线图
工程编号 PROJECT NO. H08036
设计阶段 DESIGN PHASE 施工图
图纸比例 DRAWING SCALE 1:100
日期 DATE 2008-03
图纸编号 SHEET NO. J-1.1

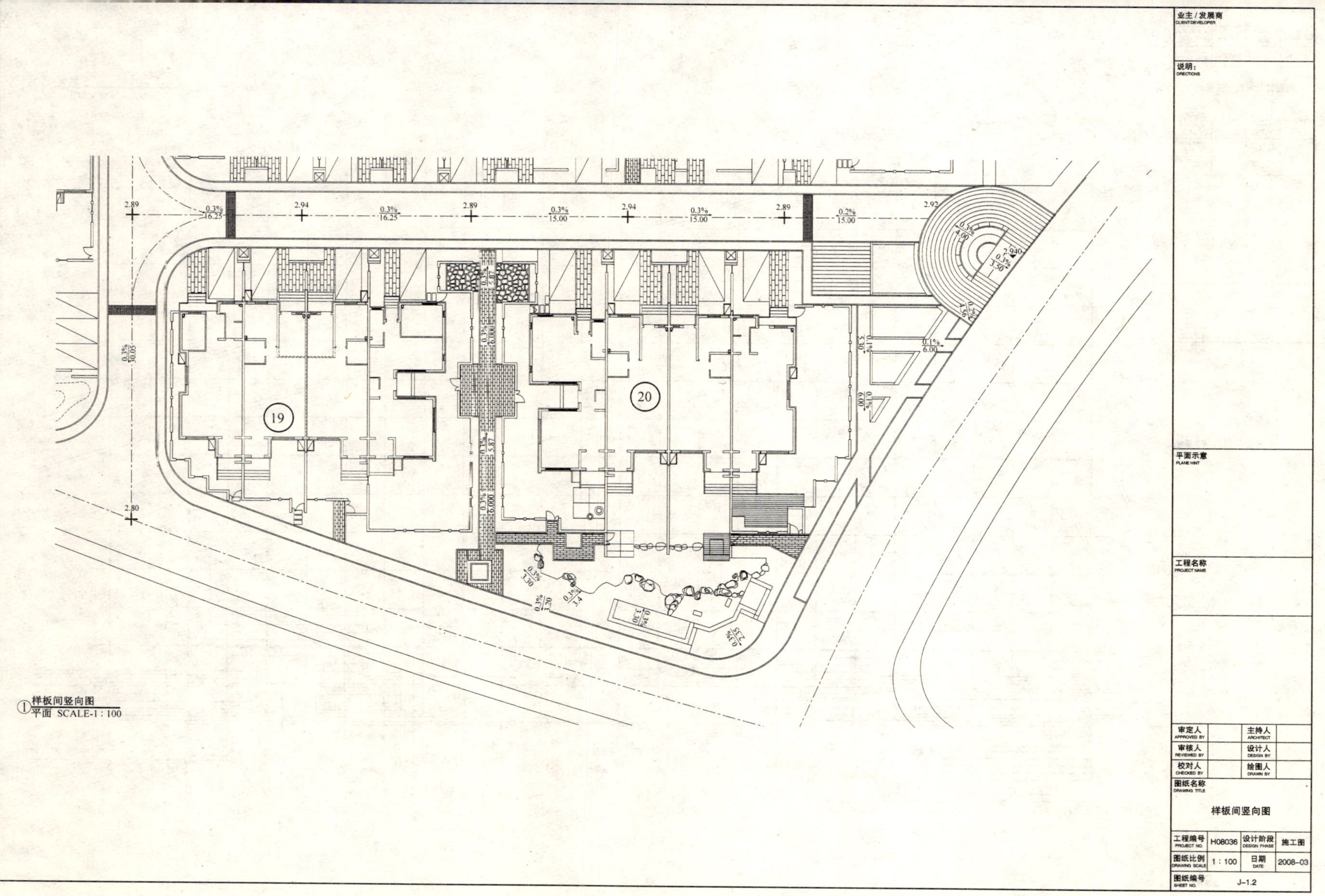
业主／发展商
CLIENT/DEVELOPER
说明：
DIRECTIONS
平面示意
PLANE HINT
工程名称
PROJECT NAME
审定人
APPROVED BY
主持人
ARCHITECT
审核人
REVIEWED BY
设计人
DESIGN BY
校对人
CHECKED BY
绘图人
DRAWN BY
图纸名称
DRAWING TITLE
样板间竖向图
工程编号
PROJECT NO.
H08036
设计阶段
DESIGN PHASE
施工图
图纸比例
DRAWING SCALE
1：100
日期
DATE
2008-03
图纸编号
SHEET NO.
J-1.2
19
20
①样板间竖向图
平面 SCALE-1：100

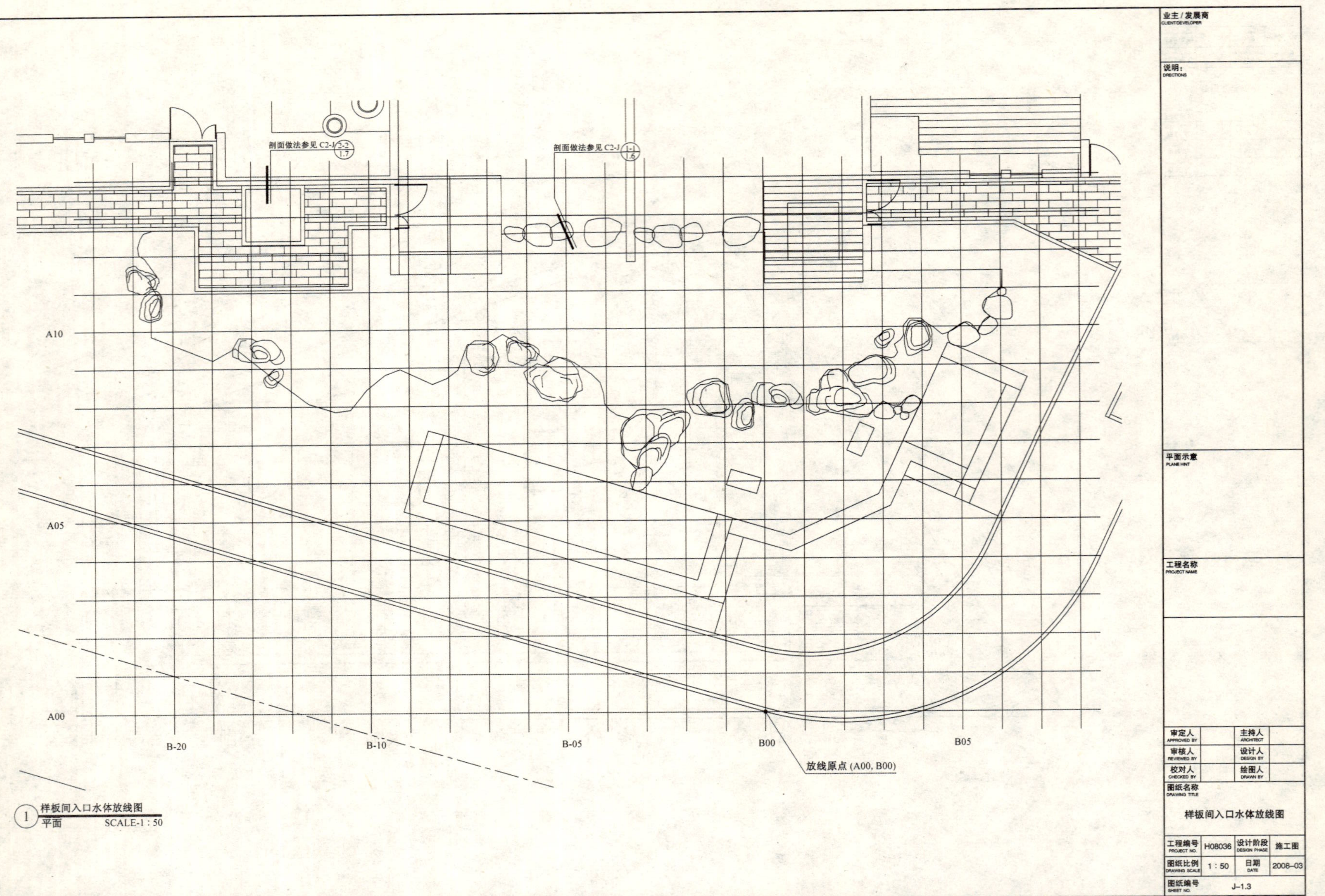

剖面做法参见 C2-J 2-2/1.7
剖面做法参见 C2-J 1-1/1.6
A10
A05
A00
B-20
B-10
B-05
B00
B05
放线原点 (A00, B00)
1 样板间入口水体放线图
平面 SCALE-1 : 50
业主/发展商
CLIENT/DEVELOPER
说明：
DIRECTIONS
平面示意
PLANE HINT
工程名称
PROJECT NAME
审定人
APPROVED BY
主持人
ARCHITECT
审核人
REVIEWED BY
设计人
DESIGN BY
校对人
CHECKED BY
绘图人
DRAWN BY
图纸名称
DRAWING TITLE
样板间入口水体放线图
工程编号
PROJECT NO.
H08036
设计阶段
DESIGN PHASE
施工图
图纸比例
DRAWING SCALE
1 : 50
日期
DATE
2008-03
图纸编号
SHEET NO.
J-1.3

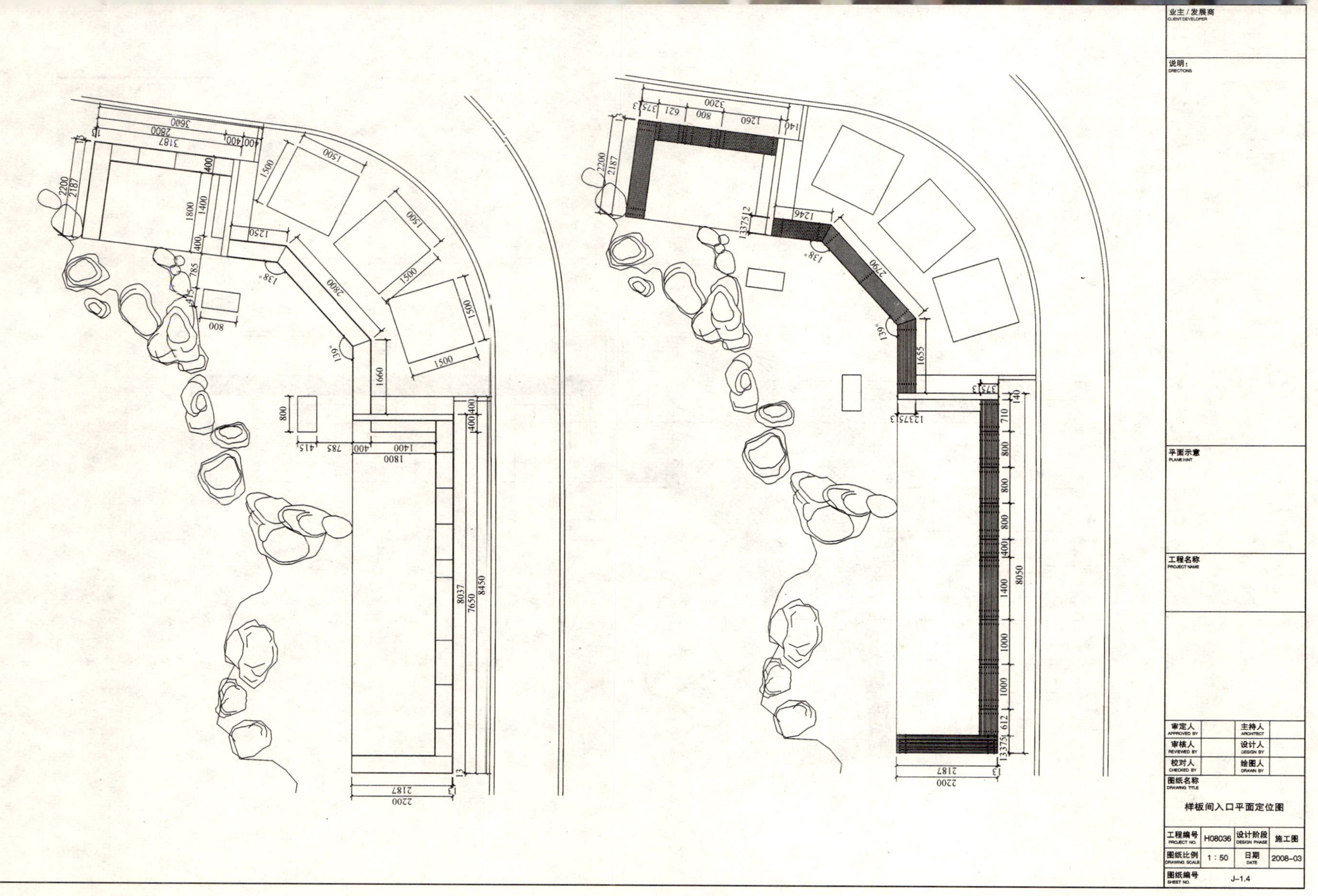

业主/发展商
CLIENT DEVELOPER
说明：
DIRECTIONS
平面示意
PLANE HINT
工程名称
PROJECT NAME
审定人
APPROVED BY
主持人
ARCHITECT
审核人
REVIEWED BY
设计人
DESIGN BY
校对人
CHECKED BY
绘图人
DRAWN BY
图纸名称
DRAWING TITLE
样板间入口平面定位图
工程编号
PROJECT NO.
H08036
设计阶段
DESIGN PHASE
施工图
图纸比例
DRAWING SCALE
1：50
日期
DATE
2008-03
图纸编号
SHEET NO.
J-1.4

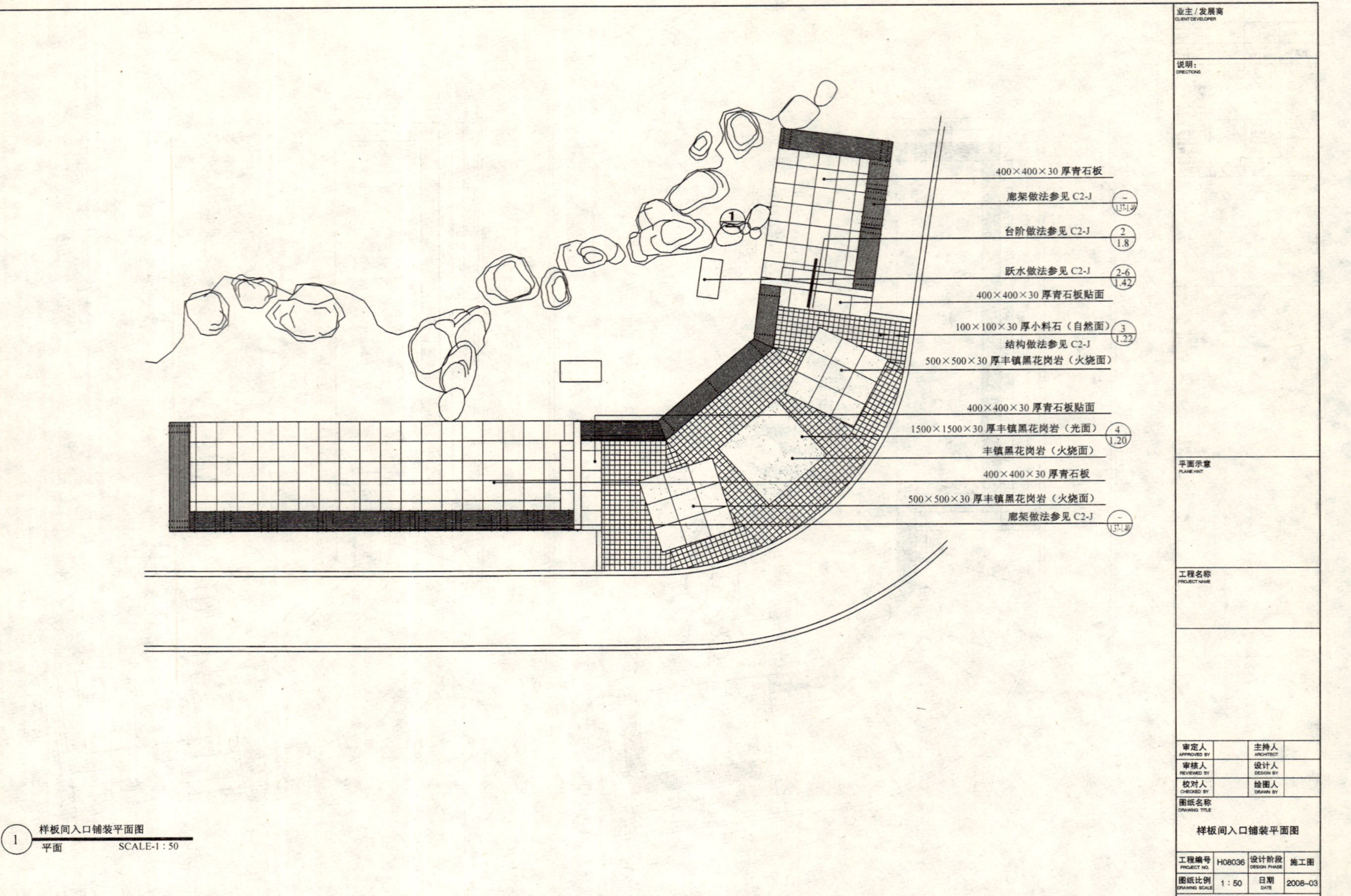

1 样板间入口铺装平面图
平面 SCALE-1 : 50

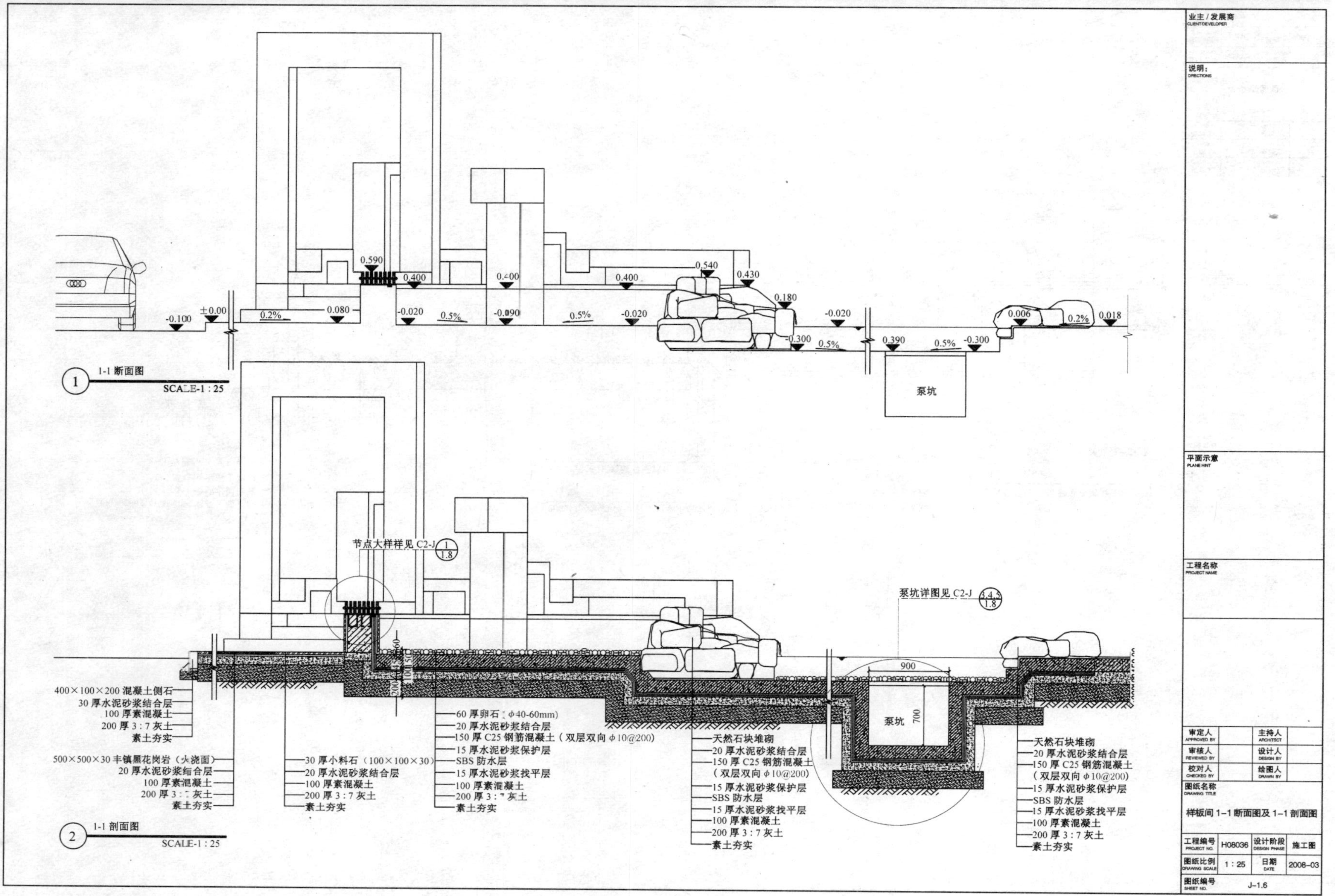
1-1 断面图
SCALE-1 : 25
1-1 剖面图
SCALE-1 : 25
泵坑
节点大样见 C2-J 1/1.8
泵坑详图见 C2-J 3,4,5/1.8
400×100×200 混凝土侧石
30 厚水泥砂浆结合层
100 厚素混凝土
200 厚 3 : 7 灰土
素土夯实
500×500×30 丰镇黑花岗岩（火烧面）
20 厚水泥砂浆结合层
100 厚素混凝土
200 厚 3 : 7 灰土
素土夯实
30 厚小料石（100×100×30）
20 厚水泥砂浆结合层
100 厚素混凝土
200 厚 3 : 7 灰土
素土夯实
60 厚卵石：φ40-60mm)
20 厚水泥砂浆结合层
150 厚 C25 钢筋混凝土（双层双向 φ10@200)
15 厚水泥砂浆保护层
SBS 防水层
15 厚水泥砂浆找平层
100 厚素混凝土
200 厚 3 : 7 灰土
素土夯实
天然石块堆砌
20 厚水泥砂浆结合层
150 厚 C25 钢筋混凝土
（双层双向 φ10@200)
15 厚水泥砂浆保护层
SBS 防水层
15 厚水泥砂浆找平层
100 厚素混凝土
200 厚 3 : 7 灰土
素土夯实
业主 / 发展商
说明：
平面示意
工程名称
审定人
主持人
审核人
设计人
校对人
绘图人
图纸名称
样板间 1-1 断面图及 1-1 剖面图
工程编号 H08036
设计阶段 施工图
图纸比例 1 : 25
日期 2008-03
图纸编号 J-1.6

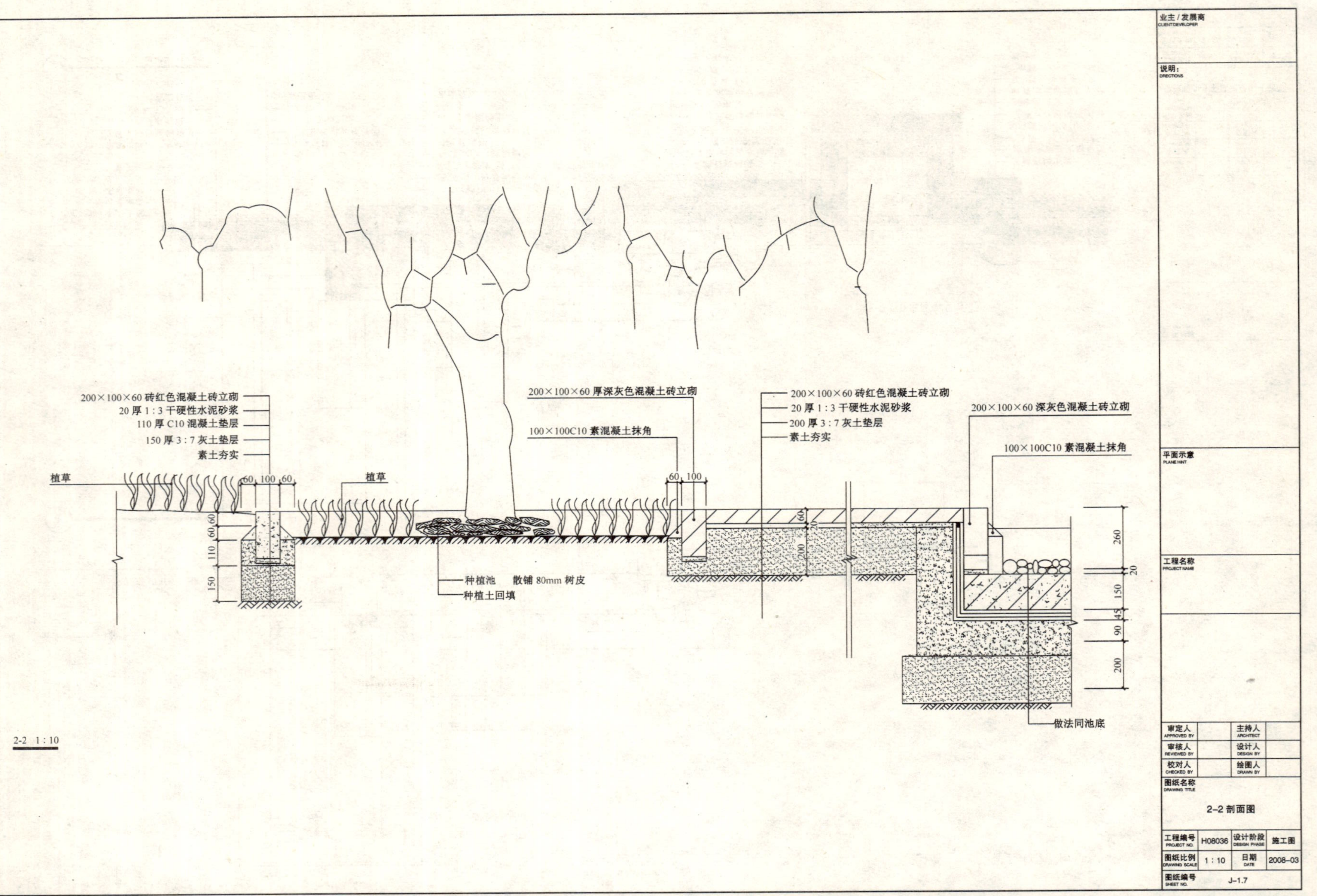
200×100×60 砖红色混凝土砖立砌
20 厚 1 : 3 干硬性水泥砂浆
110 厚 C10 混凝土垫层
150 厚 3 : 7 灰土垫层
素土夯实
植草
60 100 60
植草
200×100×60 厚深灰色混凝土砖立砌
100×100C10 素混凝土抹角
60 100
种植池 散铺 80mm 树皮
种植土回填
200×100×60 砖红色混凝土砖立砌
20 厚 1 : 3 干硬性水泥砂浆
200 厚 3 : 7 灰土垫层
素土夯实
200×100×60 深灰色混凝土砖立砌
100×100C10 素混凝土抹角
做法同池底
2-2 1 : 10
业主 / 发展商 CLIENT/DEVELOPER
说明: DIRECTIONS
平面示意 PLANE HINT
工程名称 PROJECT NAME
审定人 APPROVED BY
主持人 ARCHITECT
审核人 REVIEWED BY
设计人 DESIGN BY
校对人 CHECKED BY
绘图人 DRAWN BY
图纸名称 DRAWING TITLE
2-2 剖面图
工程编号 PROJECT NO. H08036
设计阶段 DESIGN PHASE 施工图
图纸比例 DRAWING SCALE 1 : 10
日期 DATE 2008-03
图纸编号 SHEET NO. J-1.7

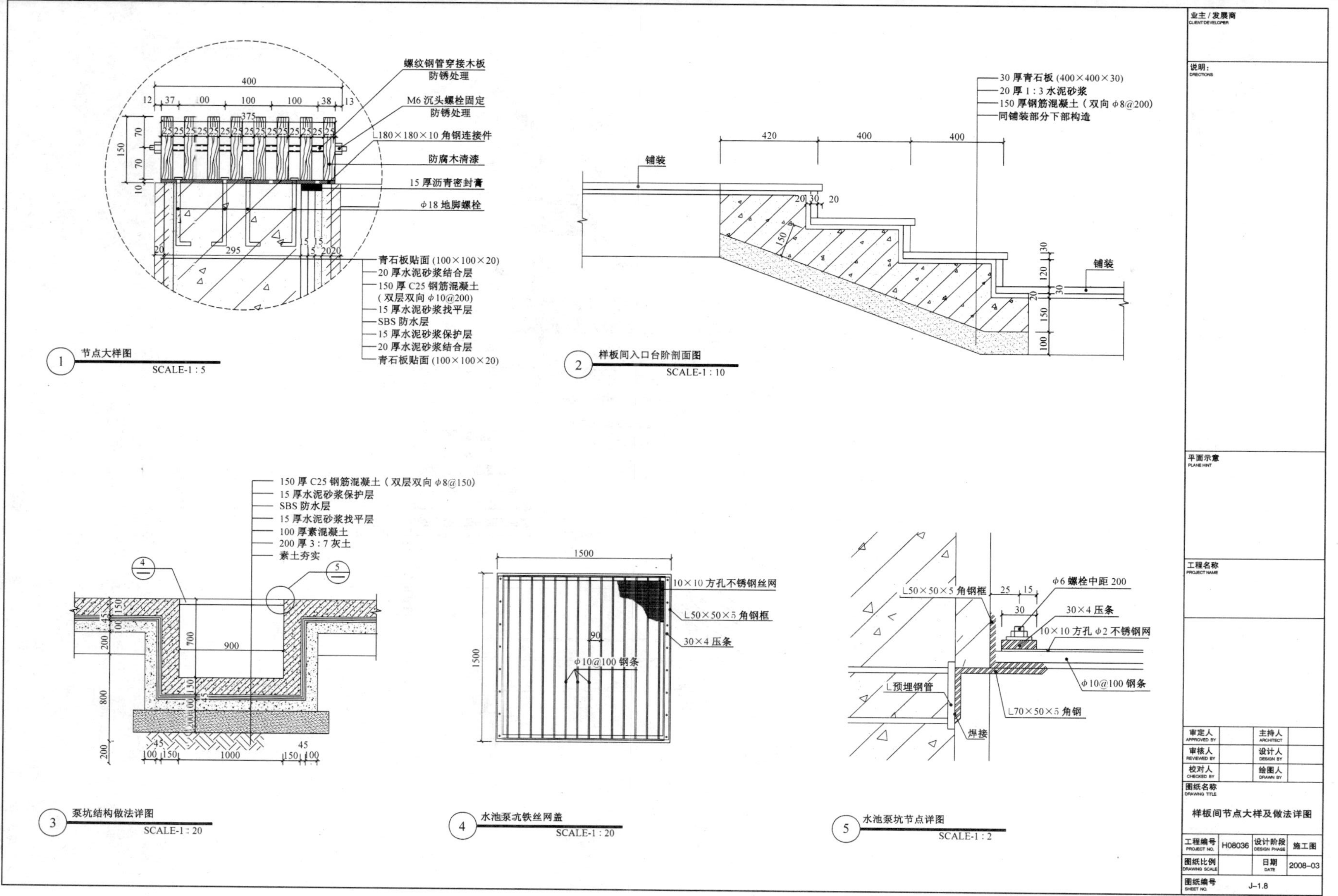

螺纹钢管穿接木板
防锈处理
M6 沉头螺栓固定
防锈处理
L180×180×10 角钢连接件
防腐木清漆
15 厚沥青密封膏
φ18 地脚螺栓
青石板贴面 (100×100×20)
20 厚水泥砂浆结合层
150 厚 C25 钢筋混凝土
(双层双向 φ10@200)
15 厚水泥砂浆找平层
SBS 防水层
15 厚水泥砂浆保护层
20 厚水泥砂浆结合层
青石板贴面 (100×100×20)
1 节点大样图 SCALE-1 : 5
30 厚青石板 (400×400×30)
20 厚 1 : 3 水泥砂浆
150 厚钢筋混凝土 (双向 φ8@200)
同铺装部分下部构造
铺装
2 样板间入口台阶剖面图 SCALE-1 : 10
150 厚 C25 钢筋混凝土 (双层双向 φ8@150)
15 厚水泥砂浆保护层
SBS 防水层
15 厚水泥砂浆找平层
100 厚素混凝土
200 厚 3 : 7 灰土
素土夯实
3 泵坑结构做法详图 SCALE-1 : 20
10×10 方孔不锈钢丝网
L50×50×5 角钢框
30×4 压条
φ10@100 钢条
4 水池泵坑铁丝网盖 SCALE-1 : 20
L50×50×5 角钢框
φ6 螺栓中距 200
30×4 压条
10×10 方孔 φ2 不锈钢网
φ10@100 钢条
L预埋钢管
L70×50×5 角钢
焊接
5 水池泵坑节点详图 SCALE-1 : 2
业主 / 发展商 CLIENT/DEVELOPER
说明： DIRECTIONS
平面示意 PLANE HINT
工程名称 PROJECT NAME
审定人 APPROVED BY
主持人 ARCHITECT
审核人 REVIEWED BY
设计人 DESIGN BY
校对人 CHECKED BY
绘图人 DRAWN BY
图纸名称 DRAWING TITLE
样板间节点大样及做法详图
工程编号 PROJECT NO. H08036
设计阶段 DESIGN PHASE 施工图
图纸比例 DRAWING SCALE
日期 DATE 2008-03
图纸编号 SHEET NO. J-1.8

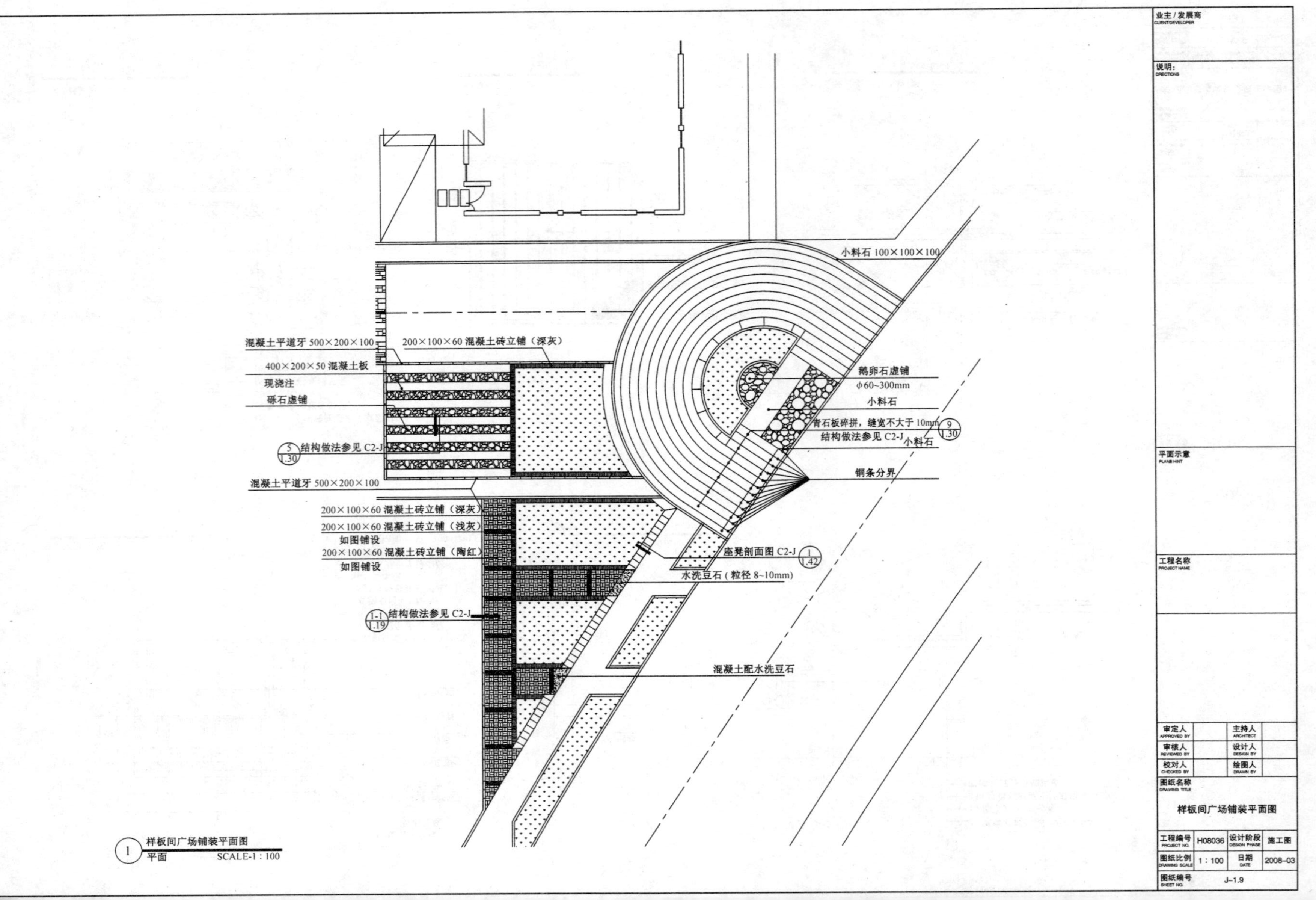
小料石 100×100×100
混凝土平道牙 500×200×100
200×100×60 混凝土砖立铺（深灰）
400×200×50 混凝土板
现浇注
砾石虚铺
鹅卵石虚铺
φ60~300mm
小料石
青石板碎拼，缝宽不大于 10mm
结构做法参见 C2-J 9/1.30
小料石
5/1.30 结构做法参见 C2-J
铜条分界
混凝土平道牙 500×200×100
200×100×60 混凝土砖立铺（深灰）
200×100×60 混凝土砖立铺（浅灰）
如图铺设
200×100×60 混凝土砖立铺（陶红）
如图铺设
座凳剖面图 C2-J 1/1.42
水洗豆石（粒径 8~10mm）
1-1/1.19 结构做法参见 C2-J
混凝土配水洗豆石
1 样板间广场铺装平面图
平面 SCALE-1 : 100
业主 / 发展商
说明：
平面示意
工程名称
审定人
主持人
审核人
设计人
校对人
绘图人
图纸名称
样板间广场铺装平面图
工程编号 H08036
设计阶段 施工图
图纸比例 1：100
日期 2008-03
图纸编号 J-1.9

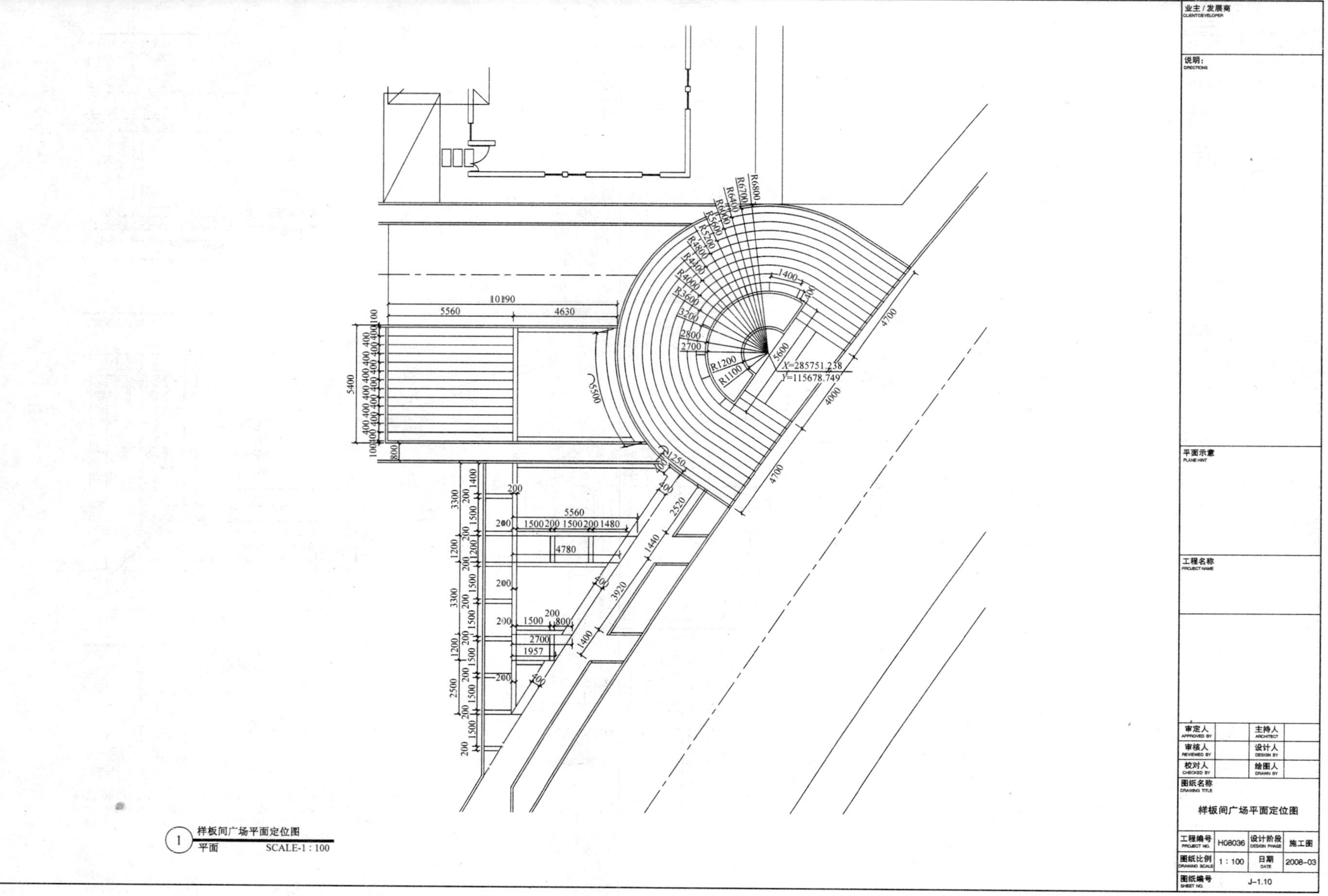

1 样板间广场平面定位图
平面 SCALE-1:100

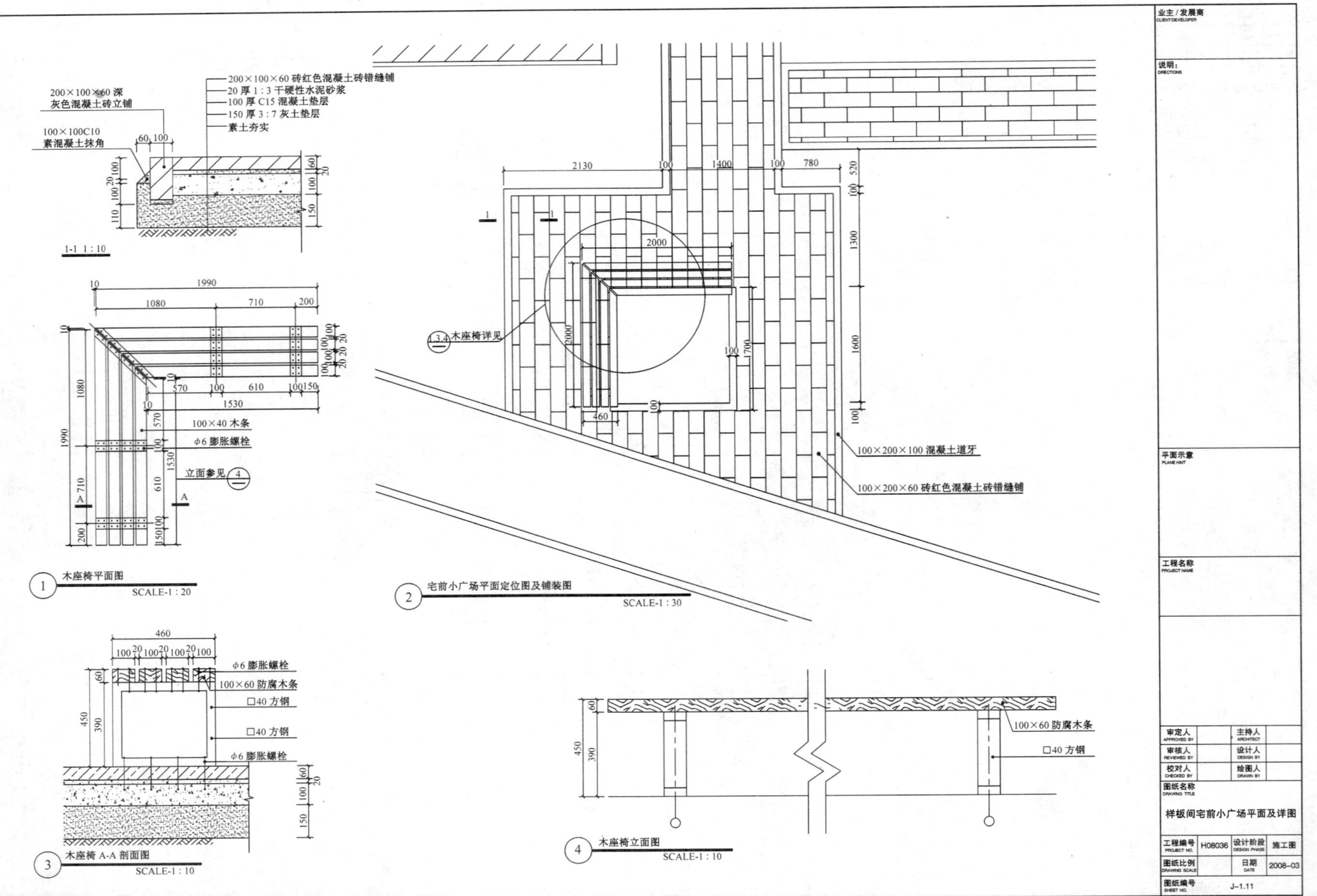

200×100×60 深
灰色混凝土砖立铺
100×100C10
素混凝土抹角
200×100×60 砖红色混凝土砖错缝铺
20 厚 1 : 3 干硬性水泥砂浆
100 厚 C15 混凝土垫层
150 厚 3 : 7 灰土垫层
素土夯实
1-1 1 : 10
100×40 木条
φ6 膨胀螺栓
立面参见 4
木座椅平面图
SCALE-1 : 20
木座椅详见 3,4
100×200×100 混凝土道牙
100×200×60 砖红色混凝土砖错缝铺
宅前小广场平面定位图及铺装图
SCALE-1 : 30
φ6 膨胀螺栓
100×60 防腐木条
□40 方钢
□40 方钢
φ6 膨胀螺栓
木座椅 A-A 剖面图
SCALE-1 : 10
100×60 防腐木条
□40 方钢
木座椅立面图
SCALE-1 : 10
业主 / 发展商
CLIENT/DEVELOPER
说明：
DIRECTIONS
平面示意
PLANE HINT
工程名称
PROJECT NAME
审定人
APPROVED BY
主持人
ARCHITECT
审核人
REVIEWED BY
设计人
DESIGN BY
校对人
CHECKED BY
绘图人
DRAWN BY
图纸名称
DRAWING TITLE
样板间宅前小广场平面及详图
工程编号
PROJECT NO.
H08036
设计阶段
DESIGN PHASE
施工图
图纸比例
DRAWING SCALE
日期
DATE
2008-03
图纸编号
SHEET NO.
J-1.11

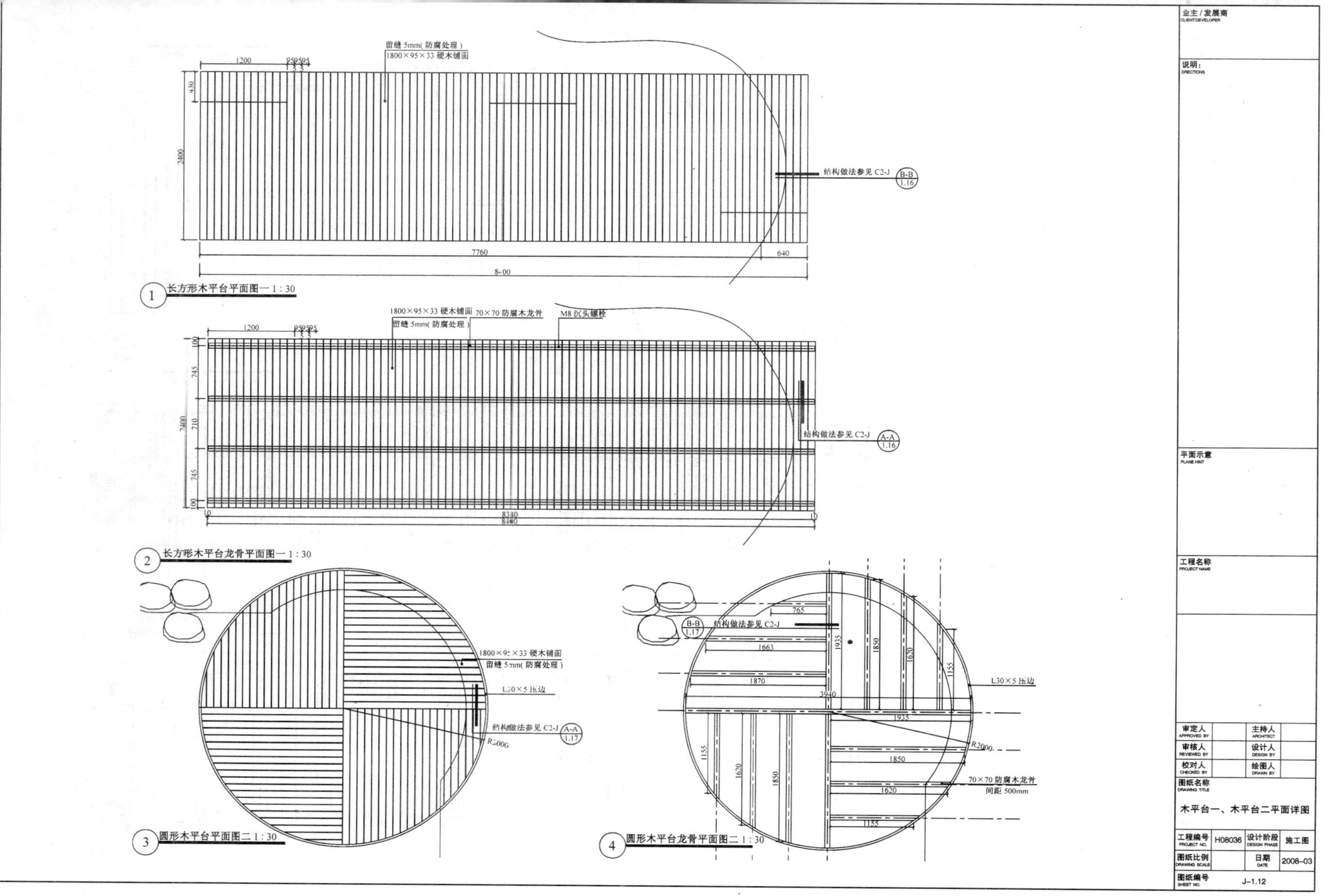

留缝 5mm(防腐处理)
1800×95×33 硬木铺面
1200
430
2400
7760
640
8400
结构做法参见 C2-J
B-B 1.16
长方形木平台平面图一 1 : 30
1800×95×33 硬木铺面
70×70 防腐木龙骨
M8 沉头螺栓
745
710
100
8380
结构做法参见 C2-J
A-A 1.16
长方形木平台龙骨平面图一 1 : 30
L30×5 压边
A-A 1.17
R2000
圆形木平台平面图二 1 : 30
765
1663
1870
3940
1935
1850
1620
1155
B-B 1.17
70×70 防腐木龙骨
间距 500mm
圆形木平台龙骨平面图二 1 : 30
业主 / 发展商
CLIENT/DEVELOPER
说明：
DIRECTIONS
平面示意
PLANE HINT
工程名称
PROJECT NAME
审定人
APPROVED BY
主持人
ARCHITECT
审核人
REVIEWED BY
设计人
DESIGN BY
校对人
CHECKED BY
绘图人
DRAWN BY
图纸名称
DRAWING TITLE
木平台一、木平台二平面详图
工程编号
PROJECT NO.
H08036
设计阶段
DESIGN PHASE
施工图
图纸比例
DRAWING SCALE
日期
DATE
2008-03
图纸编号
SHEET NO.
J-1.12

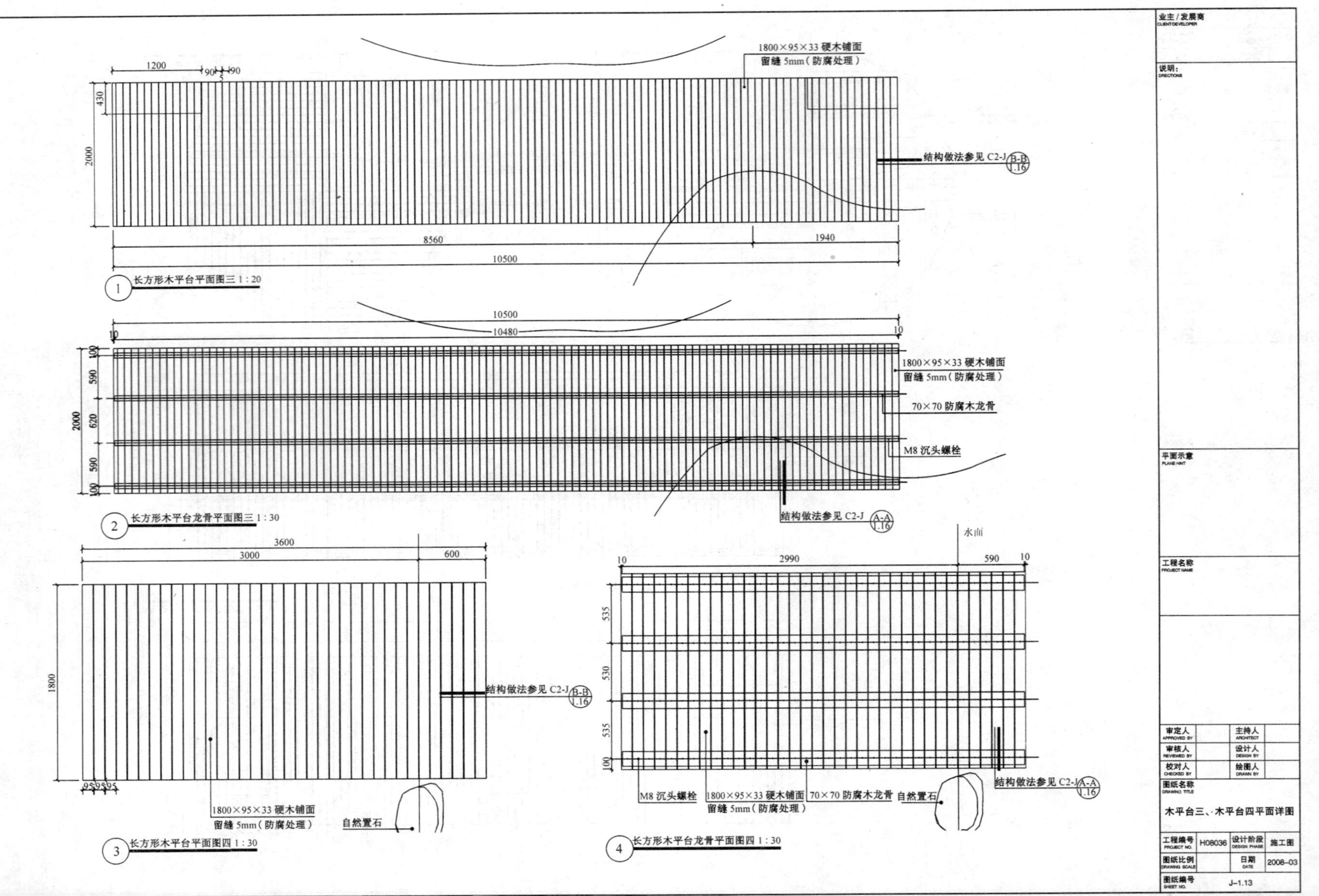

1800×95×33 硬木铺面
留缝 5mm（防腐处理）
结构做法参见 C2-J B-B 1.16
1 长方形木平台平面图三 1:20
70×70 防腐木龙骨
M8 沉头螺栓
结构做法参见 C2-J A-A 1.16
2 长方形木平台龙骨平面图三 1:30
水面
自然置石
3 长方形木平台平面图四 1:30
4 长方形木平台龙骨平面图四 1:30
业主/发展商
说明:
平面示意
工程名称
审定人
主持人
审核人
设计人
校对人
绘图人
图纸名称
木平台三、木平台四平面详图
工程编号 H08036
设计阶段 施工图
图纸比例
日期 2008-03
图纸编号 J-1.13

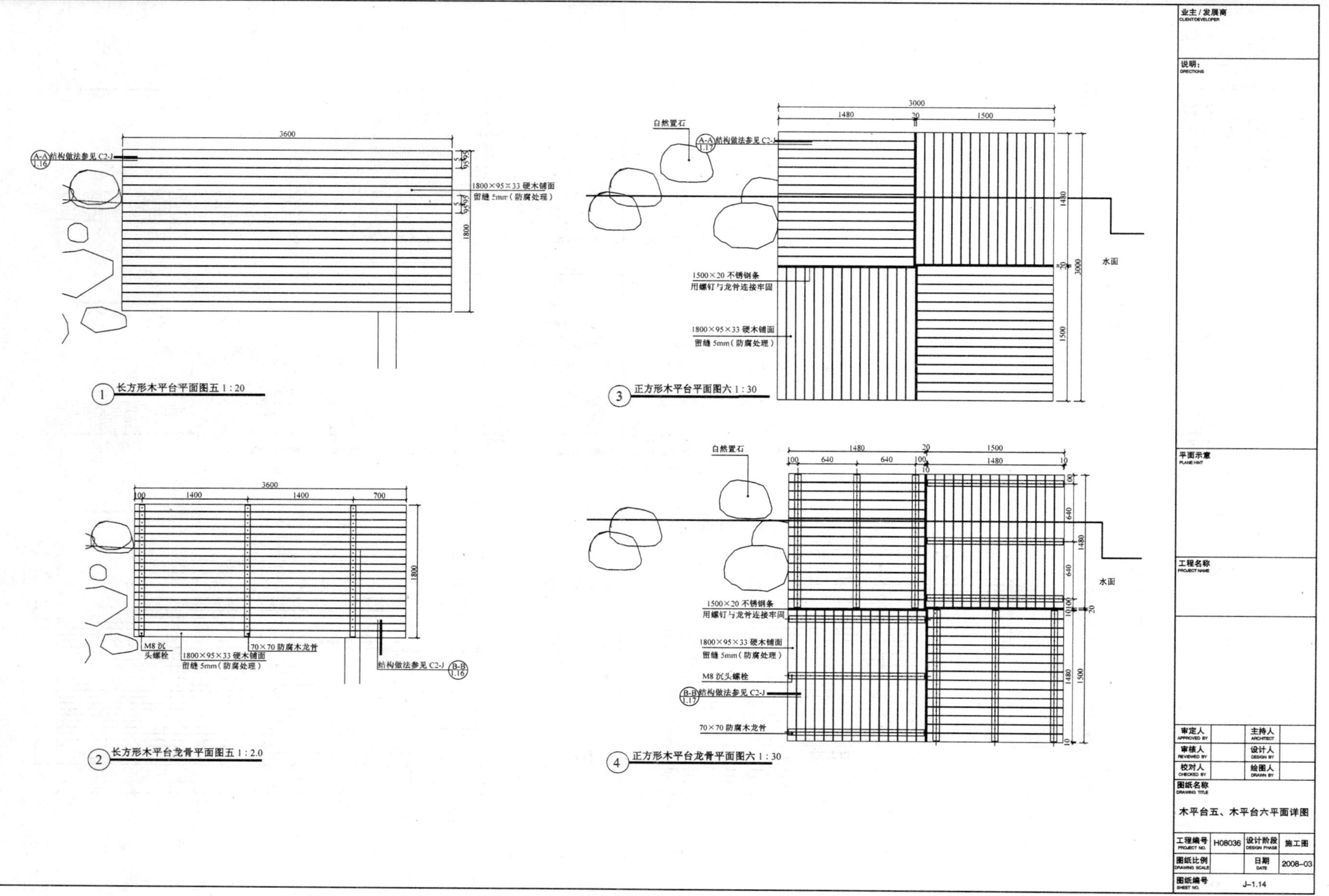
业主/发展商
CLIENT/DEVELOPER
说明：
DIRECTIONS
3600
A-A 1.16 结构做法参见 C2-J
1800×95×33 硬木铺面
留缝 5mm（防腐处理）
1800
① 长方形木平台平面图五 1:20
3600
100
1400
1400
700
M8 沉头螺栓
1800×95×33 硬木铺面
留缝 5mm（防腐处理）
70×70 防腐木龙骨
结构做法参见 C2-J B-B 1.16
② 长方形木平台龙骨平面图五 1:2.0
3000
1480
20
1500
自然置石
A-A 1.17 结构做法参见 C2-J
1500×20 不锈钢条
用螺钉与龙骨连接牢固
1800×95×33 硬木铺面
留缝 5mm（防腐处理）
水面
③ 正方形木平台平面图六 1:30
1480
20
1500
100
640
640
100
1480
10
自然置石
1500×20 不锈钢条
用螺钉与龙骨连接牢固
1800×95×33 硬木铺面
留缝 5mm（防腐处理）
M8 沉头螺栓
B-B 1.17 结构做法参见 C2-J
70×70 防腐木龙骨
水面
④ 正方形木平台龙骨平面图六 1:30
平面示意
PLANE HINT
工程名称
PROJECT NAME
审定人
APPROVED BY
主持人
ARCHITECT
审核人
REVIEWED BY
设计人
DESIGN BY
校对人
CHECKED BY
绘图人
DRAWN BY
图纸名称
DRAWING TITLE
木平台五、木平台六平面详图
工程编号
PROJECT NO.
H08036
设计阶段
DESIGN PHASE
施工图
图纸比例
DRAWING SCALE
日期
DATE
2008-03
图纸编号
SHEET NO.
J-1.14

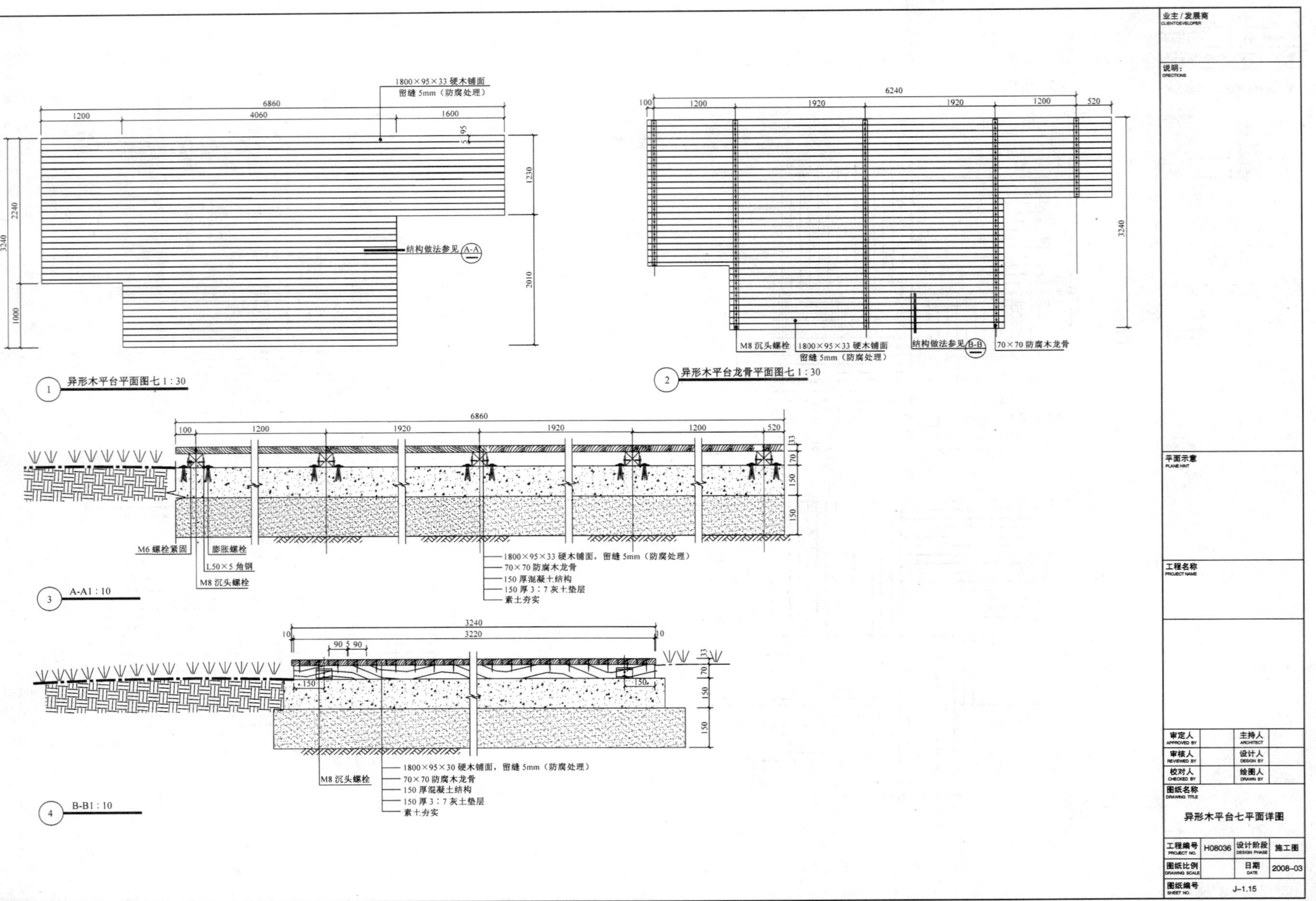

1800×95×33 硬木铺面
留缝 5mm（防腐处理）
结构做法参见 A-A
1 异形木平台平面图七 1:30
M8 沉头螺栓
1800×95×33 硬木铺面
留缝 5mm（防腐处理）
结构做法参见 B-B
70×70 防腐木龙骨
2 异形木平台龙骨平面图七 1:30
M6 螺栓紧固
膨胀螺栓
L50×5 角钢
M8 沉头螺栓
1800×95×33 硬木铺面，留缝 5mm（防腐处理）
70×70 防腐木龙骨
150 厚混凝土结构
150 厚 3：7 灰土垫层
素土夯实
3 A-A1:10
M8 沉头螺栓
1800×95×30 硬木铺面，留缝 5mm（防腐处理）
70×70 防腐木龙骨
150 厚混凝土结构
150 厚 3：7 灰土垫层
素土夯实
4 B-B1:10
业主/发展商
说明:
平面示意
工程名称
审定人
主持人
审核人
设计人
校对人
绘图人
图纸名称
异形木平台七平面详图
工程编号
H08036
设计阶段
施工图
图纸比例
日期
2008-03
图纸编号
J-1.15

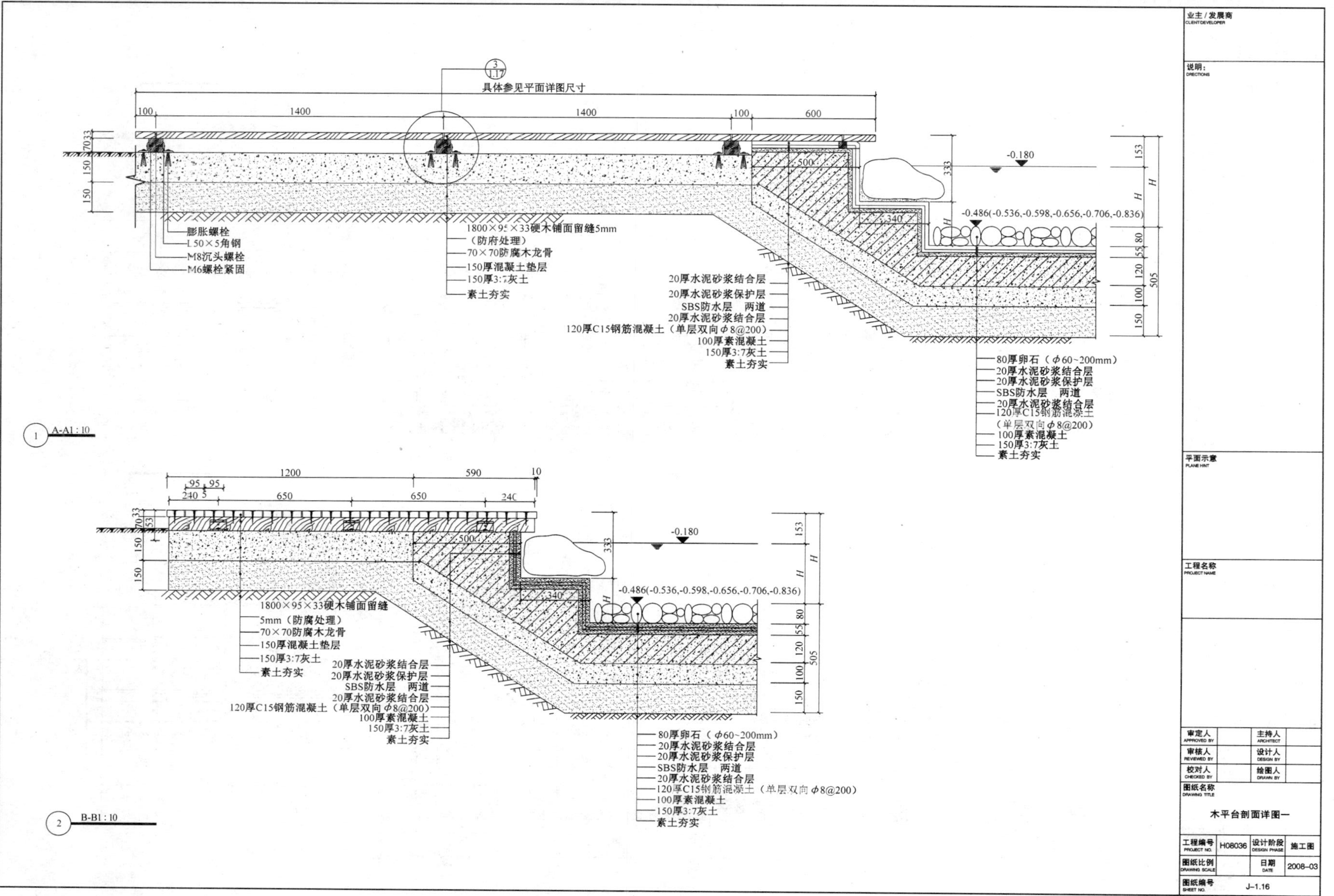
业主/发展商
CLIENT/DEVELOPER
说明：
DIRECTIONS
平面示意
PLANE HINT
工程名称
PROJECT NAME
审定人
主持人
审核人
设计人
校对人
绘图人
图纸名称
木平台剖面详图一
工程编号 H08036
设计阶段 施工图
图纸比例
日期 2008-03
图纸编号 J-1.16
具体参见平面详图尺寸
膨胀螺栓
L50×5角钢
M8沉头螺栓
M6螺栓紧固
1800×95×33硬木铺面留缝5mm
（防府处理）
70×70防腐木龙骨
150厚混凝土垫层
150厚3:7灰土
素土夯实
20厚水泥砂浆结合层
20厚水泥砂浆保护层
SBS防水层　两道
20厚水泥砂浆结合层
120厚C15钢筋混凝土（单层双向φ8@200）
100厚素混凝土
150厚3:7灰土
素土夯实
-0.180
-0.486(-0.536,-0.598,-0.656,-0.706,-0.836)
80厚卵石（φ60~200mm）
A-A1 : 10
B-B1 : 10

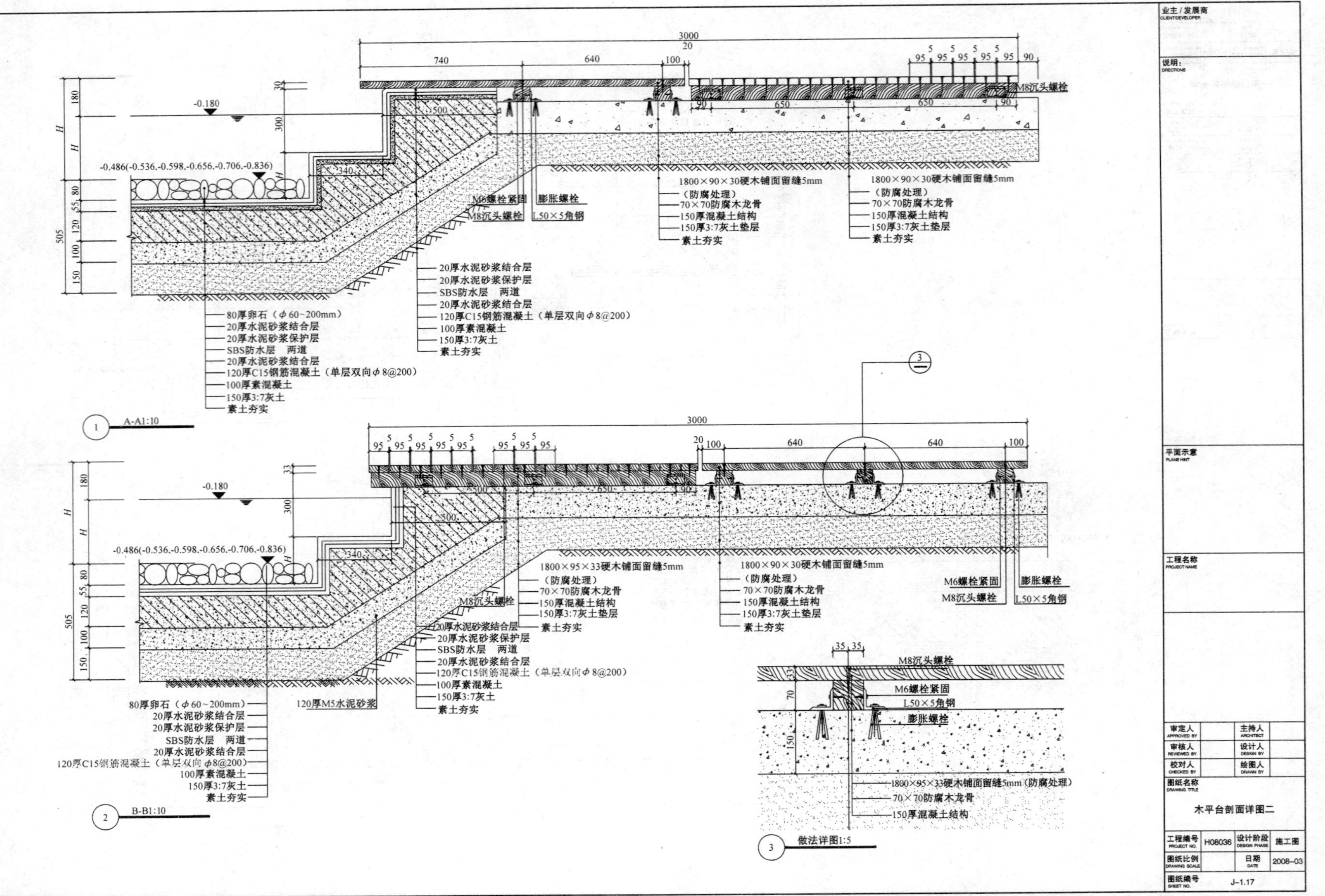

业主/发展商 CLIENT/DEVELOPER
说明: DIRECTIONS
平面示意 PLANE HINT
工程名称 PROJECT NAME
审定人 APPROVED BY
主持人 ARCHITECT
审核人 REVIEWED BY
设计人 DESIGN BY
校对人 CHECKED BY
绘图人 DRAWN BY
图纸名称 DRAWING TITLE
木平台剖面详图二
工程编号 PROJECT NO. H08036
设计阶段 DESIGN PHASE 施工图
图纸比例 DRAWING SCALE
日期 DATE 2008-03
图纸编号 SHEET NO. J-1.17
M8沉头螺栓
-0.180
-0.486(-0.536,-0.598,-0.656,-0.706,-0.836)
M6螺栓紧固
膨胀螺栓
M8沉头螺栓
L50×5角钢
1800×90×30硬木铺面留缝5mm
（防腐处理）
70×70防腐木龙骨
150厚混凝土结构
150厚3:7灰土垫层
素土夯实
20厚水泥砂浆结合层
20厚水泥砂浆保护层
SBS防水层 两道
20厚水泥砂浆结合层
120厚C15钢筋混凝土（单层双向φ8@200）
100厚素混凝土
150厚3:7灰土
素土夯实
80厚卵石（φ60~200mm）
A-A1:10
1800×95×33硬木铺面留缝5mm
120厚M5水泥砂浆
B-B1:10
1800×95×33硬木铺面留缝5mm（防腐处理）
做法详图1:5

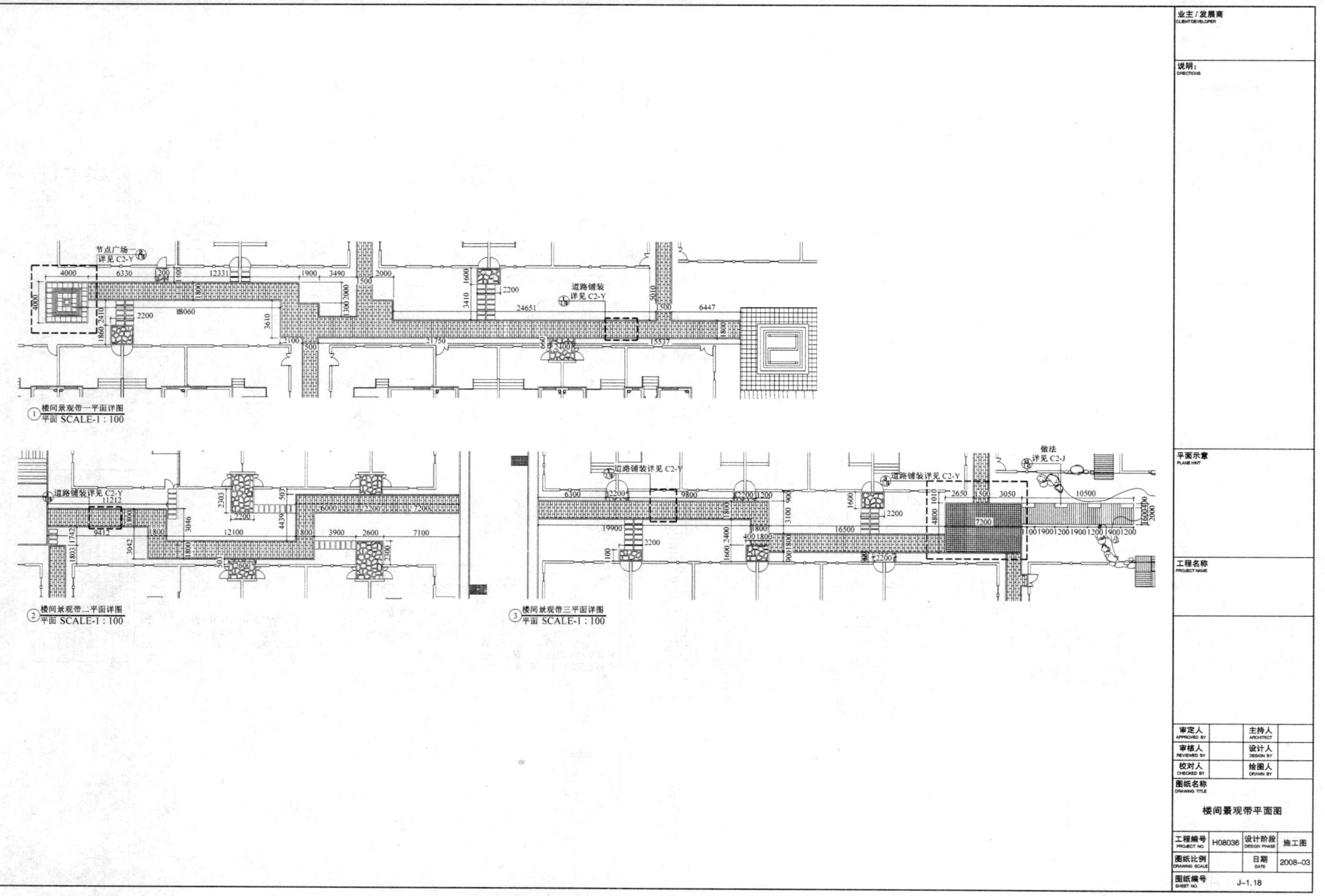

节点广场
详见 C2-Y
道路铺装
详见 C2-Y
楼间景观带一平面详图
平面 SCALE-1:100
道路铺装详见 C2-Y
楼间景观带二平面详图
平面 SCALE-1:100
道路铺装详见 C2-Y
道路铺装详见 C2-Y
做法
详见 C2-J
楼间景观带三平面详图
平面 SCALE-1:100
业主／发展商
CLIENT/DEVELOPER
说明：
DIRECTIONS
平面示意
PLANE HINT
工程名称
PROJECT NAME
审定人
APPROVED BY
主持人
ARCHITECT
审核人
REVIEWED BY
设计人
DESIGN BY
校对人
CHECKED BY
绘图人
DRAWN BY
图纸名称
DRAWING TITLE
楼间景观带平面图
工程编号
PROJECT NO.
H08036
设计阶段
DESIGN PHASE
施工图
图纸比例
DRAWING SCALE
日期
DATE
2008-03
图纸编号
SHEET NO.
J-1.18

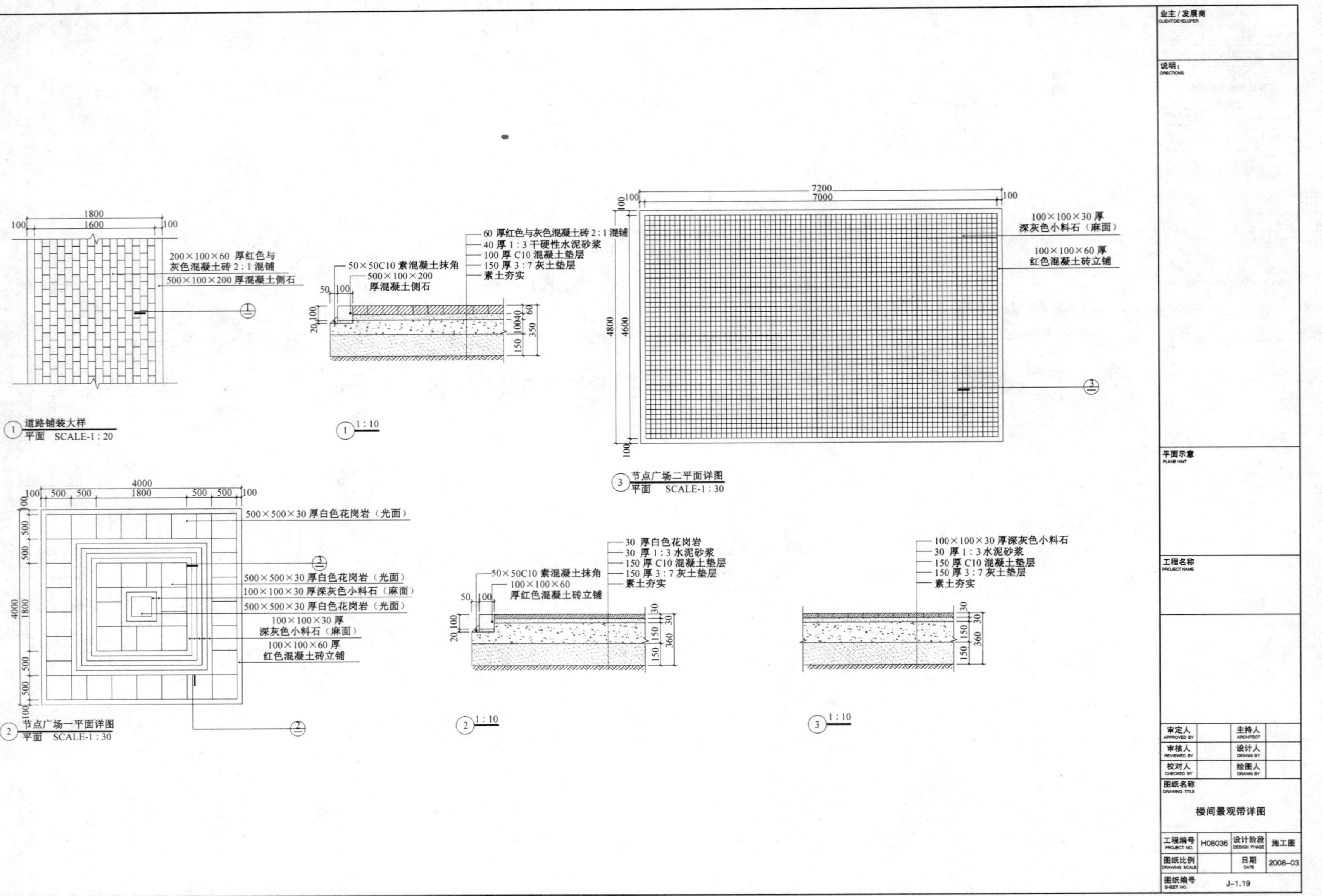

200×100×60 厚红色与
灰色混凝土砖 2:1 混铺
500×100×200 厚混凝土侧石
1 道路铺装大样 平面 SCALE-1:20
60 厚红色与灰色混凝土砖 2:1 混铺
40 厚 1:3 干硬性水泥砂浆
100 厚 C10 混凝土垫层
150 厚 3:7 灰土垫层
素土夯实
50×50C10 素混凝土抹角
500×100×200
厚混凝土侧石
1 1:10
100×100×30 厚
深灰色小料石（麻面）
100×100×60 厚
红色混凝土砖立铺
3 节点广场二平面详图 平面 SCALE-1:30
500×500×30 厚白色花岗岩（光面）
500×500×30 厚白色花岗岩（光面）
100×100×30 厚深灰色小料石（麻面）
500×500×30 厚白色花岗岩（光面）
100×100×30 厚
深灰色小料石（麻面）
100×100×60 厚
红色混凝土砖立铺
2 节点广场一平面详图 平面 SCALE-1:30
30 厚白色花岗岩
30 厚 1:3 水泥砂浆
150 厚 C10 混凝土垫层
150 厚 3:7 灰土垫层
素土夯实
50×50C10 素混凝土抹角
100×100×60
厚红色混凝土砖立铺
2 1:10
100×100×30 厚深灰色小料石
30 厚 1:3 水泥砂浆
150 厚 C10 混凝土垫层
150 厚 3:7 灰土垫层
素土夯实
3 1:10
业主/发展商 CLIENT/DEVELOPER
说明: DIRECTIONS
平面示意 PLANE HINT
工程名称 PROJECT NAME
审定人 APPROVED BY
主持人 ARCHITECT
审核人 REVIEWED BY
设计人 DESIGN BY
校对人 CHECKED BY
绘图人 DRAWN BY
图纸名称 DRAWING TITLE
楼间景观带详图
工程编号 PROJECT NO. H08036
设计阶段 DESIGN PHASE 施工图
图纸比例 DRAWING SCALE
日期 DATE 2008-03
图纸编号 SHEET NO. J-1.19

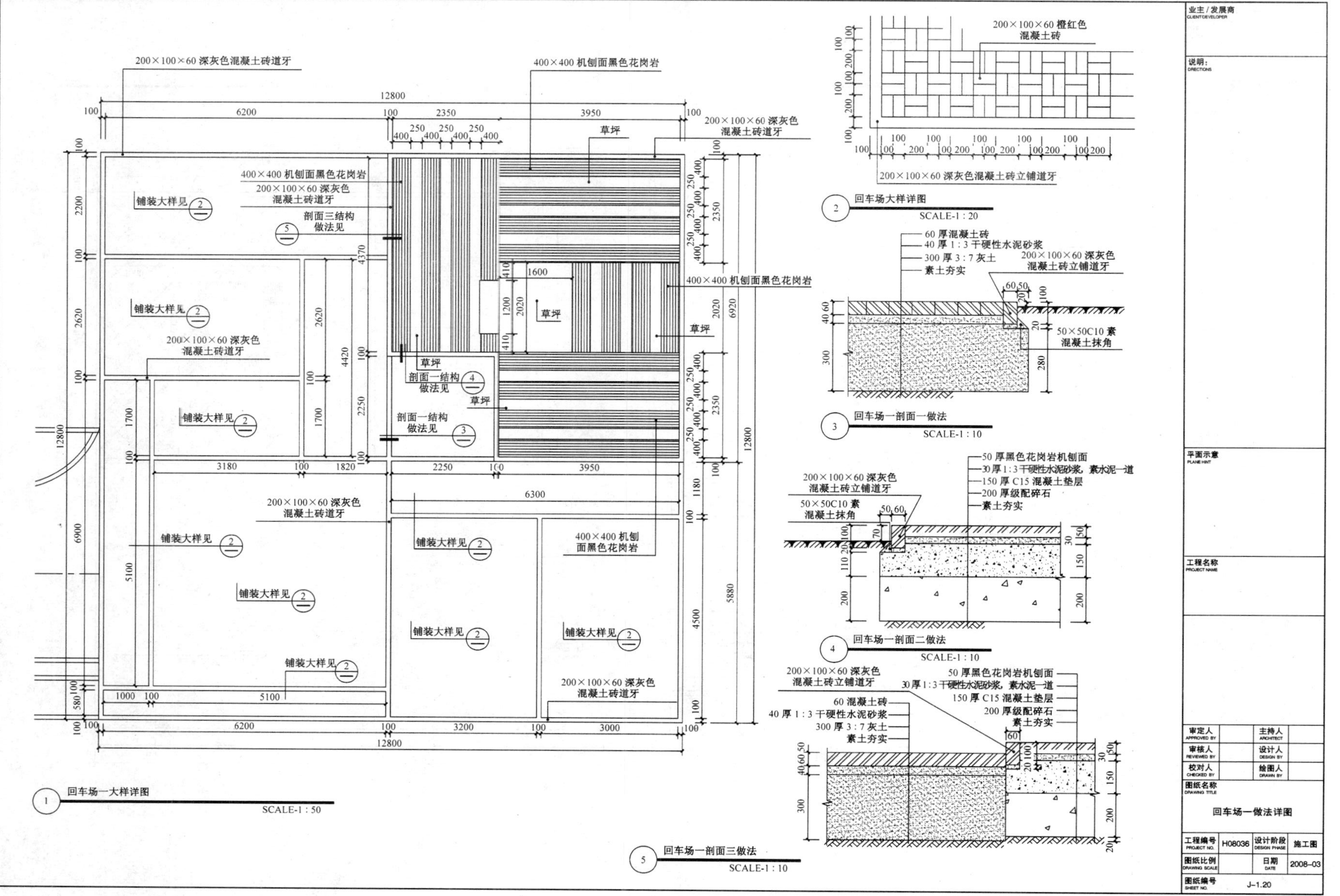

200×100×60 深灰色混凝土砖道牙
400×400 机刨面黑色花岗岩
200×100×60 深灰色混凝土砖道牙
草坪
400×400 机刨面黑色花岗岩
200×100×60 深灰色混凝土砖道牙
剖面三结构做法见
铺装大样见
200×100×60 深灰色混凝土砖道牙
草坪
剖面一结构做法见
草坪
剖面一结构做法见
400×400 机刨面黑色花岗岩
草坪
200×100×60 深灰色混凝土砖道牙
400×400 机刨面黑色花岗岩
200×100×60 深灰色混凝土砖道牙
回车场一大样详图
SCALE-1 : 50
200×100×60 橙红色混凝土砖
200×100×60 深灰色混凝土砖立铺道牙
回车场大样详图
SCALE-1 : 20
60 厚混凝土砖
40 厚 1 : 3 干硬性水泥砂浆
300 厚 3 : 7 灰土
素土夯实
200×100×60 深灰色混凝土砖立铺道牙
50×50C10 素混凝土抹角
回车场一剖面一做法
SCALE-1 : 10
50 厚黑色花岗岩机刨面
30 厚 1 : 3 干硬性水泥砂浆，素水泥一道
150 厚 C15 混凝土垫层
200 厚级配碎石
素土夯实
200×100×60 深灰色混凝土砖立铺道牙
50×50C10 素混凝土抹角
回车场一剖面二做法
SCALE-1 : 10
200×100×60 深灰色混凝土砖立铺道牙
60 混凝土砖
40 厚 1 : 3 干硬性水泥砂浆
300 厚 3 : 7 灰土
素土夯实
50 厚黑色花岗岩机刨面
30 厚 1 : 3 干硬性水泥砂浆，素水泥一道
150 厚 C15 混凝土垫层
200 厚级配碎石
素土夯实
回车场一剖面三做法
SCALE-1 : 10
业主 / 发展商
说明：
平面示意
工程名称
审定人
主持人
审核人
设计人
校对人
绘图人
图纸名称
回车场一做法详图
工程编号
H08036
设计阶段
施工图
图纸比例
日期
2008-03
图纸编号
J-1.20

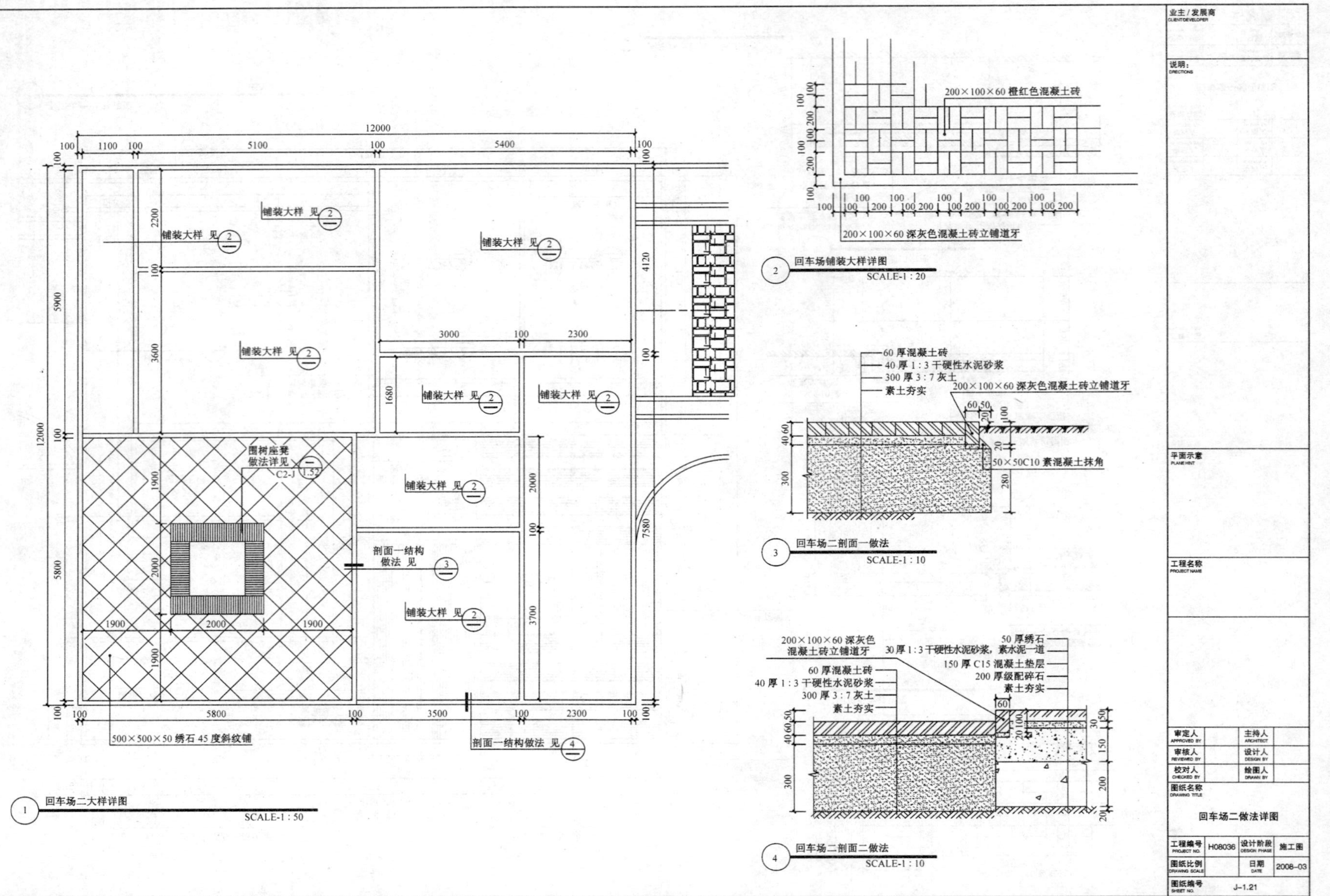

200×100×60 橙红色混凝土砖
200×100×60 深灰色混凝土砖立铺道牙
回车场铺装大样详图
SCALE-1:20
60 厚混凝土砖
40 厚 1:3 干硬性水泥砂浆
300 厚 3:7 灰土
素土夯实
200×100×60 深灰色混凝土砖立铺道牙
50×50C10 素混凝土抹角
回车场二剖面一做法
SCALE-1:10
200×100×60 深灰色
混凝土砖立铺道牙
60 厚混凝土砖
40 厚 1:3 干硬性水泥砂浆
300 厚 3:7 灰土
素土夯实
50 厚绣石
30 厚 1:3 干硬性水泥砂浆，素水泥一道
150 厚 C15 混凝土垫层
200 厚级配碎石
素土夯实
回车场二剖面二做法
SCALE-1:10
铺装大样 见
围树座凳
做法详见
C2-J
剖面一结构
做法 见
500×500×50 绣石 45 度斜纹铺
剖面一结构做法 见
回车场二大样详图
SCALE-1:50
业主/发展商
CLIENT/DEVELOPER
说明：
DIRECTIONS
平面示意
PLANE HINT
工程名称
PROJECT NAME
审定人
APPROVED BY
主持人
ARCHITECT
审核人
REVIEWED BY
设计人
DESIGN BY
校对人
CHECKED BY
绘图人
DRAWN BY
图纸名称
DRAWING TITLE
回车场二做法详图
工程编号
PROJECT NO.
H08036
设计阶段
DESIGN PHASE
施工图
图纸比例
DRAWING SCALE
日期
DATE
2008-03
图纸编号
SHEET NO.
J-1.21

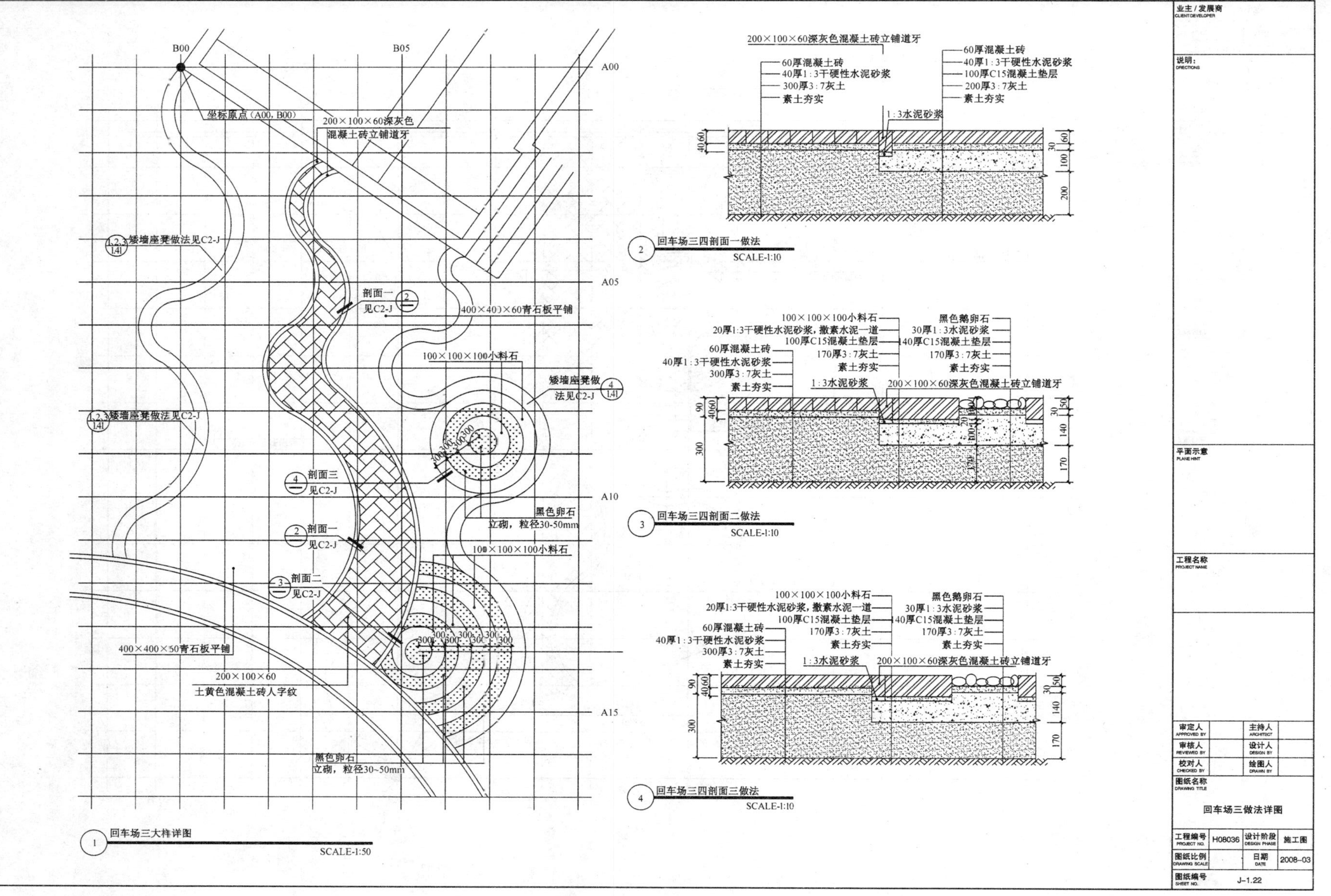

B00
B05
A00
A05
A10
A15
坐标原点（A00, B00）
200×100×60深灰色
混凝土砖立铺道牙
矮墙座凳做法见C2-J
剖面一
见C2-J
400×400×60青石板平铺
100×100×100小料石
矮墙座凳做
法见C2-J
剖面三
见C2-J
黑色卵石
立砌，粒径30-50mm
剖面二
见C2-J
400×400×50青石板平铺
200×100×60
土黄色混凝土砖人字纹
黑色卵石
立砌，粒径30~50mm
回车场三大样详图
SCALE-1:50
200×100×60深灰色混凝土砖立铺道牙
60厚混凝土砖
40厚1:3干硬性水泥砂浆
300厚3:7灰土
素土夯实
100厚C15混凝土垫层
200厚3:7灰土
1:3水泥砂浆
回车场三四剖面一做法
SCALE-1:10
100×100×100小料石
20厚1:3干硬性水泥砂浆，撒素水泥一道
100厚C15混凝土垫层
170厚3:7灰土
黑色鹅卵石
30厚1:3水泥砂浆
140厚C15混凝土垫层
200×100×60深灰色混凝土砖立铺道牙
回车场三四剖面二做法
SCALE-1:10
回车场三四剖面三做法
SCALE-1:10
业主/发展商
CLIENT/DEVELOPER
说明:
DIRECTIONS
平面示意
PLANE HINT
工程名称
PROJECT NAME
审定人
APPROVED BY
主持人
ARCHITECT
审核人
REVIEWED BY
设计人
DESIGN BY
校对人
CHECKED BY
绘图人
DRAWN BY
图纸名称
DRAWING TITLE
回车场三做法详图
工程编号
PROJECT NO.
H08036
设计阶段
DESIGN PHASE
施工图
图纸比例
DRAWING SCALE
日期
DATE
2008-03
图纸编号
SHEET NO.
J-1.22

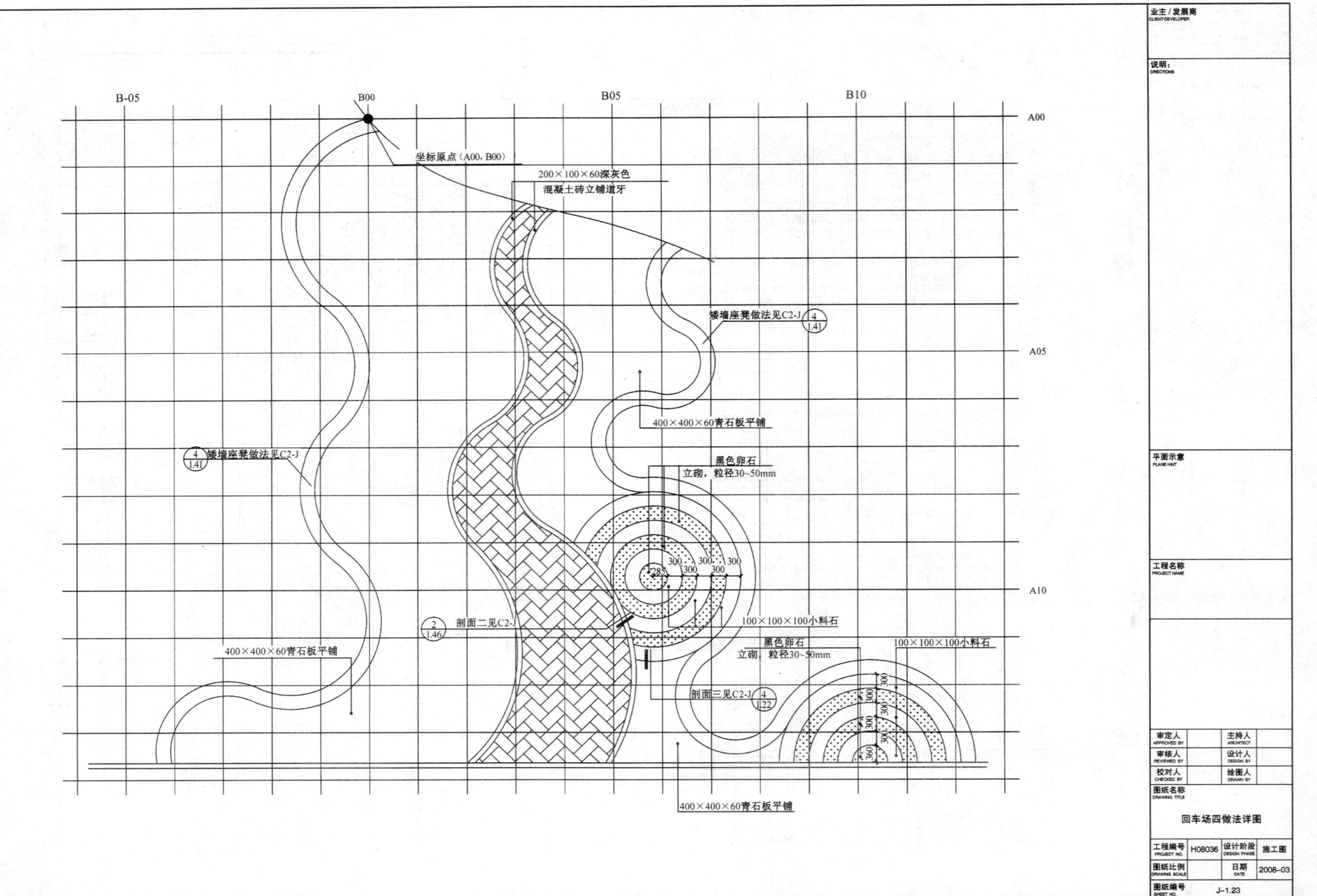

B-05
B00
B05
B10
A00
A05
A10
坐标原点（A00, B00）
200×100×60深灰色
混凝土砖立铺道牙
矮墙座凳做法见C2-J 4/1.41
400×400×60青石板平铺
4/1.41 矮墙座凳做法见C2-J
黑色卵石
立砌，粒径30~50mm
300
285
2/1.46 剖面二见C2-J
100×100×100小料石
400×400×60青石板平铺
黑色卵石
立砌，粒径30~50mm
100×100×100小料石
剖面三见C2-J 4/1.22
360
400×400×60青石板平铺
业主/发展商
CLIENT/DEVELOPER
说明：
DIRECTIONS
平面示意
PLANE HINT
工程名称
PROJECT NAME
审定人
APPROVED BY
主持人
ARCHITECT
审核人
REVIEWED BY
设计人
DESIGN BY
校对人
CHECKED BY
绘图人
DRAWN BY
图纸名称
DRAWING TITLE
回车场四做法详图
工程编号
PROJECT NO.
H08036
设计阶段
DESIGN PHASE
施工图
图纸比例
DRAWING SCALE
日期
DATE
2008-03
图纸编号
SHEET NO.
J-1.23

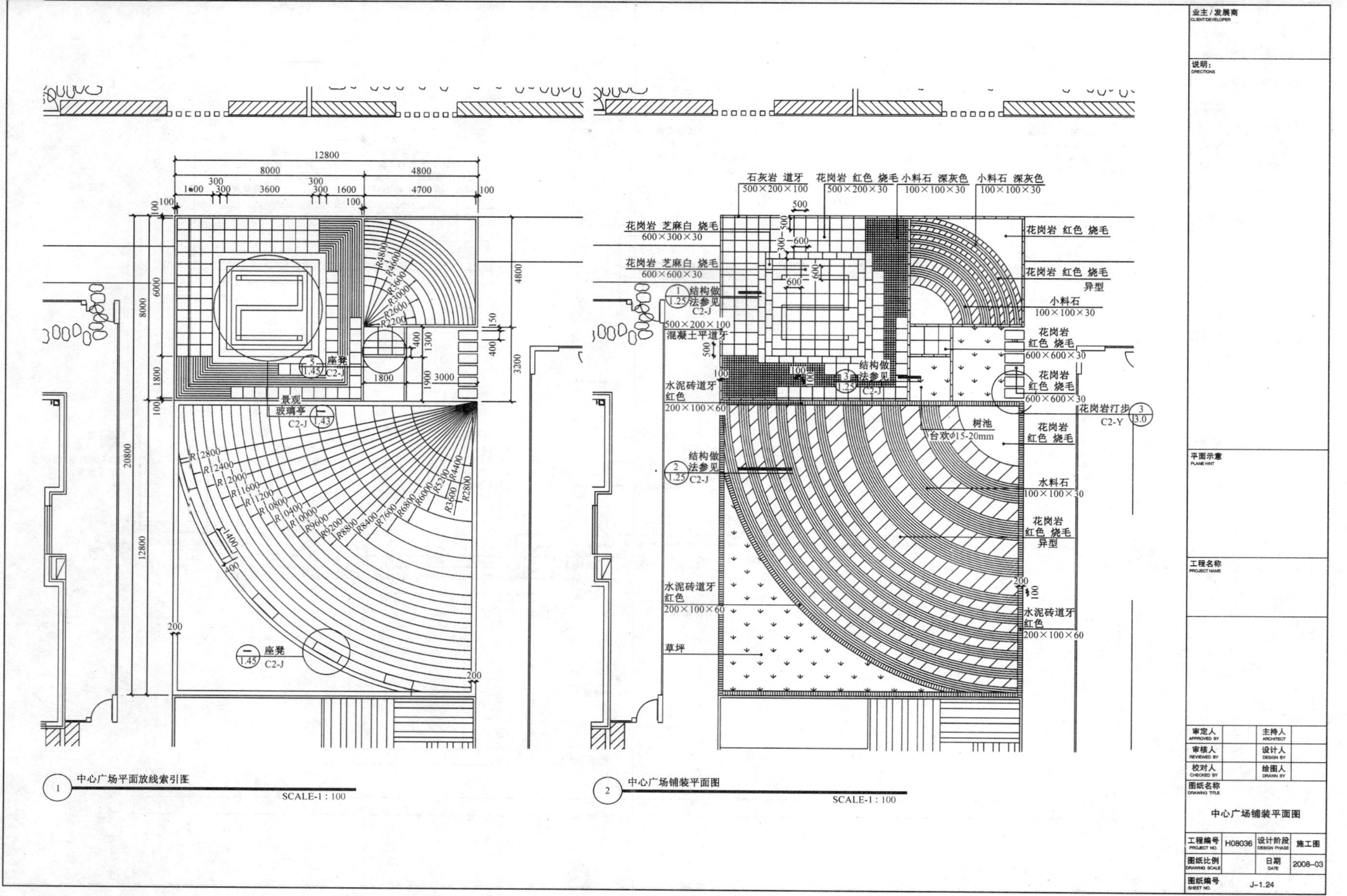

12800
8000
4800
1600
300
3600
1600
4700
100
6000
1800
20800
花岗岩 芝麻白 烧毛
600×300×30
花岗岩 芝麻白 烧毛
600×600×30
石灰岩 道牙
500×200×100
花岗岩 红色 烧毛
500×200×30
小料石 深灰色
100×100×30
花岗岩 红色 烧毛
花岗岩 红色 烧毛
异型
小料石
100×100×30
花岗岩
红色 烧毛
600×600×30
结构做
法参见
C2-J
500×200×100
混凝土平道牙
水泥砖道牙
红色
200×100×60
花岗岩汀步
C2-Y
树池
台欢φ15-20mm
水料石
100×100×30
草坪
景观
玻璃亭
座凳
中心广场平面放线索引图
SCALE-1 : 100
中心广场铺装平面图
SCALE-1 : 100
业主/发展商
CLIENT/DEVELOPER
说明：
DIRECTIONS
平面示意
PLANE HINT
工程名称
PROJECT NAME
审定人
APPROVED BY
主持人
ARCHITECT
审核人
REVIEWED BY
设计人
DESIGN BY
校对人
CHECKED BY
绘图人
DRAWN BY
图纸名称
DRAWING TITLE
中心广场铺装平面图
工程编号
PROJECT NO.
H08036
设计阶段
DESIGN PHASE
施工图
图纸比例
DRAWING SCALE
日期
DATE
2008-03
图纸编号
SHEET NO.
J-1.24

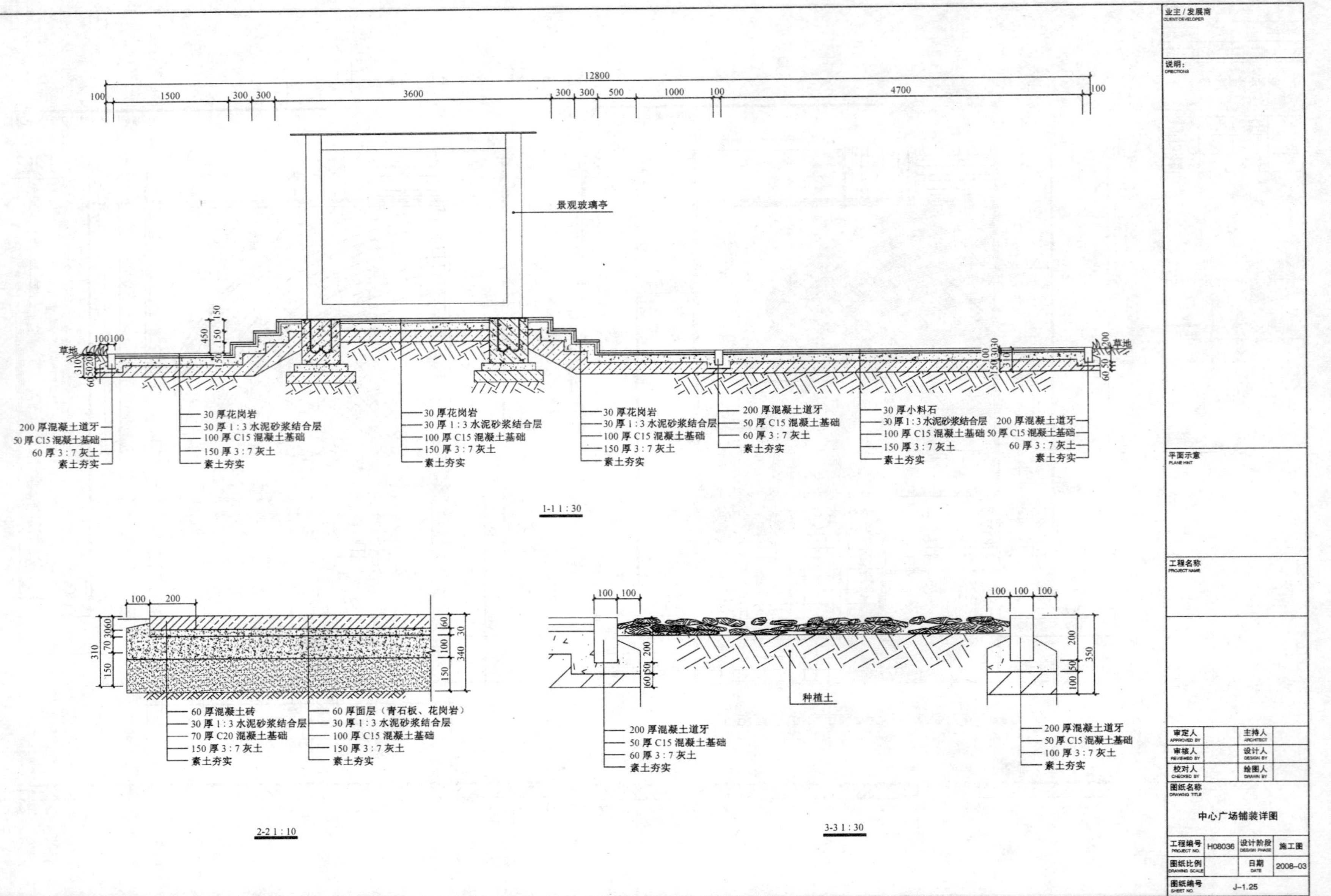

12800
100
1500
300
300
3600
300
300
500
1000
100
4700
100
景观玻璃亭
草地
200 厚混凝土道牙
50 厚 C15 混凝土基础
60 厚 3:7 灰土
素土夯实
30 厚花岗岩
30 厚 1:3 水泥砂浆结合层
100 厚 C15 混凝土基础
150 厚 3:7 灰土
素土夯实
30 厚小料石
1-1 1:30
60 厚混凝土砖
30 厚 1:3 水泥砂浆结合层
70 厚 C20 混凝土基础
150 厚 3:7 灰土
素土夯实
60 厚面层（青石板、花岗岩）
30 厚 1:3 水泥砂浆结合层
100 厚 C15 混凝土基础
150 厚 3:7 灰土
素土夯实
2-2 1:10
种植土
200 厚混凝土道牙
50 厚 C15 混凝土基础
100 厚 3:7 灰土
素土夯实
3-3 1:30
业主/发展商
说明：
平面示意
工程名称
审定人
审核人
校对人
主持人
设计人
绘图人
图纸名称
中心广场铺装详图
工程编号 H08036
设计阶段 施工图
图纸比例
日期 2008-03
图纸编号 J-1.25

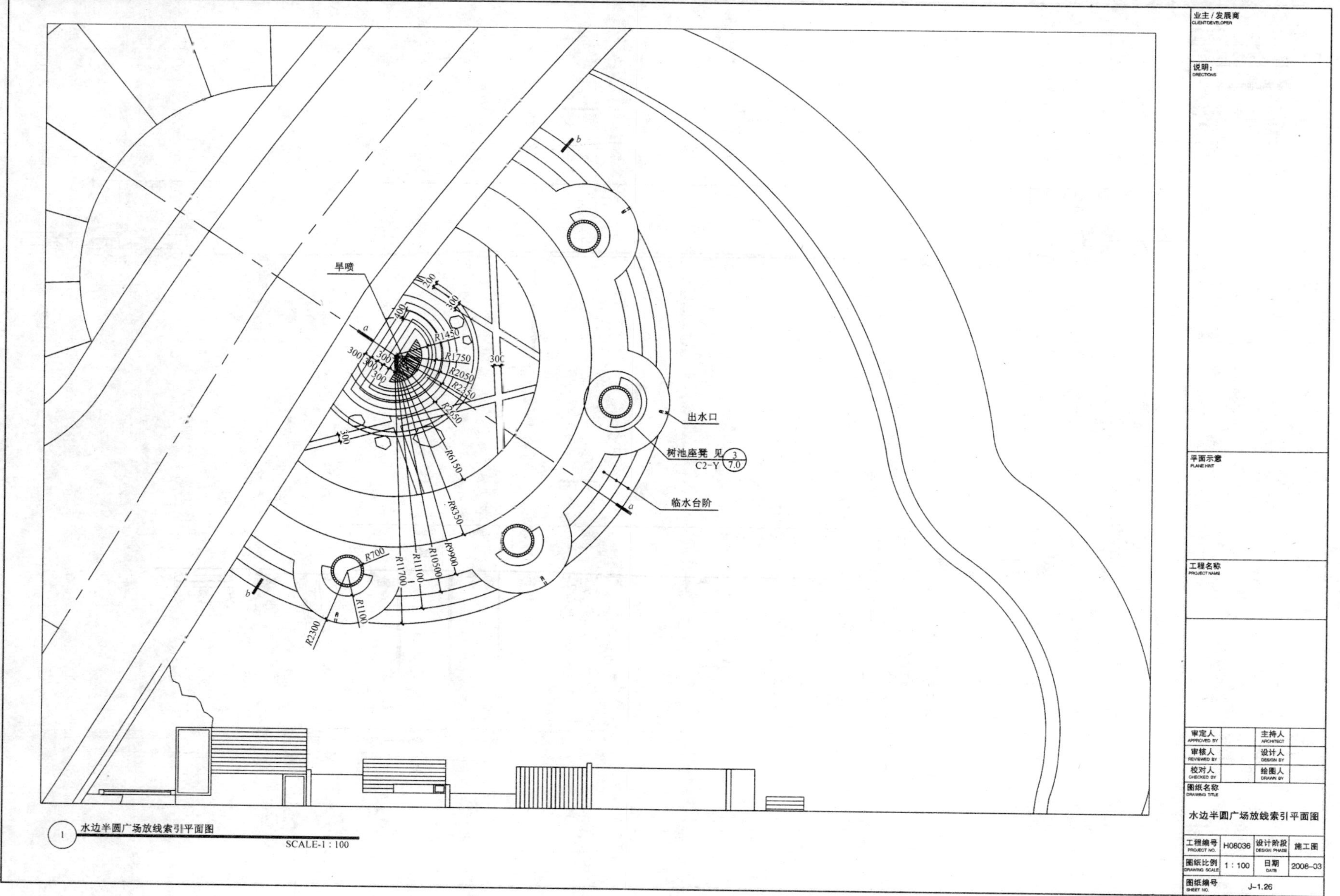
旱喷
R1450
R1750
R2050
R2350
R2650
R6150
R8350
R9900
R10500
R11100
R11700
R700
R1100
R2300
出水口
树池座凳 见 3 C2-Y 7.0
临水台阶
水边半圆广场放线索引平面图
SCALE-1:100
业主/发展商 CLIENT/DEVELOPER
说明： DIRECTIONS
平面示意 PLANE HINT
工程名称 PROJECT NAME
审定人 APPROVED BY
主持人 ARCHITECT
审核人 REVIEWED BY
设计人 DESIGN BY
校对人 CHECKED BY
绘图人 DRAWN BY
图纸名称 DRAWING TITLE
水边半圆广场放线索引平面图
工程编号 PROJECT NO. H08036
设计阶段 DESIGN PHASE 施工图
图纸比例 DRAWING SCALE 1:100
日期 DATE 2008-03
图纸编号 SHEET NO. J-1.26

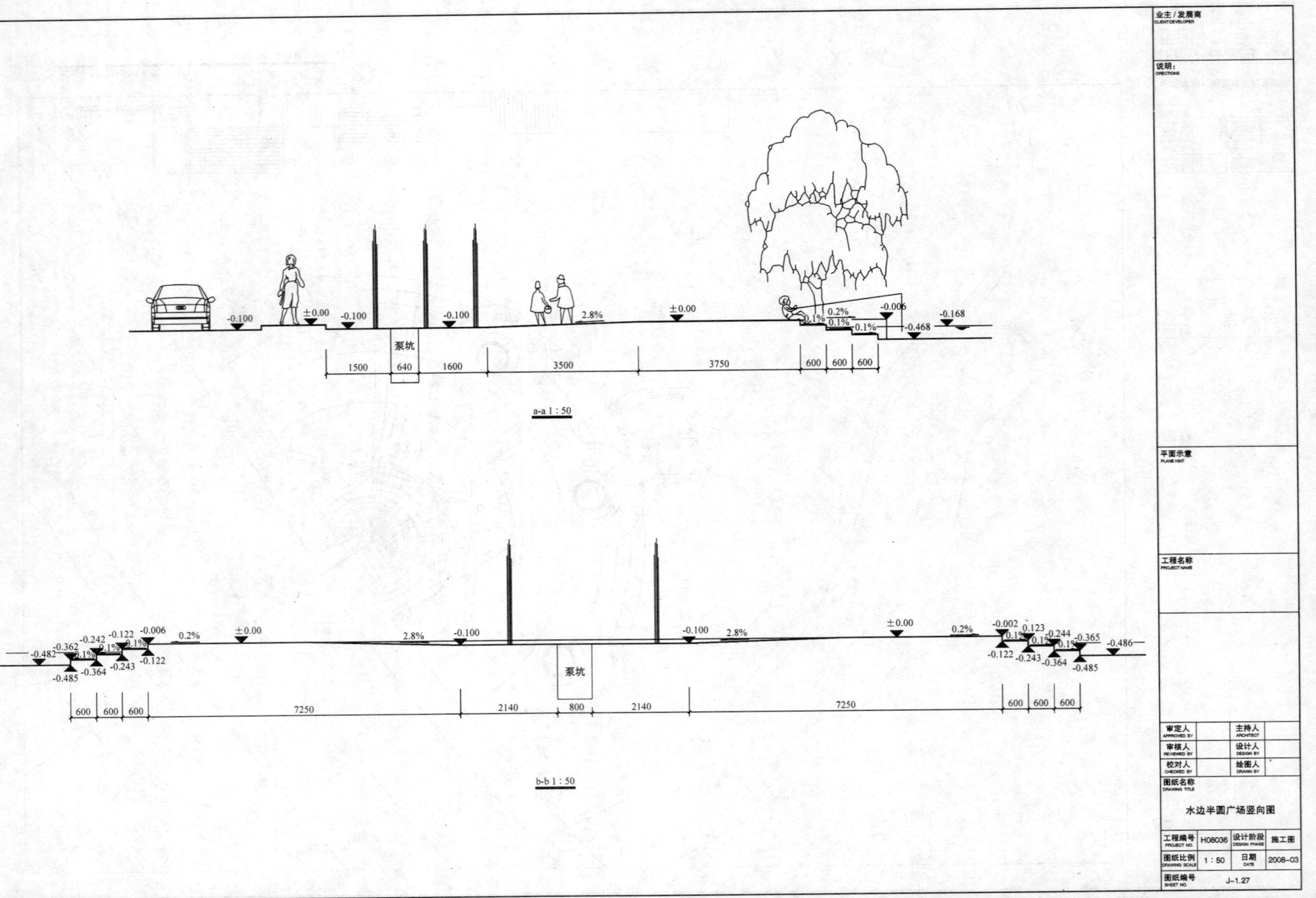

a-a 1：50
b-b 1：50
泵坑
业主/发展商
说明:
平面示意
工程名称
审定人
主持人
审核人
设计人
校对人
绘图人
图纸名称
水边半圆广场竖向图
工程编号
H08036
设计阶段
施工图
图纸比例
1：50
日期
2008-03
图纸编号
J-1.27

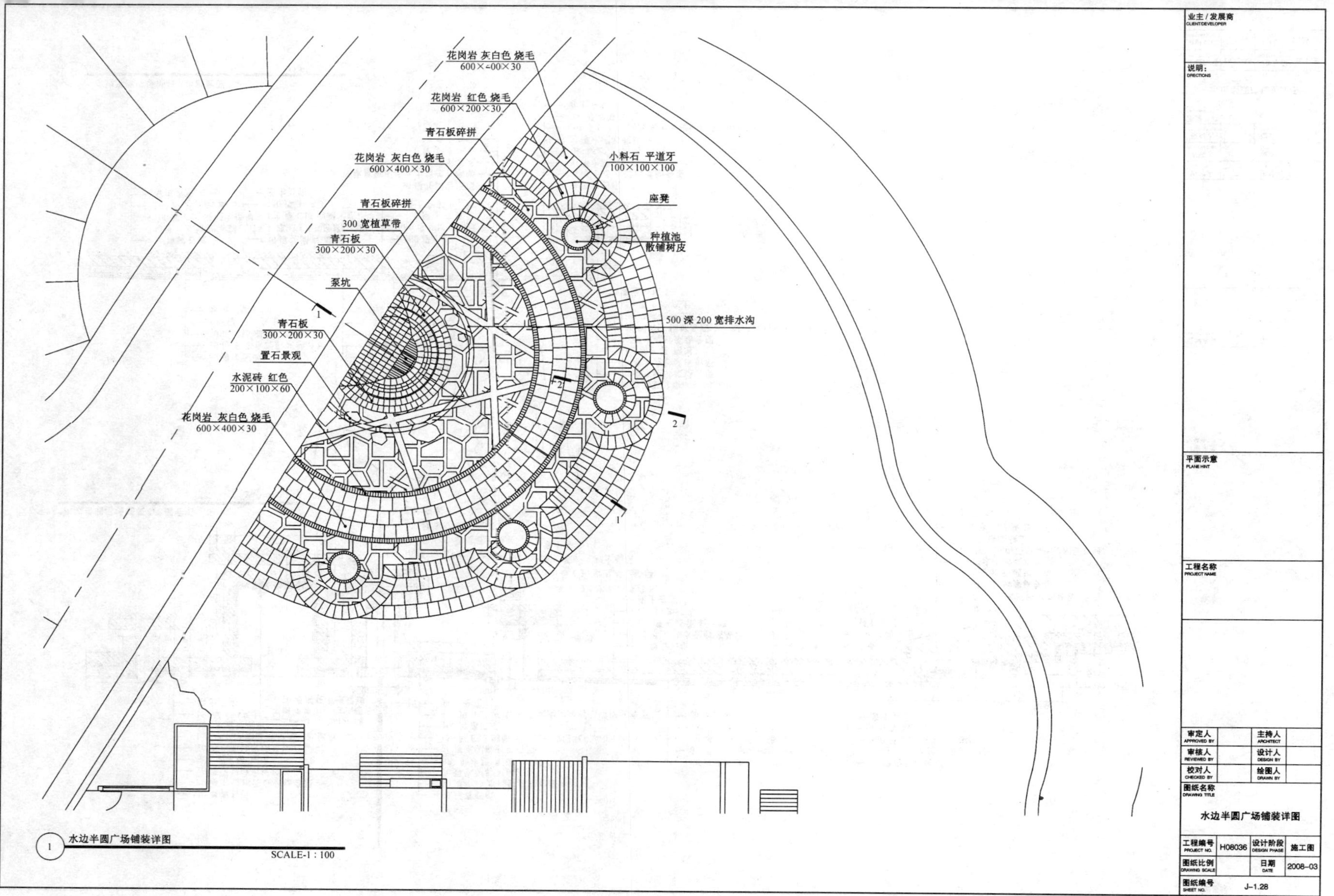

花岗岩 灰白色 烧毛
600×-00×30
花岗岩 红色 烧毛
600×200×30
青石板碎拼
花岗岩 灰白色 烧毛
600×400×30
青石板碎拼
300 宽植草带
青石板
300×200×30
泵坑
青石板
300×200×30
置石景观
水泥砖 红色
200×100×60
花岗岩 灰白色 烧毛
600×400×30
小料石 平道牙
100×100×100
座凳
种植池
散铺树皮
500 深 200 宽排水沟
1
2
水边半圆广场铺装详图
SCALE-1 : 100
业主/发展商 CLIENT/DEVELOPER
说明：DIRECTIONS
平面示意 PLANE HINT
工程名称 PROJECT NAME
审定人 APPROVED BY
主持人 ARCHITECT
审核人 REVIEWED BY
设计人 DESIGN BY
校对人 CHECKED BY
绘图人 DRAWN BY
图纸名称 DRAWING TITLE
水边半圆广场铺装详图
工程编号 PROJECT NO.
H08036
设计阶段 DESIGN PHASE
施工图
图纸比例 DRAWING SCALE
日期 DATE
2008-03
图纸编号 SHEET NO.
J-1.28

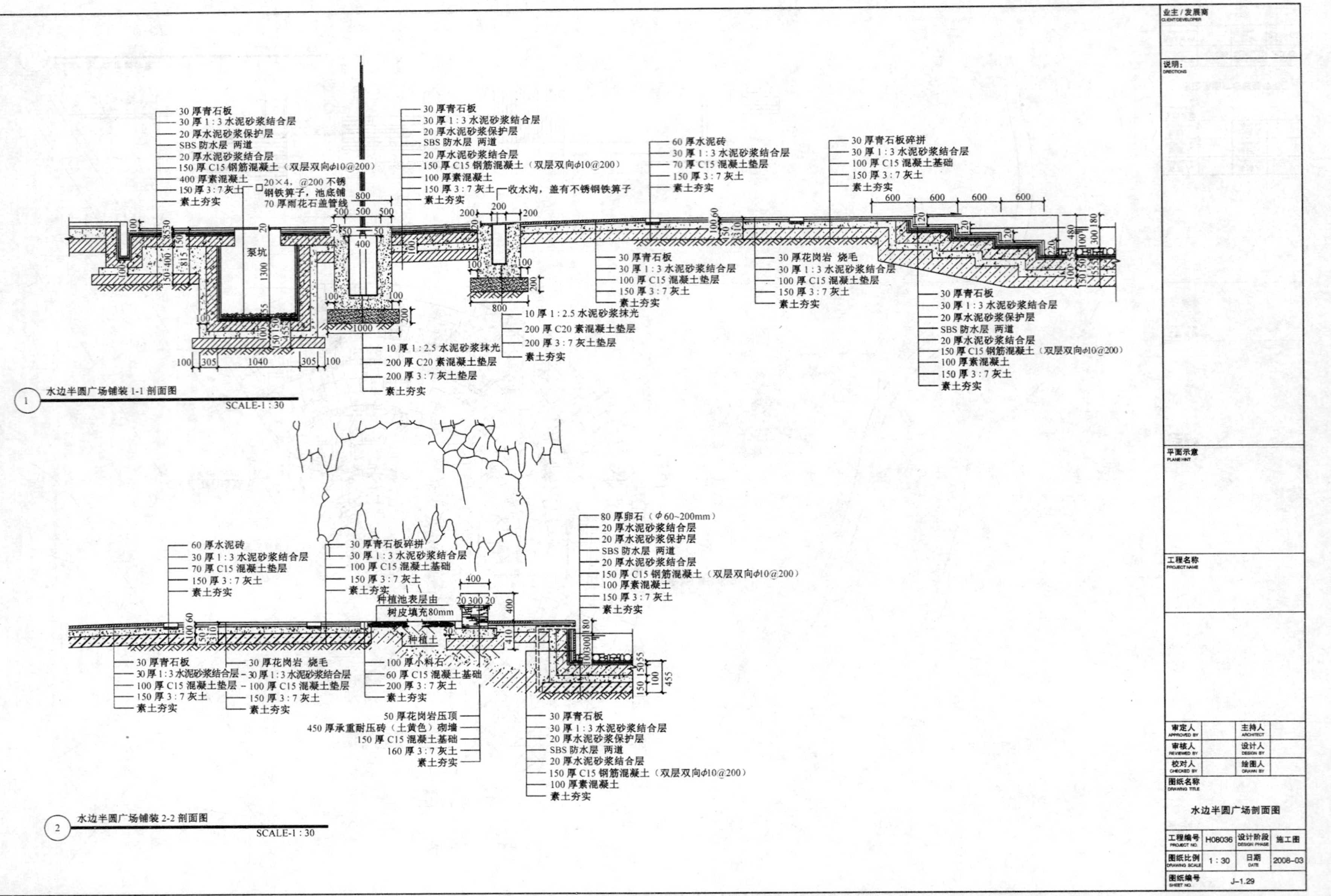

水边半圆广场铺装 1-1 剖面图 SCALE-1∶30

水边半圆广场铺装 2-2 剖面图 SCALE-1∶30

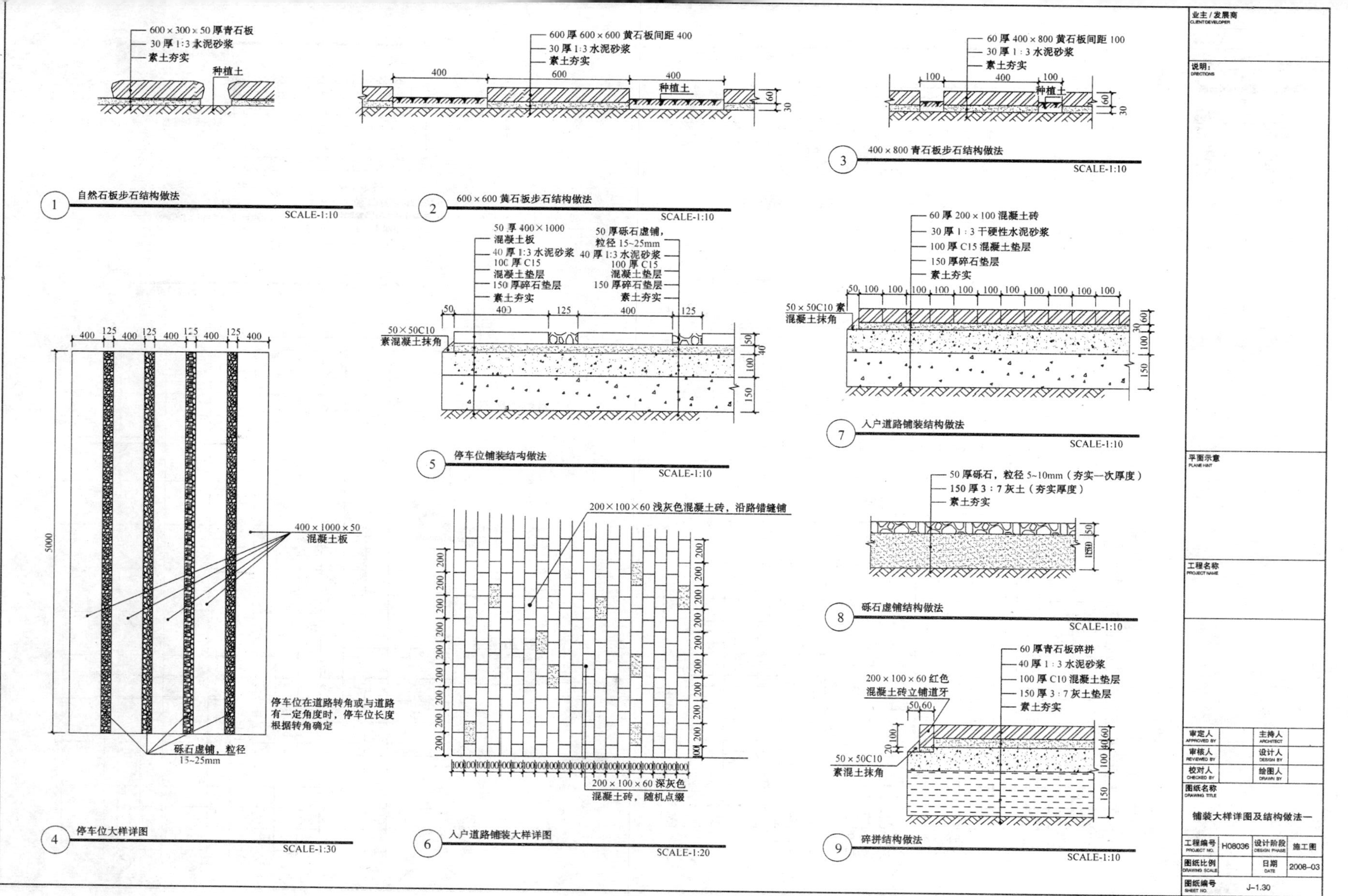
600×300×50厚青石板
30厚1:3水泥砂浆
素土夯实
种植土
①自然石板步石结构做法 SCALE-1:10
600厚600×600黄石板间距400
30厚1:3水泥砂浆
素土夯实
400
600
400
种植土
60
30
②600×600黄石板步石结构做法 SCALE-1:10
60厚400×800黄石板间距100
30厚1:3水泥砂浆
素土夯实
100
400
100
种植土
③400×800青石板步石结构做法 SCALE-1:10
400
125
5000
400×1000×50
混凝土板
停车位在道路转角或与道路有一定角度时，停车位长度根据转角确定
砾石虚铺，粒径
15~25mm
④停车位大样详图 SCALE-1:30
50厚400×1000
混凝土板
40厚1:3水泥砂浆
10C厚C15
混凝土垫层
150厚碎石垫层
素土夯实
50厚砾石虚铺，
粒径15~25mm
40厚1:3水泥砂浆
100厚C15
混凝土垫层
150厚碎石垫层
素土夯实
50×50C10
素混凝土抹角
50
40
100
150
⑤停车位铺装结构做法 SCALE-1:10
200×100×60浅灰色混凝土砖，沿路错缝铺
200×100×60深灰色
混凝土砖，随机点缀
⑥入户道路铺装大样详图 SCALE-1:20
60厚200×100混凝土砖
30厚1:3干硬性水泥砂浆
100厚C15混凝土垫层
150厚碎石垫层
素土夯实
50×50C10素
混凝土抹角
⑦入户道路铺装结构做法 SCALE-1:10
50厚砾石，粒径5~10mm（夯实一次厚度）
150厚3:7灰土（夯实厚度）
素土夯实
⑧砾石虚铺结构做法 SCALE-1:10
60厚青石板碎拼
40厚1:3水泥砂浆
100厚C10混凝土垫层
150厚3:7灰土垫层
素土夯实
200×100×60红色
混凝土砖立铺道牙
50×50C10
素混土抹角
⑨碎拼结构做法 SCALE-1:10
业主/发展商
说明：
平面示意
工程名称
审定人
主持人
审核人
设计人
校对人
绘图人
图纸名称
铺装大样详图及结构做法一
工程编号 H08036 设计阶段 施工图
图纸比例 日期 2008-03
图纸编号 J-1.30

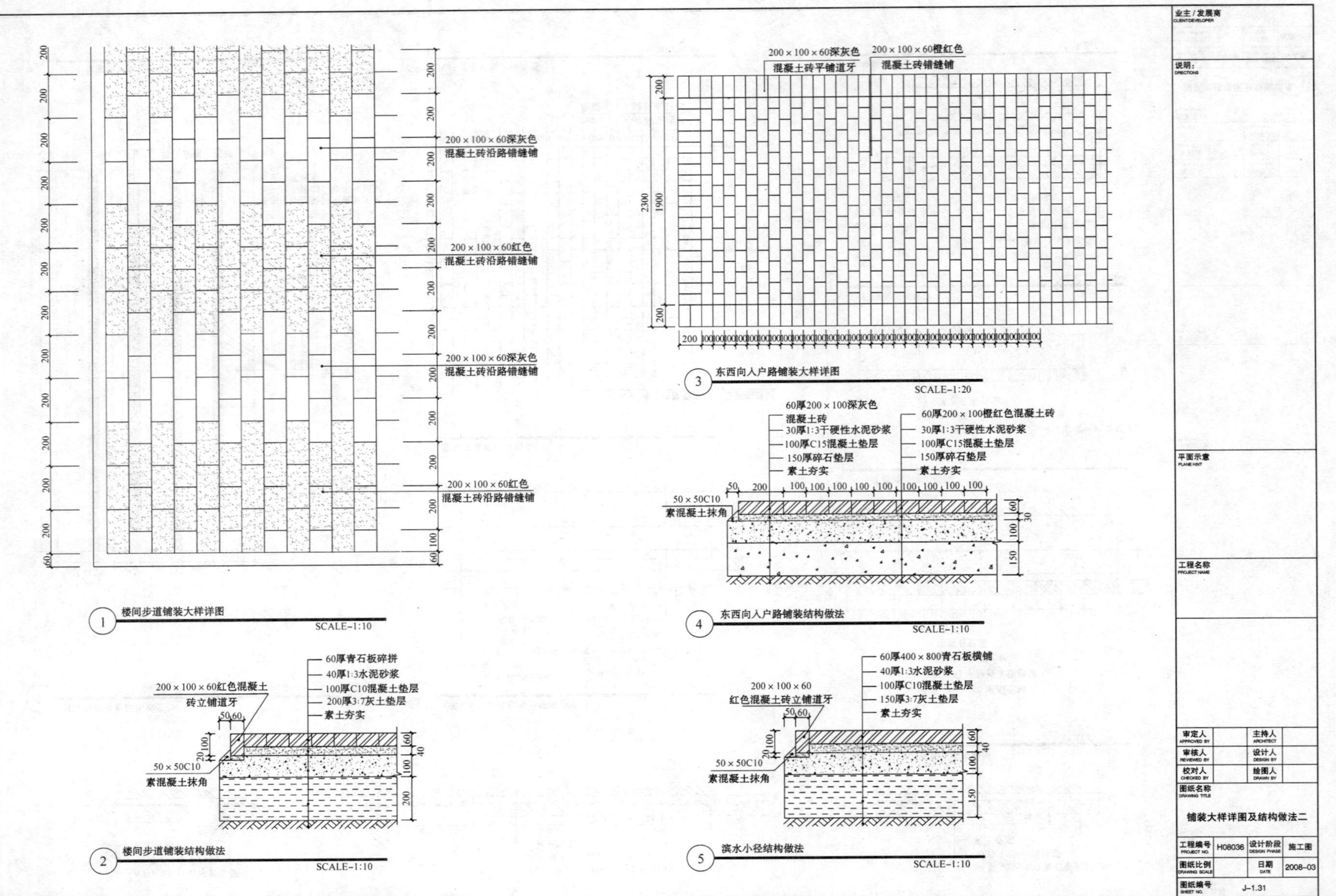

200×100×60深灰色
混凝土砖沿路错缝铺
200×100×60红色
混凝土砖沿路错缝铺
200×100×60深灰色
混凝土砖沿路错缝铺
200×100×60红色
混凝土砖沿路错缝铺
楼间步道铺装大样详图
SCALE-1:10
60厚青石板碎拼
40厚1:3水泥砂浆
100厚C10混凝土垫层
200厚3:7灰土垫层
素土夯实
200×100×60红色混凝土
砖立铺道牙
50×50C10
素混凝土抹角
楼间步道铺装结构做法
SCALE-1:10
200×100×60深灰色
混凝土砖平铺道牙
200×100×60橙红色
混凝土砖错缝铺
2300
1900
东西向入户路铺装大样详图
SCALE-1:20
60厚200×100深灰色
混凝土砖
30厚1:3干硬性水泥砂浆
100厚C15混凝土垫层
150厚碎石垫层
素土夯实
60厚200×100橙红色混凝土砖
30厚1:3干硬性水泥砂浆
100厚C15混凝土垫层
150厚碎石垫层
素土夯实
50×50C10
素混凝土抹角
东西向入户路铺装结构做法
SCALE-1:10
60厚400×800青石板横铺
40厚1:3水泥砂浆
100厚C10混凝土垫层
150厚3:7灰土垫层
素土夯实
200×100×60
红色混凝土砖立铺道牙
50×50C10
素混凝土抹角
滨水小径结构做法
SCALE-1:10
业主/发展商 CLIENT/DEVELOPER
说明：DIRECTIONS
平面示意 PLANE HINT
工程名称 PROJECT NAME
审定人 APPROVED BY
主持人 ARCHITECT
审核人 REVIEWED BY
设计人 DESIGN BY
校对人 CHECKED BY
绘图人 DRAWN BY
图纸名称 DRAWING TITLE
铺装大样详图及结构做法二
工程编号 PROJECT NO.
H08036
设计阶段 DESIGN PHASE
施工图
图纸比例 DRAWING SCALE
日期 DATE
2008-03
图纸编号 SHEET NO.
J-1.31

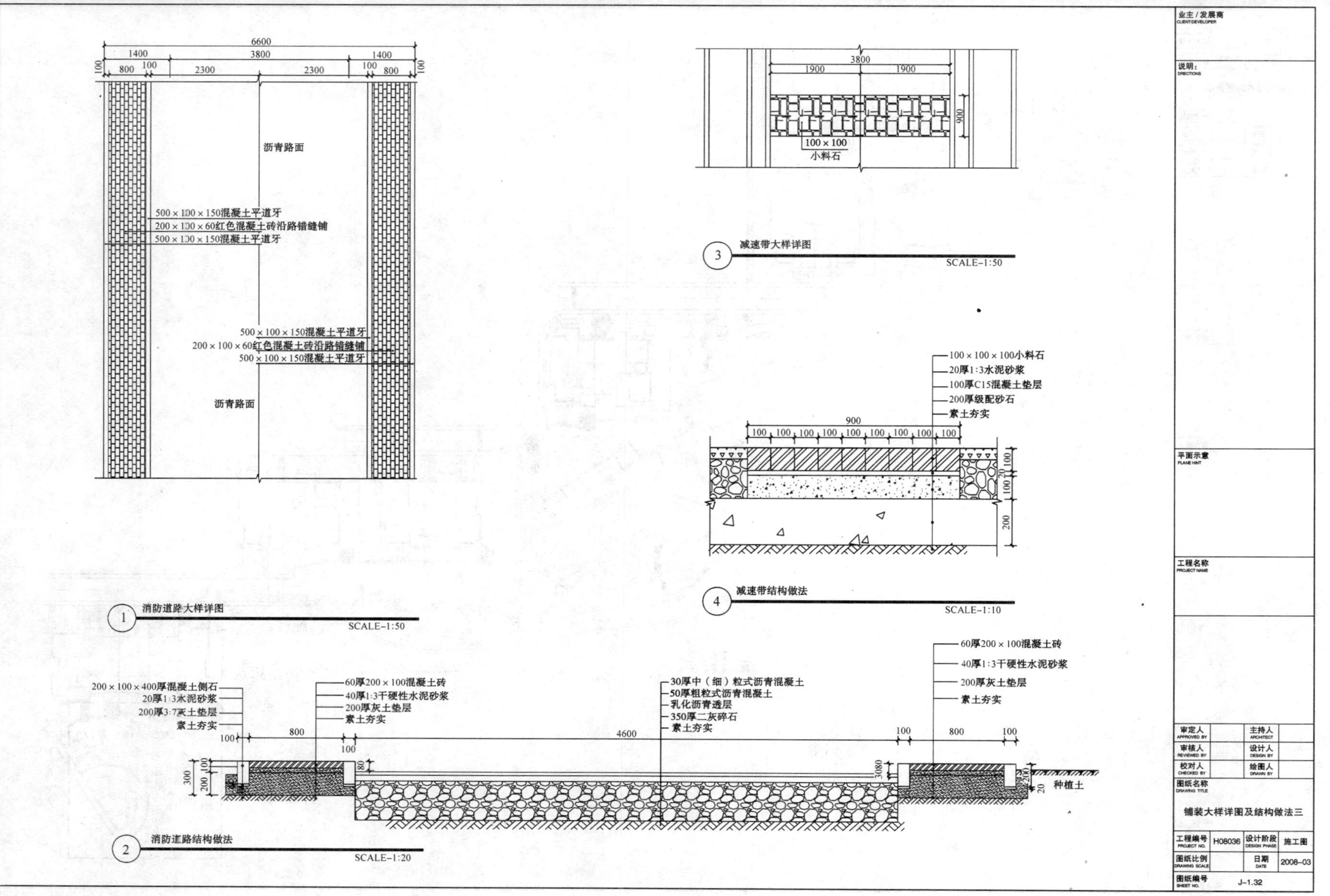

6600
1400
3800
800
100
2300
沥青路面
500×100×150混凝土平道牙
200×100×60红色混凝土砖沿路错缝铺
500×100×150混凝土平道牙
1 消防道路大样详图
SCALE-1:50
3800
1900
900
100×100
小料石
3 减速带大样详图
SCALE-1:50
100×100×100小料石
20厚1:3水泥砂浆
100厚C15混凝土垫层
200厚级配砂石
素土夯实
200
4 减速带结构做法
SCALE-1:10
200×100×400厚混凝土侧石
20厚1:3水泥砂浆
200厚3:7灰土垫层
素土夯实
60厚200×100混凝土砖
40厚1:3干硬性水泥砂浆
200厚灰土垫层
30厚中（细）粒式沥青混凝土
50厚粗粒式沥青混凝土
乳化沥青透层
350厚二灰碎石
4600
300
80
20
种植土
2 消防道路结构做法
SCALE-1:20
业主/发展商
CLIENT/DEVELOPER
说明：
DIRECTIONS
平面示意
PLANE HINT
工程名称
PROJECT NAME
审定人
APPROVED BY
主持人
ARCHITECT
审核人
REVIEWED BY
设计人
DESIGN BY
校对人
CHECKED BY
绘图人
DRAWN BY
图纸名称
DRAWING TITLE
铺装大样详图及结构做法三
工程编号
PROJECT NO.
H08036
设计阶段
DESIGN PHASE
施工图
图纸比例
DRAWING SCALE
日期
DATE
2008-03
图纸编号
SHEET NO.
J-1.32

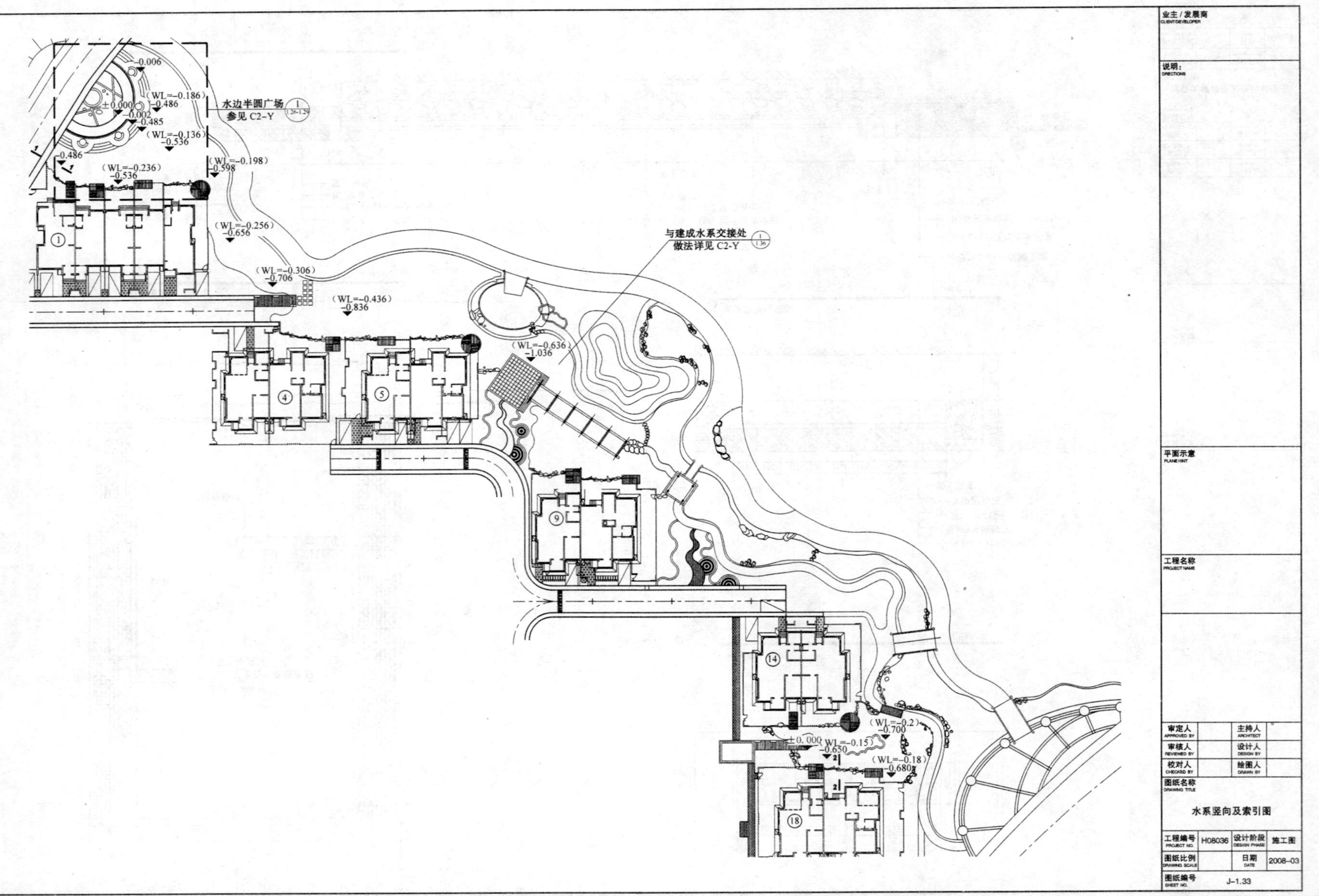
业主/发展商
说明：
平面示意
工程名称
审定人
主持人
审核人
设计人
校对人
绘图人
图纸名称
水系竖向及索引图
工程编号
H08036
设计阶段
施工图
图纸比例
日期
2008-03
图纸编号
J-1.33
水边半圆广场
参见 C2-Y
与建成水系交接处
做法详见 C2-Y
-0.006
（WL=-0.186）
-0.486
±0.000
-0.002
-0.485
（WL=-0.136）
-0.536
-0.486
（WL=-0.236）
-0.536
（WL=-0.198）
-0.598
（WL=-0.256）
-0.656
（WL=-0.306）
-0.706
（WL=-0.436）
-0.836
（WL=-0.636）
-1.036
（WL=-0.2）
-0.700
±0.000
（WL=-0.15）
-0.650
（WL=-0.18）
-0.680

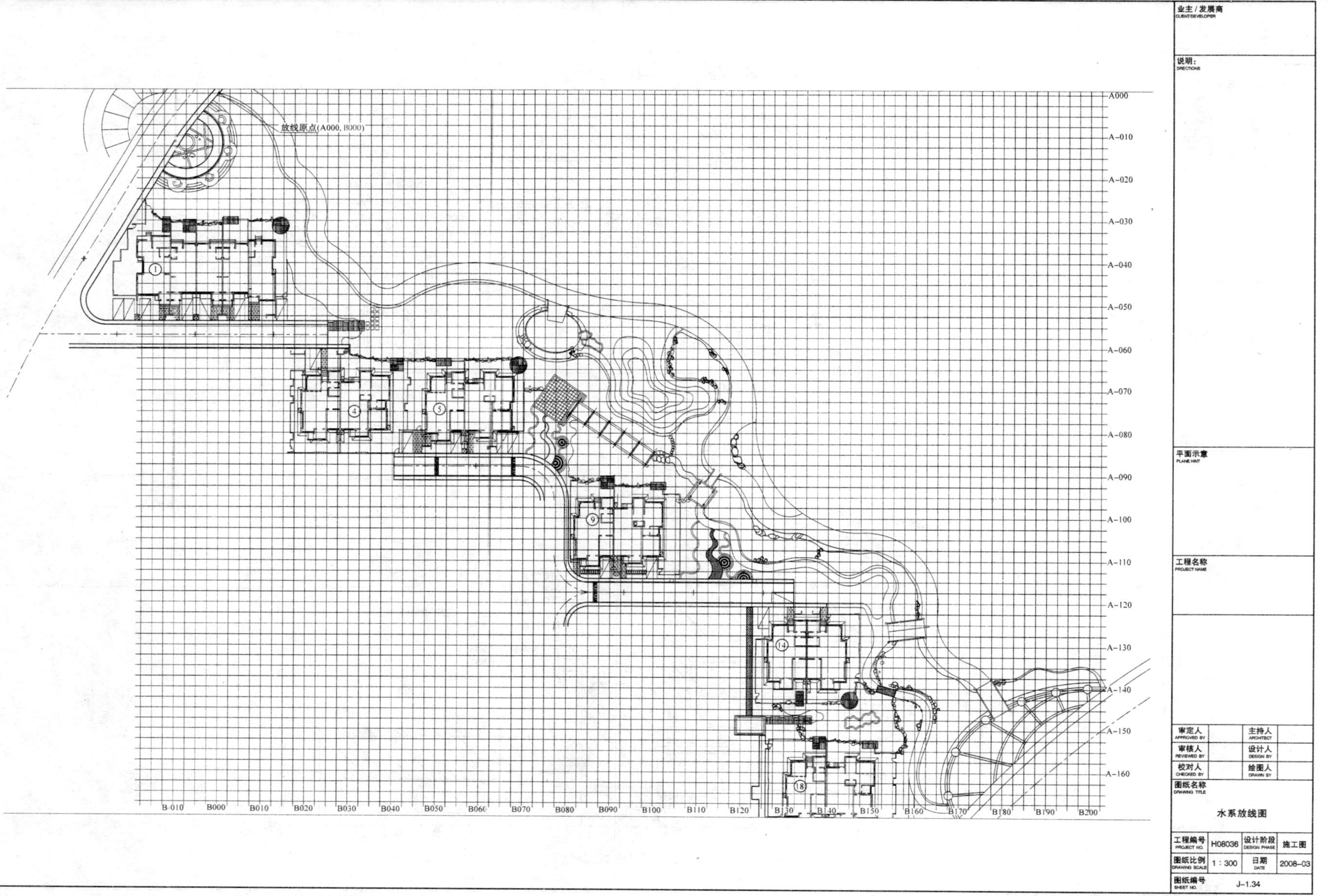

放线原点(A000, B000)
业主/发展商
CLIENT/DEVELOPER
说明：
DIRECTIONS
平面示意
PLANE HINT
工程名称
PROJECT NAME
审定人
APPROVED BY
主持人
ARCHITECT
审核人
REVIEWED BY
设计人
DESIGN BY
校对人
CHECKED BY
绘图人
DRAWN BY
图纸名称
DRAWING TITLE
水系放线图
工程编号
PROJECT NO.
H08036
设计阶段
DESIGN PHASE
施工图
图纸比例
DRAWING SCALE
1：300
日期
DATE
2008-03
图纸编号
SHEET NO.
J-1.34

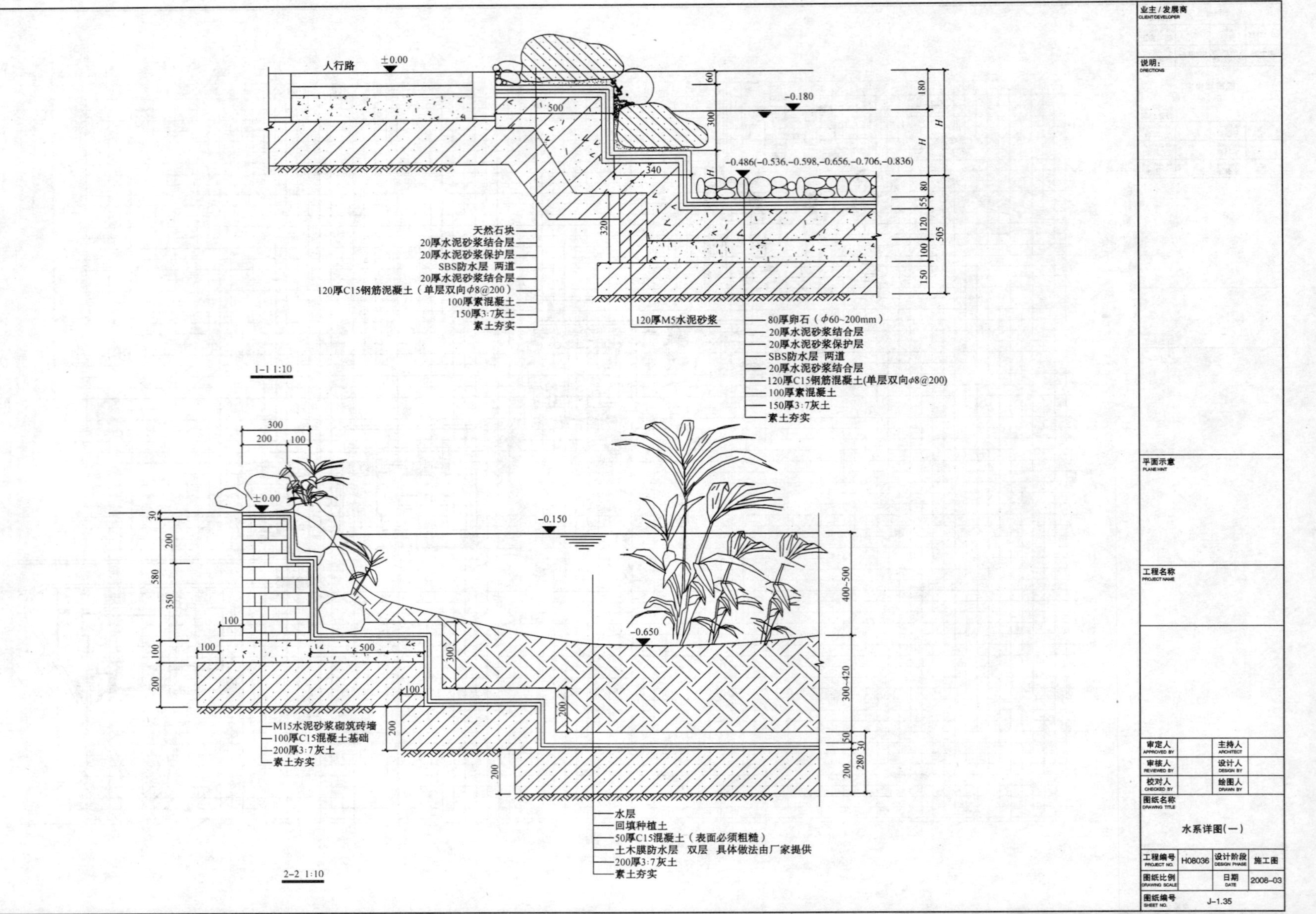

人行路
±0.00
-0.180
-0.486(-0.536,-0.598,-0.656,-0.706,-0.836)
天然石块
20厚水泥砂浆结合层
20厚水泥砂浆保护层
SBS防水层 两道
20厚水泥砂浆结合层
120厚C15钢筋泥凝土（单层双向φ8@200）
100厚素混凝土
150厚3:7灰土
素土夯实
120厚M5水泥砂浆
80厚卵石（φ60~200mm）
20厚水泥砂浆结合层
20厚水泥砂浆保护层
SBS防水层 两道
20厚水泥砂浆结合层
120厚C15钢筋混凝土(单层双向φ8@200)
100厚素混凝土
150厚3:7灰土
素土夯实
1-1 1:10
±0.00
-0.150
-0.650
M15水泥砂浆砌筑砖墙
100厚C15混凝土基础
200厚3:7灰土
素土夯实
水层
回填种植土
50厚C15混凝土（表面必须粗糙）
土木膜防水层 双层 具体做法由厂家提供
200厚3:7灰土
素土夯实
2-2 1:10
业主/发展商
说明：
平面示意
工程名称
审定人
主持人
审核人
设计人
校对人
绘图人
图纸名称
水系详图(一)
工程编号
H08036
设计阶段
施工图
图纸比例
日期
2008-03
图纸编号
J-1.35

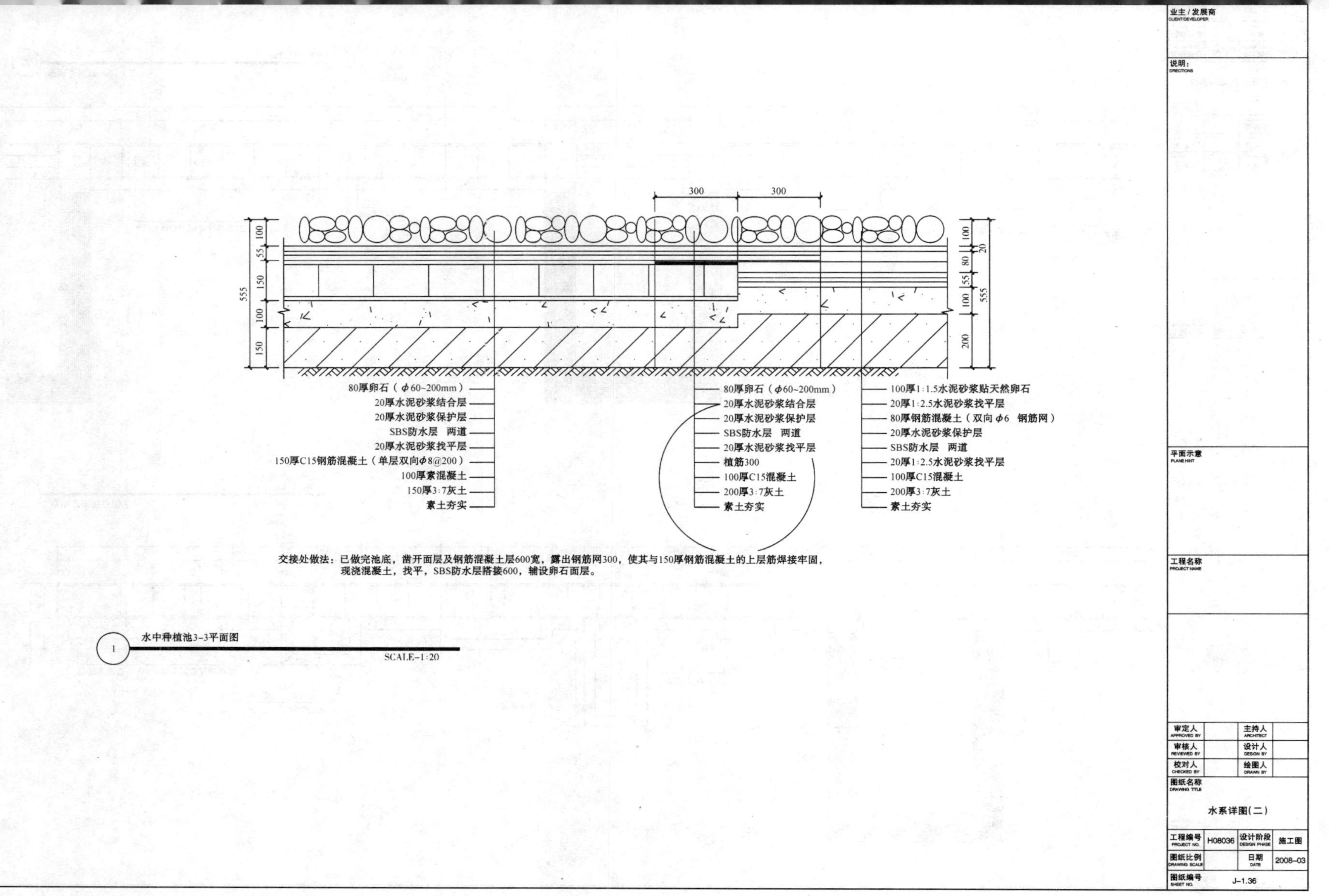
300
300
100
55
150
555
100
150
100
20
80
55
100
555
200
80厚卵石（φ60~200mm）
20厚水泥砂浆结合层
20厚水泥砂浆保护层
SBS防水层　两道
20厚水泥砂浆找平层
150厚C15钢筋混凝土（单层双向φ8@200）
100厚素混凝土
150厚3:7灰土
素土夯实
80厚卵石（φ60~200mm）
20厚水泥砂浆结合层
20厚水泥砂浆保护层
SBS防水层　两道
20厚水泥砂浆找平层
植筋300
100厚C15混凝土
200厚3:7灰土
素土夯实
100厚1:1.5水泥砂浆贴天然卵石
20厚1:2.5水泥砂浆找平层
80厚钢筋混凝土（双向φ6　钢筋网）
20厚水泥砂浆保护层
SBS防水层　两道
20厚1:2.5水泥砂浆找平层
100厚C15混凝土
200厚3:7灰土
素土夯实
交接处做法：已做完池底，凿开面层及钢筋混凝土层600宽，露出钢筋网300，使其与150厚钢筋混凝土的上层筋焊接牢固，
现浇混凝土，找平，SBS防水层搭接600，铺设卵石面层。
1
水中种植池3-3平面图
SCALE-1:20
业主/发展商
CLIENT/DEVELOPER
说明：
DIRECTIONS
平面示意
PLANE HINT
工程名称
PROJECT NAME
审定人
APPROVED BY
主持人
ARCHITECT
审核人
REVIEWED BY
设计人
DESIGN BY
校对人
CHECKED BY
绘图人
DRAWN BY
图纸名称
DRAWING TITLE
水系详图(二)
工程编号
PROJECT NO.
H08036
设计阶段
DESIGN PHASE
施工图
图纸比例
DRAWING SCALE
日期
DATE
2008-03
图纸编号
SHEET NO.
J-1.36

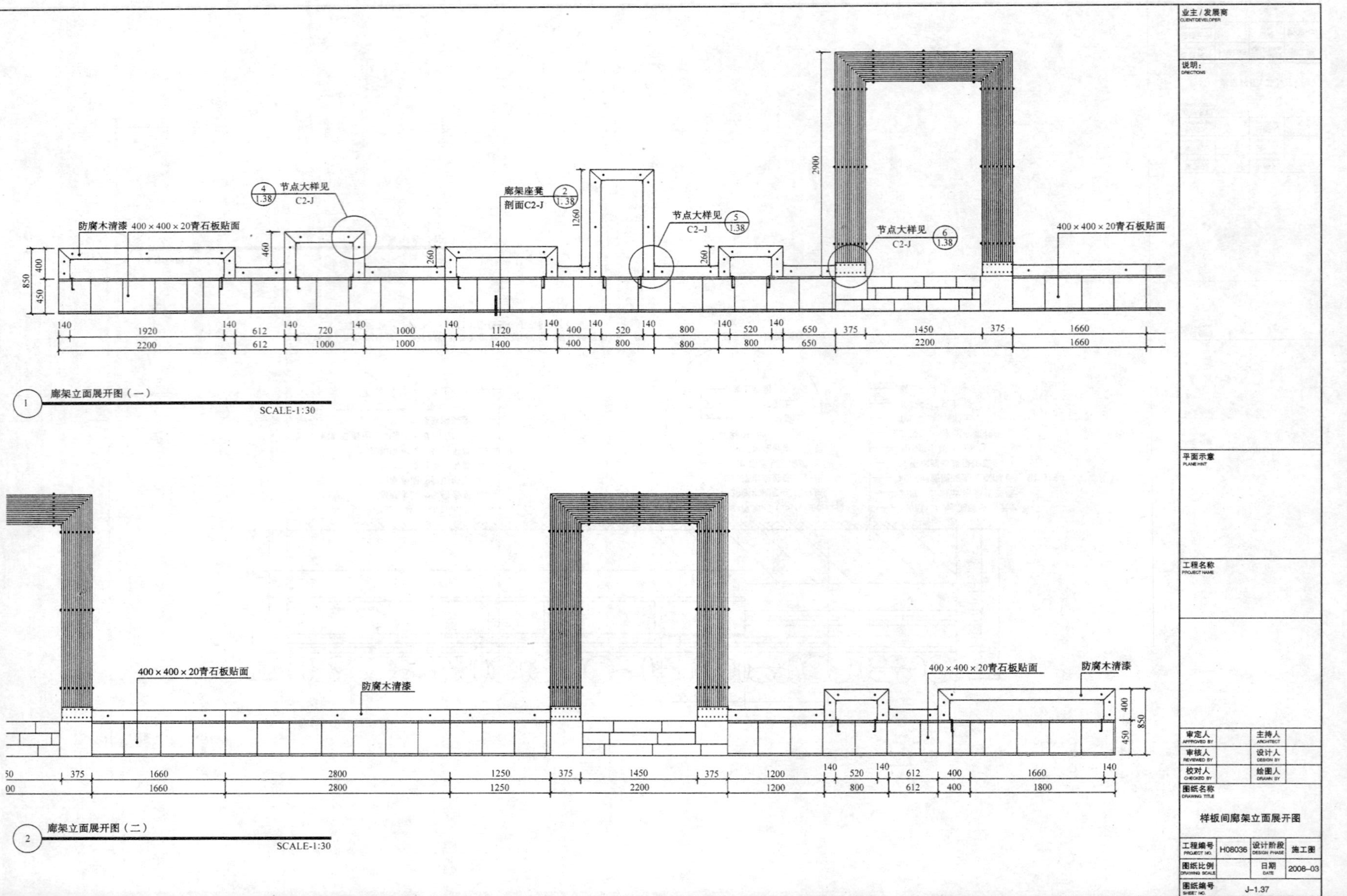
防腐木清漆 400×400×20青石板贴面
4 1.38 节点大样见 C2-J
廊架座凳 剖面C2-J
2 1.38
节点大样见 C2-J 5 1.38
节点大样见 C2-J 6 1.38
400×400×20青石板贴面
1 廊架立面展开图（一）
SCALE-1:30
400×400×20青石板贴面
防腐木清漆
400×400×20青石板贴面
防腐木清漆
2 廊架立面展开图（二）
SCALE-1:30
业主/发展商
说明:
平面示意
工程名称
审定人
主持人
审核人
设计人
校对人
绘图人
图纸名称
样板间廊架立面展开图
工程编号 H08036
设计阶段 施工图
图纸比例
日期 2008-03
图纸编号 J-1.37

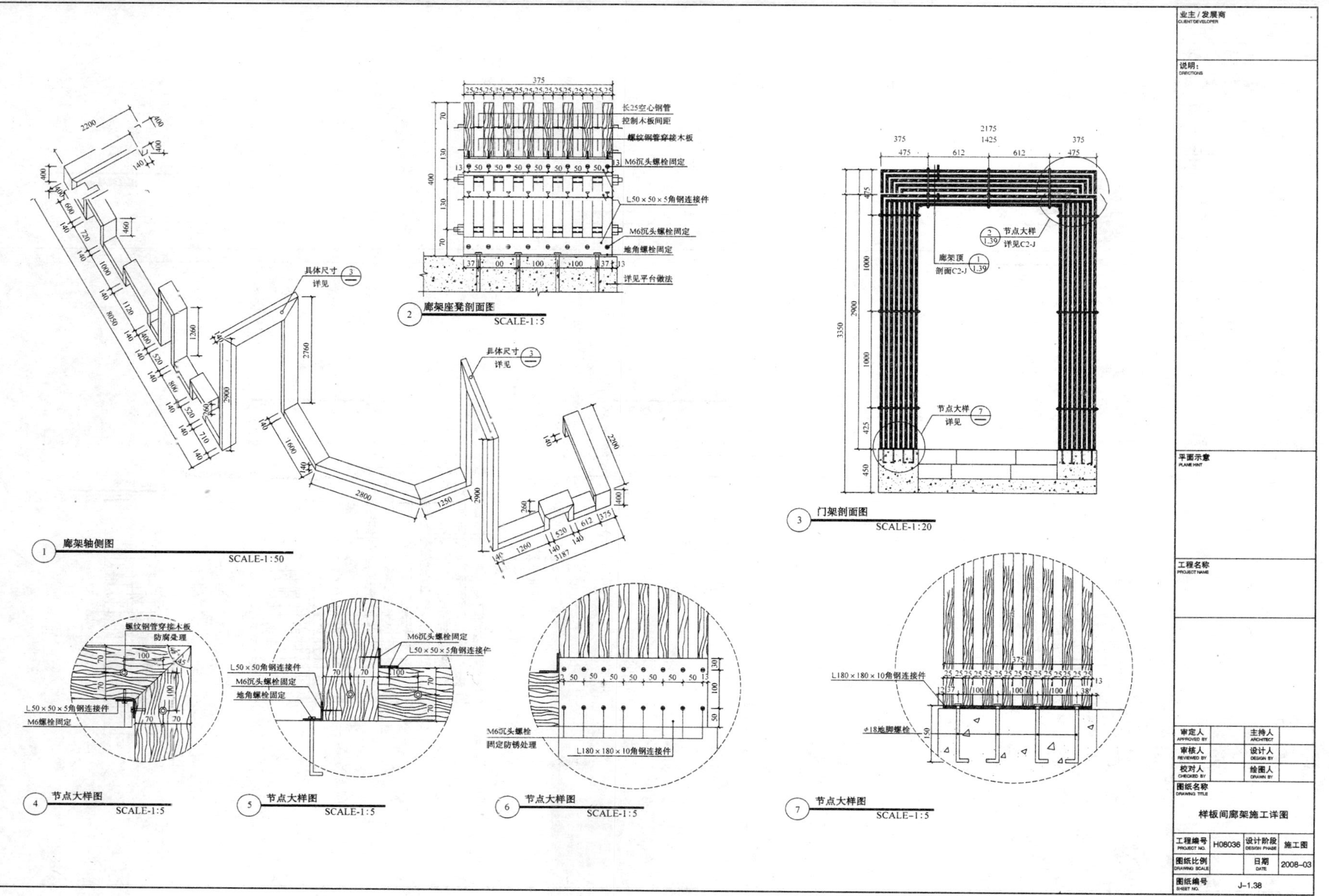

廊架轴侧图
SCALE-1:50
具体尺寸 详见 3
廊架座凳剖面图
SCALE-1:5
长25空心钢管
控制木板间距
螺纹钢管穿接木板
M6沉头螺栓固定
L50×50×5角钢连接件
M6沉头螺栓固定
地角螺栓固定
详见平台做法
门架剖面图
SCALE-1:20
节点大样 详见C2-J
廊架顶 剖面C2-J
节点大样 详见 7
节点大样图
SCALE-1:5
螺纹钢管穿接木板
防腐处理
L50×50×5角钢连接件
M6螺栓固定
L50×50角钢连接件
M6沉头螺栓固定
地角螺栓固定
L50×50×5角钢连接件
M6沉头螺栓
固定防锈处理
L180×180×10角钢连接件
φ18地脚螺栓
业主/发展商
CLIENT/DEVELOPER
说明：
DIRECTIONS
平面示意
PLANE HINT
工程名称
PROJECT NAME
审定人
APPROVED BY
主持人
ARCHITECT
审核人
REVIEWED BY
设计人
DESIGN BY
校对人
CHECKED BY
绘图人
DRAWN BY
图纸名称
DRAWING TITLE
样板间廊架施工详图
工程编号
PROJECT NO.
H08036
设计阶段
DESIGN PHASE
施工图
图纸比例
DRAWING SCALE
日期
DATE
2008-03
图纸编号
SHEET NO.
J-1.38

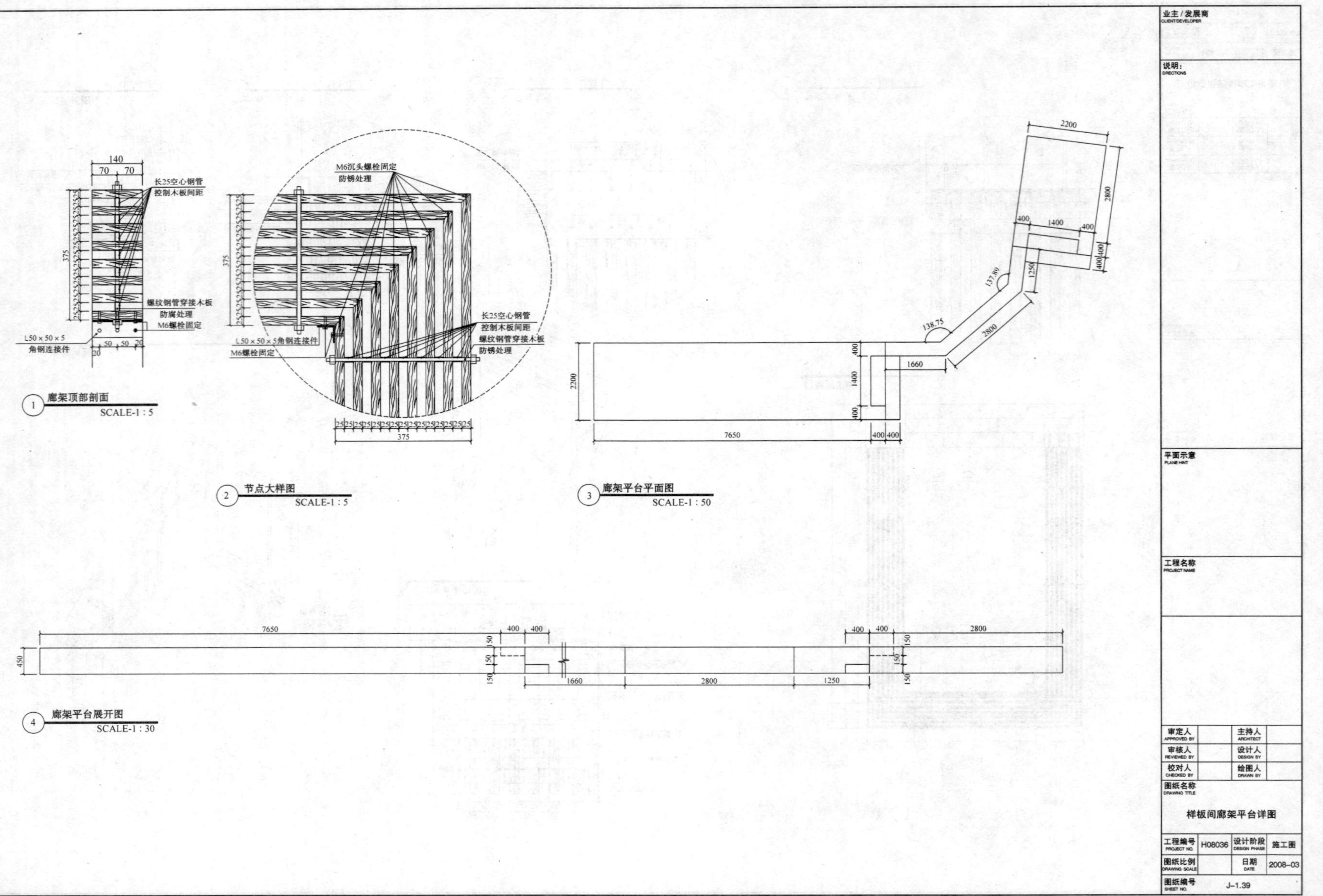

长25空心钢管
控制木板间距
螺纹钢管穿接木板
防腐处理
M6螺栓固定
L50×50×5
角钢连接件
廊架顶部剖面
SCALE-1 : 5
M6沉头螺栓固定
防锈处理
长25空心钢管
控制木板间距
螺纹钢管穿接木板
防锈处理
L50×50×5角钢连接件
M6螺栓固定
节点大样图
SCALE-1 : 5
廊架平台平面图
SCALE-1 : 50
廊架平台展开图
SCALE-1 : 30
业主/发展商
CLIENT/DEVELOPER
说明：
DIRECTIONS
平面示意
PLANE HINT
工程名称
PROJECT NAME
审定人
APPROVED BY
主持人
ARCHITECT
审核人
REVIEWED BY
设计人
DESIGN BY
校对人
CHECKED BY
绘图人
DRAWN BY
图纸名称
DRAWING TITLE
样板间廊架平台详图
工程编号
PROJECT NO.
H08036
设计阶段
DESIGN PHASE
施工图
图纸比例
DRAWING SCALE
日期
DATE
2008-03
图纸编号
SHEET NO.
J-1.39

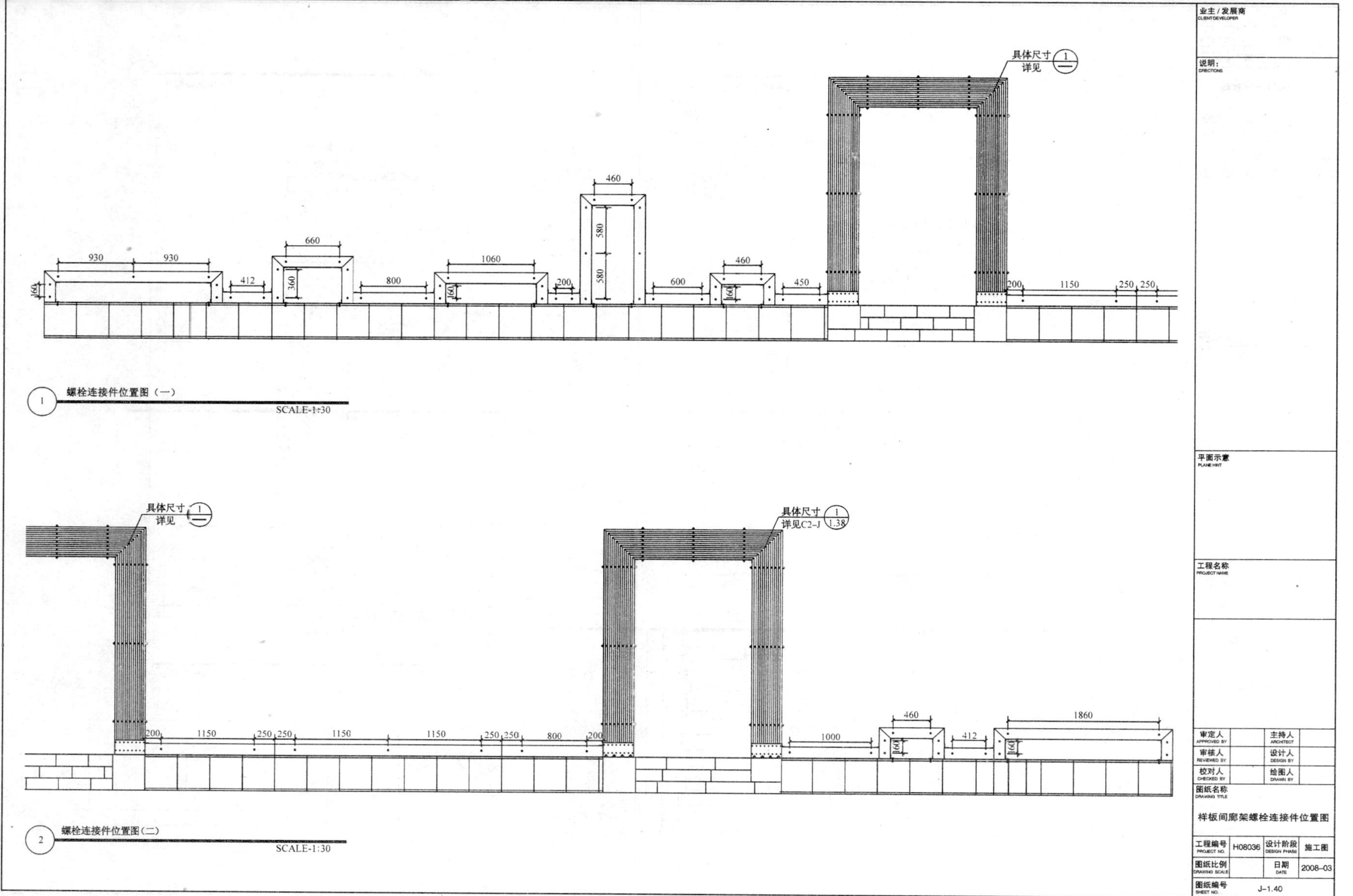

业主/发展商
CLIENT/DEVELOPER
说明：
DIRECTIONS
具体尺寸
详见
930
930
160
412
660
360
800
1060
160
200
460
580
580
600
460
160
450
200
1150
250
250
螺栓连接件位置图（一）
SCALE-1:30
具体尺寸
详见
具体尺寸
详见C2-J
1
1.38
200
1150
250
250
1150
1150
250
250
800
200
1000
460
160
412
1860
160
螺栓连接件位置图(二)
SCALE-1:30
平面示意
PLANE HINT
工程名称
PROJECT NAME
审定人
APPROVED BY
主持人
ARCHITECT
审核人
REVIEWED BY
设计人
DESIGN BY
校对人
CHECKED BY
绘图人
DRAWN BY
图纸名称
DRAWING TITLE
样板间廊架螺栓连接件位置图
工程编号
PROJECT NO.
H08036
设计阶段
DESIGN PHASE
施工图
图纸比例
DRAWING SCALE
日期
DATE
2008-03
图纸编号
SHEET NO.
J-1.40

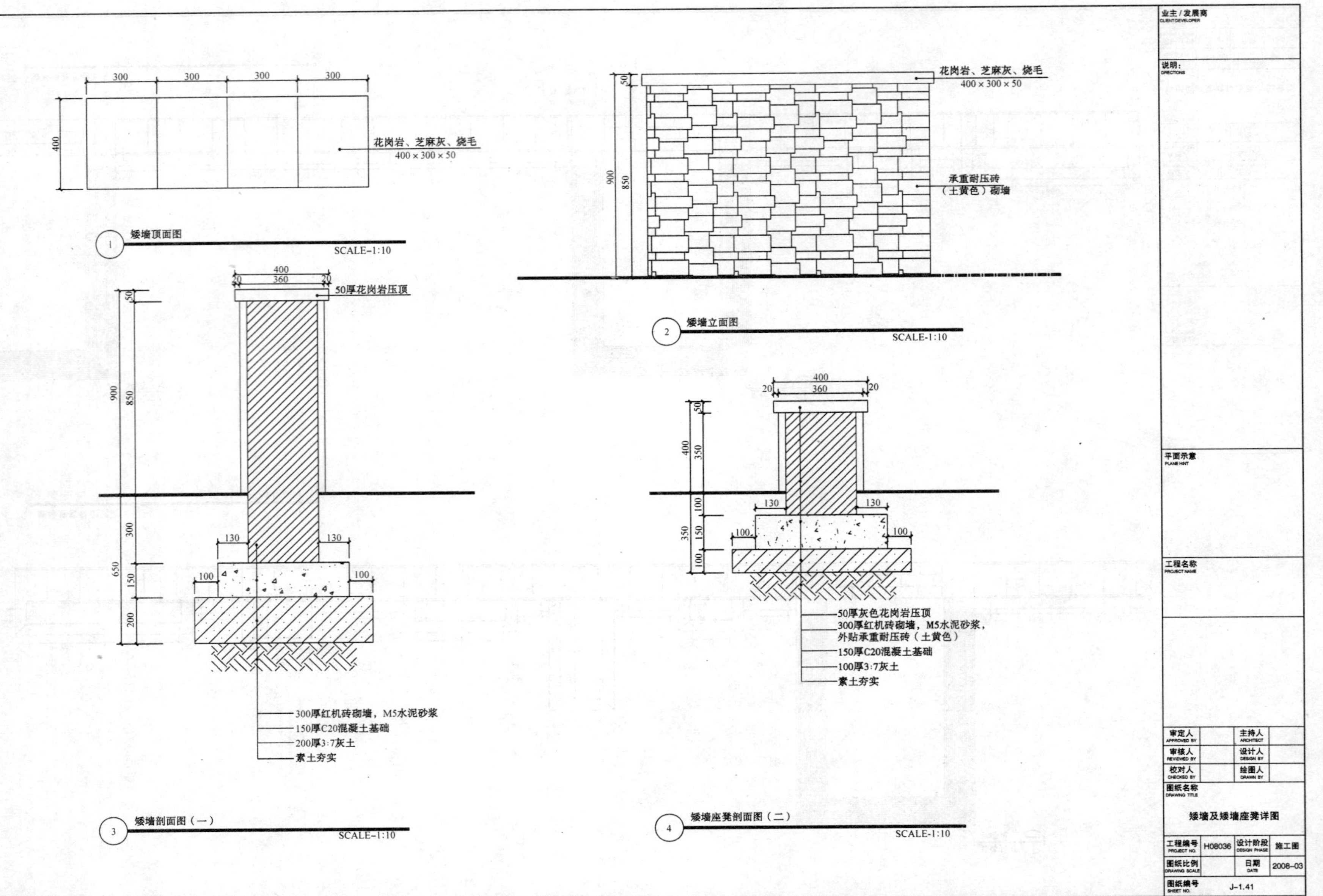

花岗岩、芝麻灰、烧毛
400×300×50
1 矮墙顶面图
SCALE-1:10
花岗岩、芝麻灰、烧毛
400×300×50
承重耐压砖
(土黄色)砌墙
2 矮墙立面图
SCALE-1:10
50厚花岗岩压顶
300厚红机砖砌墙,M5水泥砂浆
150厚C20混凝土基础
200厚3:7灰土
素土夯实
3 矮墙剖面图(一)
SCALE-1:10
50厚灰色花岗岩压顶
300厚红机砖砌墙,M5水泥砂浆,
外贴承重耐压砖(土黄色)
150厚C20混凝土基础
100厚3:7灰土
素土夯实
4 矮墙座凳剖面图(二)
SCALE-1:10
业主/发展商 CLIENT/DEVELOPER
说明: DIRECTIONS
平面示意 PLANE HINT
工程名称 PROJECT NAME
审定人 APPROVED BY
主持人 ARCHITECT
审核人 REVIEWED BY
设计人 DESIGN BY
校对人 CHECKED BY
绘图人 DRAWN BY
图纸名称 DRAWING TITLE
矮墙及矮墙座凳详图
工程编号 PROJECT NO. H08036
设计阶段 DESIGN PHASE 施工图
图纸比例 DRAWING SCALE
日期 DATE 2008-03
图纸编号 SHEET NO. J-1.41

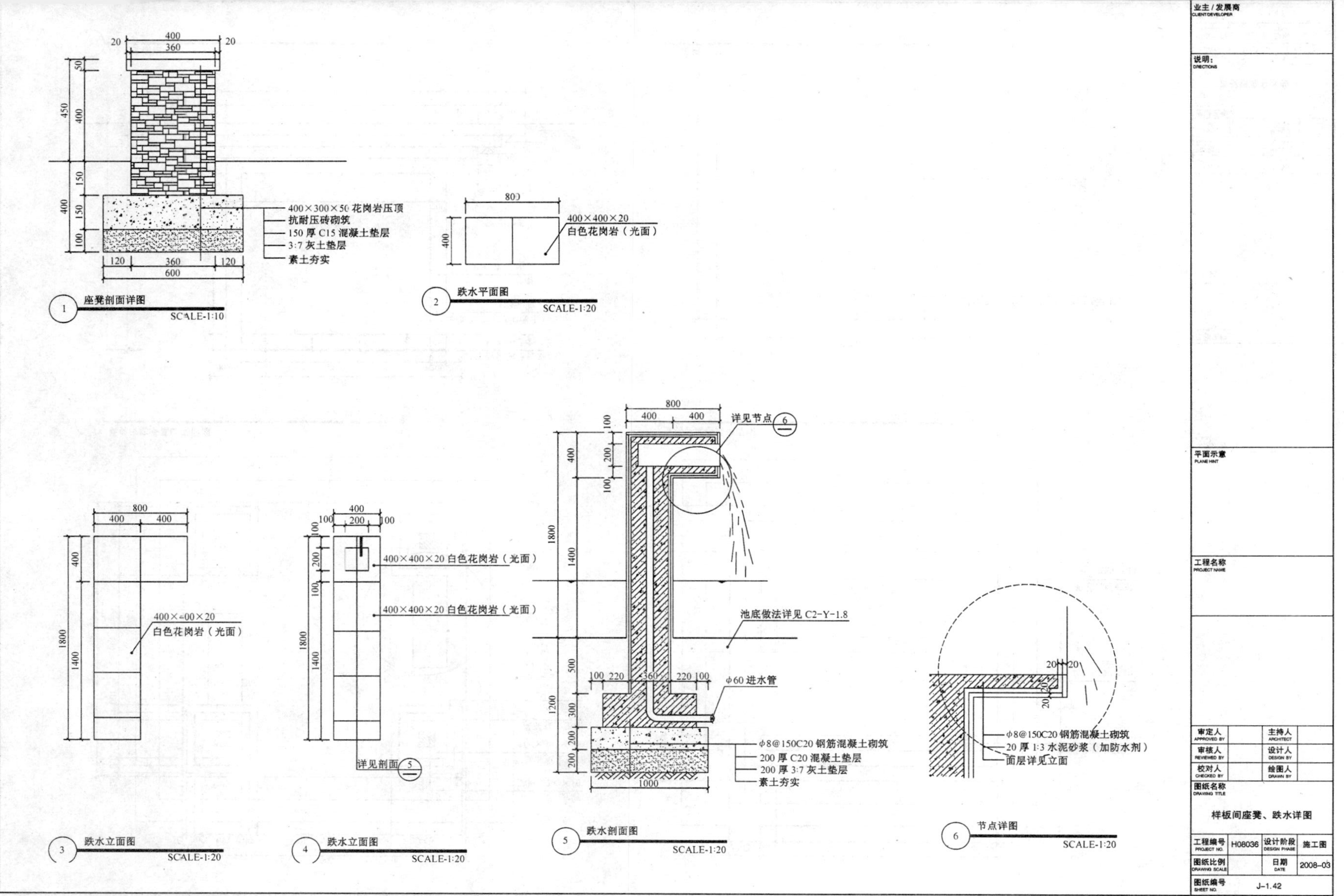
400×300×50 花岗岩压顶
抗耐压砖砌筑
150 厚 C15 混凝土垫层
3:7 灰土垫层
素土夯实
座凳剖面详图
SCALE-1:10
400×400×20
白色花岗岩（光面）
跌水平面图
SCALE-1:20
400×400×20
白色花岗岩（光面）
跌水立面图
SCALE-1:20
400×400×20 白色花岗岩（光面）
400×400×20 白色花岗岩（光面）
详见剖面
跌水立面图
SCALE-1:20
详见节点
池底做法详见 C2-Y-1.8
φ60 进水管
φ8@150C20 钢筋混凝土砌筑
200 厚 C20 混凝土垫层
200 厚 3:7 灰土垫层
素土夯实
跌水剖面图
SCALE-1:20
φ8@150C20 钢筋混凝土砌筑
20 厚 1:3 水泥砂浆（加防水剂）
面层详见立面
节点详图
SCALE-1:20
业主 / 发展商
说明：
平面示意
工程名称
审定人
主持人
审核人
设计人
校对人
绘图人
图纸名称
样板间座凳、跌水详图
工程编号
H08036
设计阶段
施工图
图纸比例
日期
2008-03
图纸编号
J-1.42

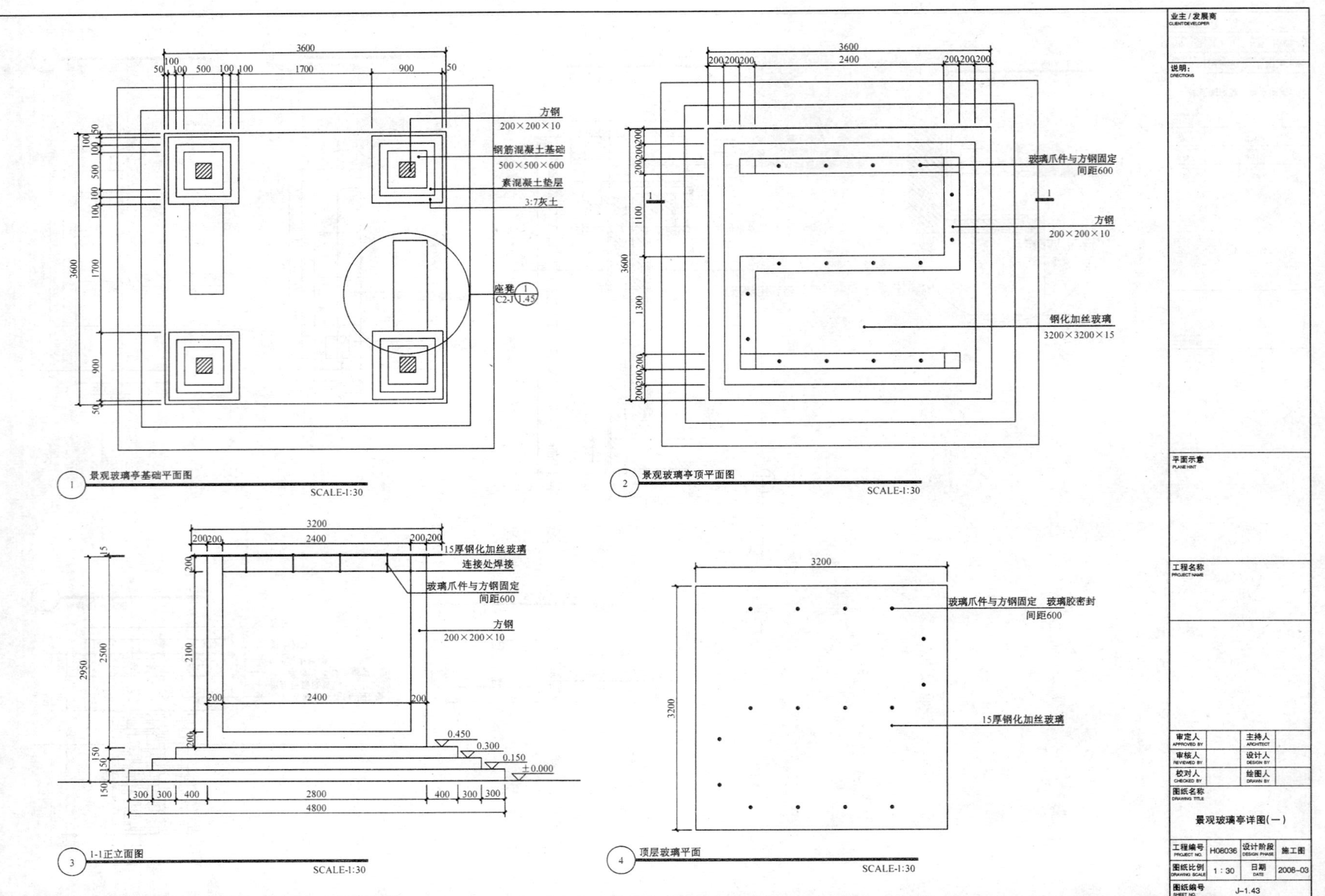
方钢
200×200×10
钢筋混凝土基础
500×500×600
素混凝土垫层
3:7灰土
座凳 C2-J 1.45
1 景观玻璃亭基础平面图
SCALE-1:30
玻璃爪件与方钢固定
间距600
方钢
200×200×10
钢化加丝玻璃
3200×3200×15
2 景观玻璃亭顶平面图
SCALE-1:30
15厚钢化加丝玻璃
连接处焊接
玻璃爪件与方钢固定
间距600
方钢
200×200×10
0.450
0.300
0.150
±0.000
3 1-1正立面图
SCALE-1:30
玻璃爪件与方钢固定 玻璃胶密封
间距600
15厚钢化加丝玻璃
4 顶层玻璃平面
SCALE-1:30
业主/发展商
说明:
平面示意
工程名称
审定人
主持人
审核人
设计人
校对人
绘图人
图纸名称
景观玻璃亭详图(一)
工程编号 H06036
设计阶段 施工图
图纸比例 1:30
日期 2008-03
图纸编号 J-1.43

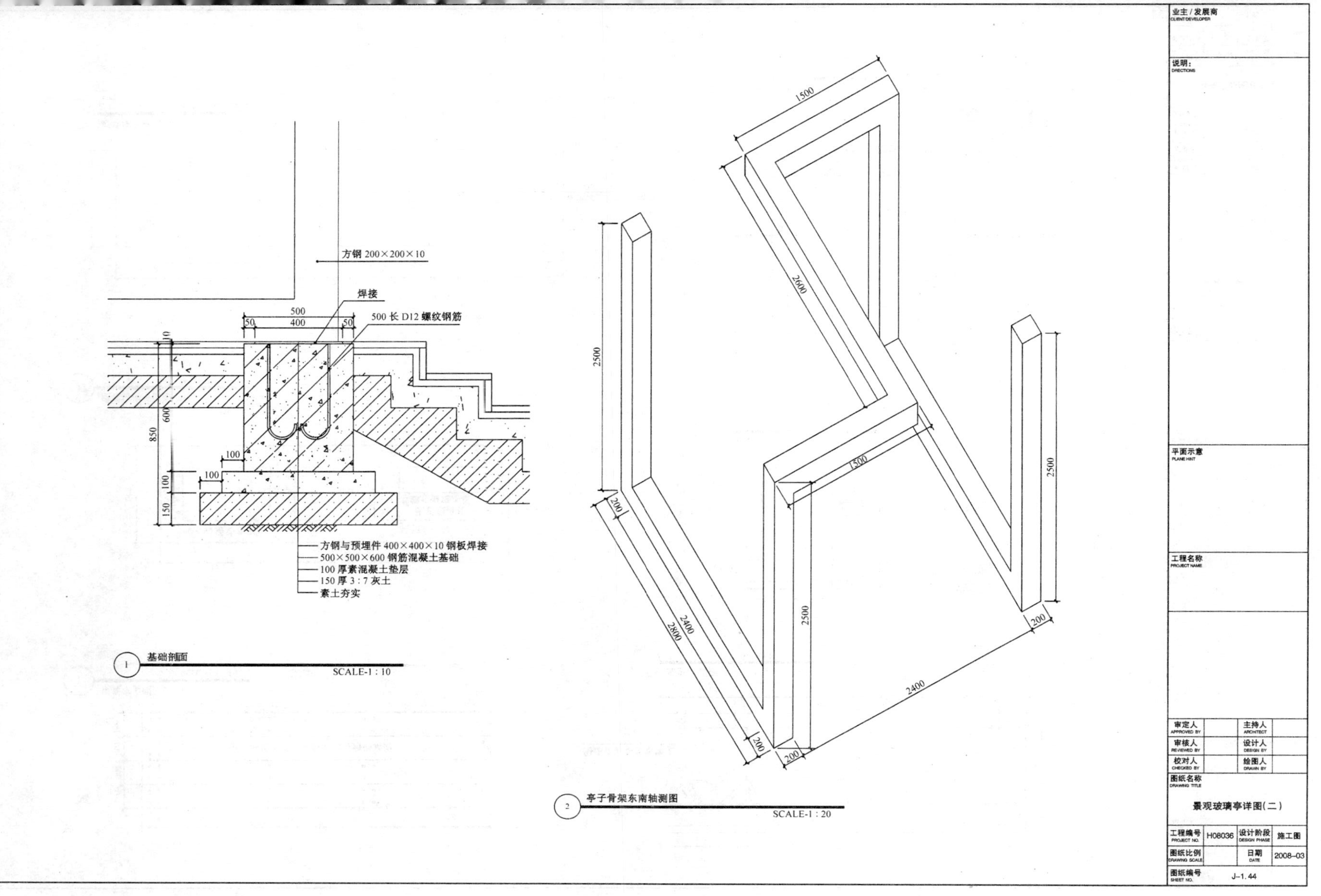
方钢 200×200×10
焊接
500 长 D12 螺纹钢筋
500
50
400
50
10
600
850
100
100
100
150
方钢与预埋件 400×400×10 钢板焊接
500×500×600 钢筋混凝土基础
100 厚素混凝土垫层
150 厚 3：7 灰土
素土夯实
1
基础剖面
SCALE-1：10
1500
2600
2500
500
2500
200
2400
2800
2500
200
200
200
2400
2
亭子骨架东南轴测图
SCALE-1：20
业主/发展商
CLIENT/DEVELOPER
说明：
DIRECTIONS
平面示意
PLANE HINT
工程名称
PROJECT NAME
审定人
APPROVED BY
主持人
ARCHITECT
审核人
REVIEWED BY
设计人
DESIGN BY
校对人
CHECKED BY
绘图人
DRAWN BY
图纸名称
DRAWING TITLE
景观玻璃亭详图(二)
工程编号
PROJECT NO.
H08036
设计阶段
DESIGN PHASE
施工图
图纸比例
DRAWING SCALE
日期
DATE
2008-03
图纸编号
SHEET NO.
J-1.44

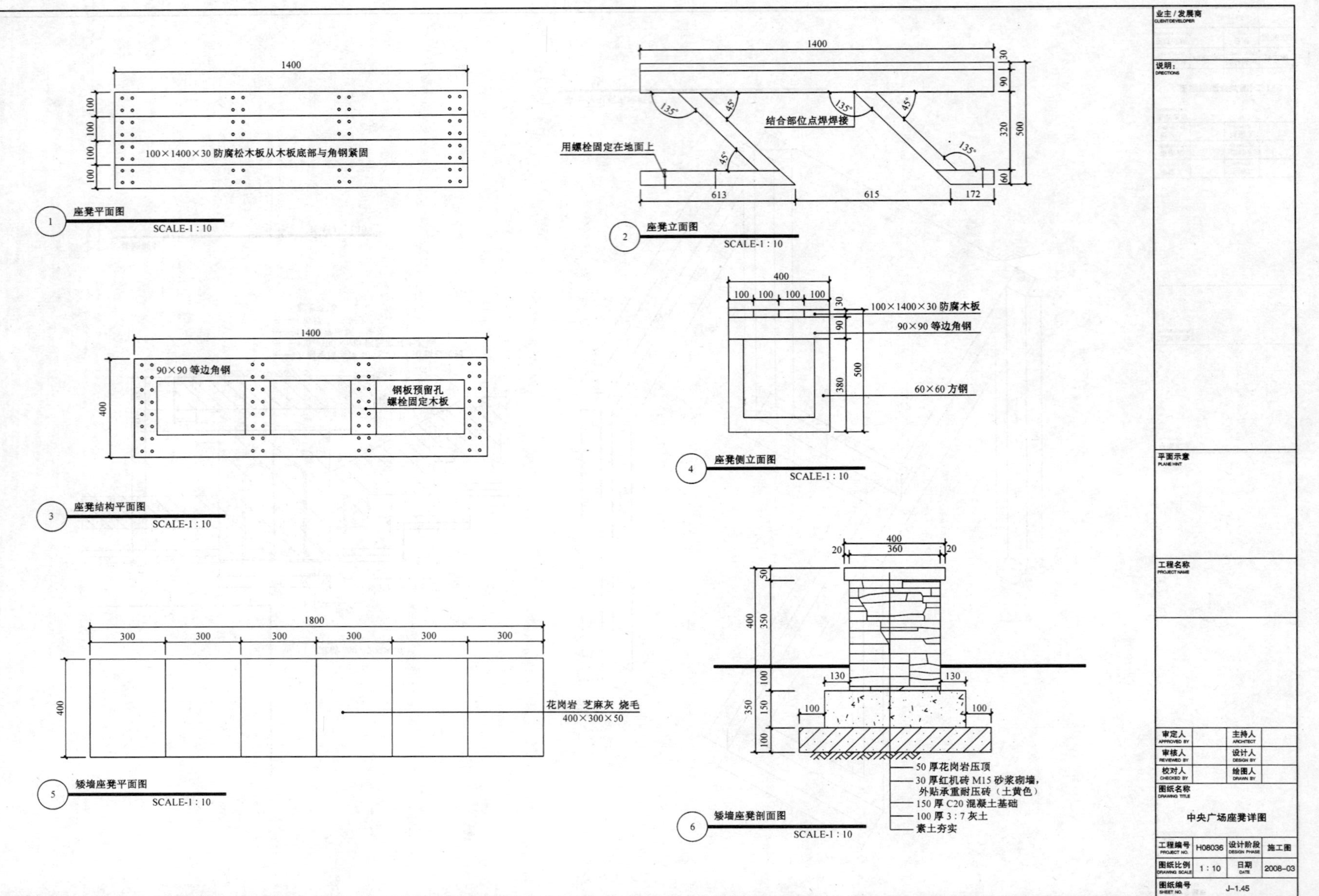

1400
100 100 100 100
100×1400×30 防腐松木板从木板底部与角钢紧固
1 座凳平面图
SCALE-1 : 10
1400
30 90 320 60
500
135°
45°
结合部位点焊焊接
用螺栓固定在地面上
613 615 172
2 座凳立面图
SCALE-1 : 10
1400
400
90×90 等边角钢
钢板预留孔
螺栓固定木板
3 座凳结构平面图
SCALE-1 : 10
400
100 100 100 100
30 90 380 500
100×1400×30 防腐木板
90×90 等边角钢
60×60 方钢
4 座凳侧立面图
SCALE-1 : 10
1800
300 300 300 300 300 300
400
花岗岩 芝麻灰 烧毛
400×300×50
5 矮墙座凳平面图
SCALE-1 : 10
400
20 360 20
50 350 400
100 150 100 350
130 130
100 100
50 厚花岗岩压顶
30 厚红机砖 M15 砂浆砌墙，
外贴承重耐压砖（土黄色）
150 厚 C20 混凝土基础
100 厚 3 : 7 灰土
素土夯实
6 矮墙座凳剖面图
SCALE-1 : 10
业主 / 发展商
CLIENT/DEVELOPER
说明：
DIRECTIONS
平面示意
PLANE HINT
工程名称
PROJECT NAME
审定人 APPROVED BY
主持人 ARCHITECT
审核人 REVIEWED BY
设计人 DESIGN BY
校对人 CHECKED BY
绘图人 DRAWN BY
图纸名称 DRAWING TITLE
中央广场座凳详图
工程编号 PROJECT NO. H08036
设计阶段 DESIGN PHASE 施工图
图纸比例 DRAWING SCALE 1 : 10
日期 DATE 2008–03
图纸编号 SHEET NO. J–1.45

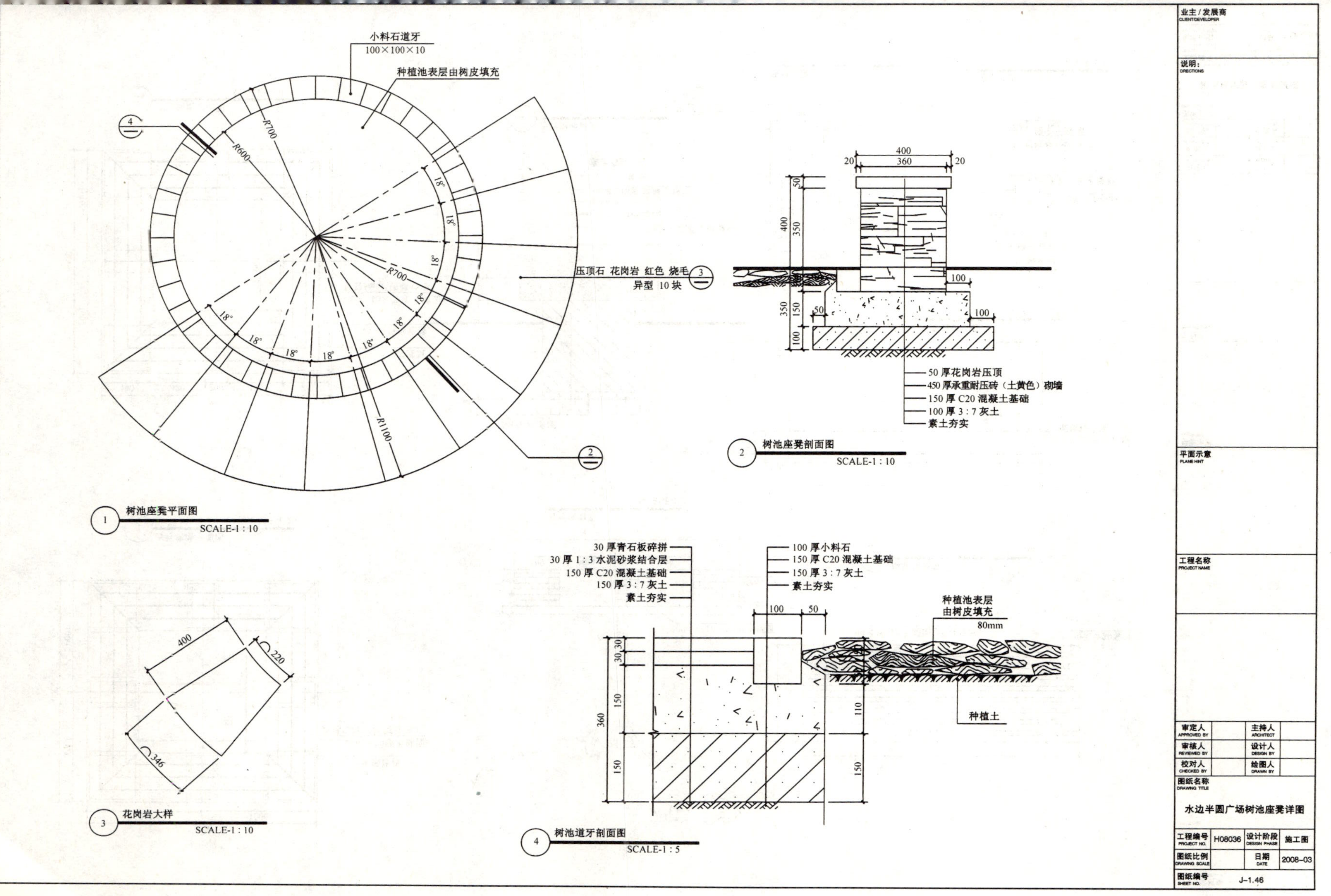
小料石道牙
100×100×10
种植池表层由构皮填充
压顶石 花岗岩 红色 烧毛
异型 10块
R700
R600
R1100
18°
树池座凳平面图
SCALE-1 : 10
50 厚花岗岩压顶
450 厚承重耐压砖（土黄色）砌墙
150 厚 C20 混凝土基础
100 厚 3 : 7 灰土
素土夯实
树池座凳剖面图
SCALE-1 : 10
花岗岩大样
SCALE-1 : 10
30 厚青石板碎拼
30 厚 1 : 3 水泥砂浆结合层
150 厚 C20 混凝土基础
150 厚 3 : 7 灰土
素土夯实
100 厚小料石
150 厚 C20 混凝土基础
150 厚 3 : 7 灰土
素土夯实
种植池表层
由树皮填充
80mm
种植土
树池道牙剖面图
SCALE-1 : 5
业主/发展商
CLIENT/DEVELOPER
说明：
DIRECTIONS
平面示意
PLANE HINT
工程名称
PROJECT NAME
审定人
APPROVED BY
主持人
ARCHITECT
审核人
REVIEWED BY
设计人
DESIGN BY
校对人
CHECKED BY
绘图人
DRAWN BY
图纸名称
DRAWING TITLE
水边半圆广场树池座凳详图
工程编号
PROJECT NO.
H08036
设计阶段
DESIGN PHASE
施工图
图纸比例
DRAWING SCALE
日期
DATE
2008-03
图纸编号
SHEET NO.
J-1.46

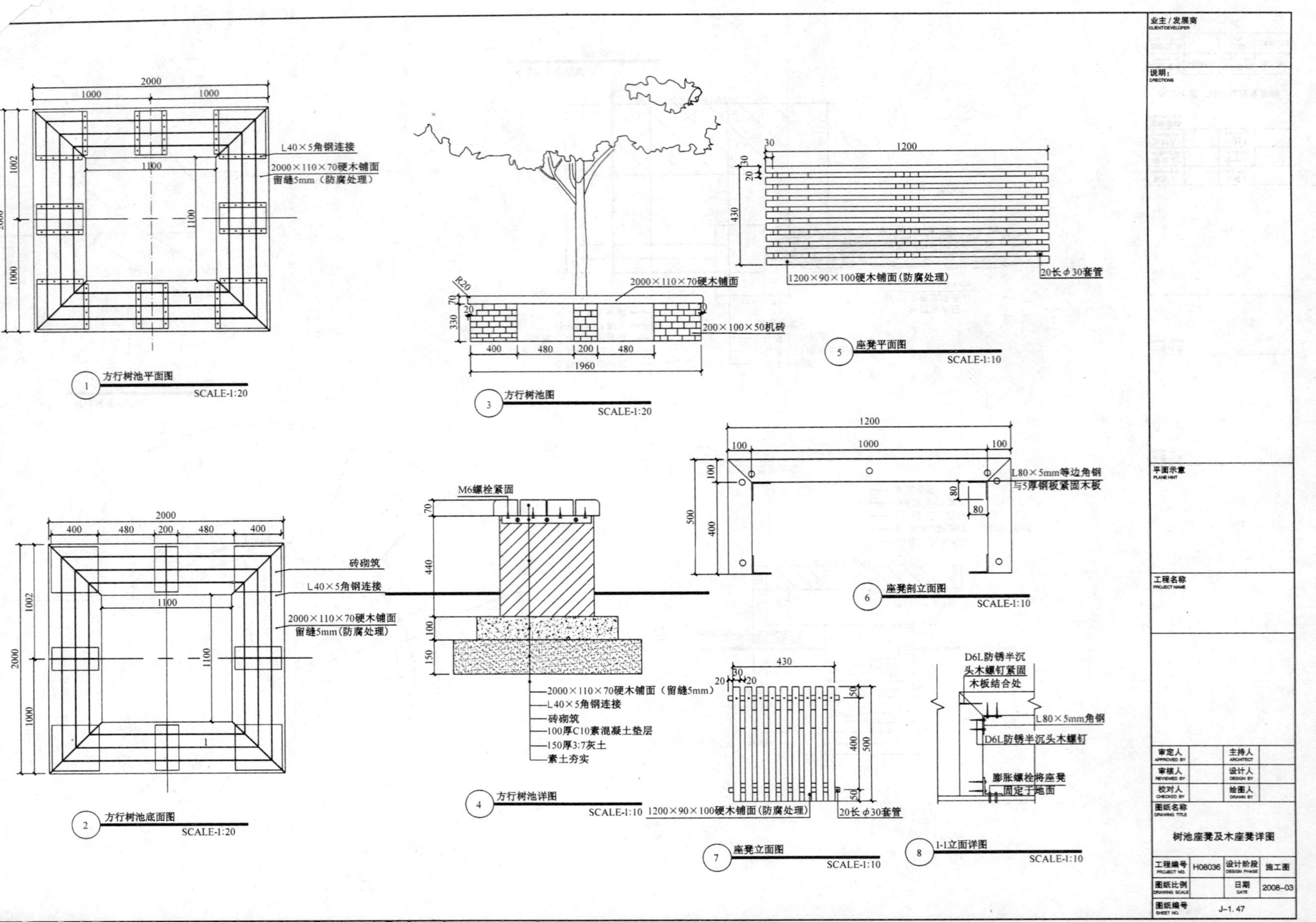

方行树池平面图
SCALE-1:20
L40×5角钢连接
2000×110×70硬木铺面
留缝5mm（防腐处理）
方行树池底面图
SCALE-1:20
砖砌筑
方行树池图
SCALE-1:20
2000×110×70硬木铺面
200×100×50机砖
方行树池详图
SCALE-1:10
M6螺栓紧固
2000×110×70硬木铺面（留缝5mm）
L40×5角钢连接
100厚C10素混凝土垫层
150厚3:7灰土
素土夯实
座凳平面图
SCALE-1:10
1200×90×100硬木铺面(防腐处理)
20长φ30套管
座凳剖立面图
SCALE-1:10
L80×5mm等边角钢
与5厚钢板紧固木板
座凳立面图
SCALE-1:10
1-1立面详图
SCALE-1:10
D6L防锈半沉
头木螺钉紧固
木板结合处
L80×5mm角钢
D6L防锈半沉头木螺钉
膨胀螺栓将座凳
固定于地面
业主/发展商
说明：
平面示意
工程名称
审定人
审核人
校对人
主持人
设计人
绘图人
图纸名称
树池座凳及木座凳详图
工程编号 H08036
设计阶段 施工图
图纸比例
日期 2008-03
图纸编号 J-1.47

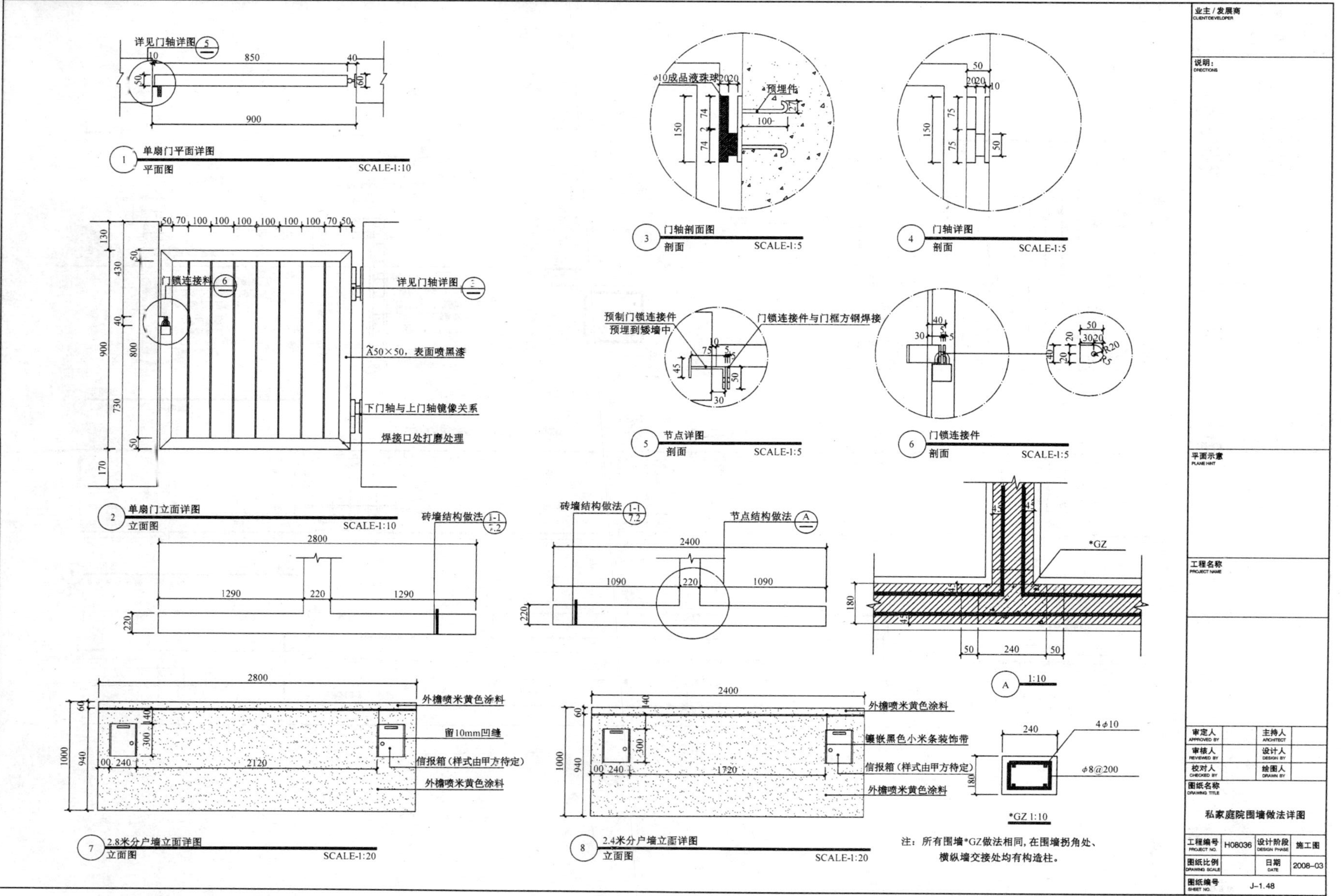

业主/发展商 CLIENT/DEVELOPER
说明: DIRECTIONS
平面示意 PLANE HINT
工程名称 PROJECT NAME
审定人 APPROVED BY
主持人 ARCHITECT
审核人 REVIEWED BY
设计人 DESIGN BY
校对人 CHECKED BY
绘图人 DRAWN BY
图纸名称 DRAWING TITLE
私家庭院围墙做法详图
工程编号 PROJECT NO. H08036
设计阶段 DESIGN PHASE 施工图
图纸比例 DRAWING SCALE
日期 DATE 2008-03
图纸编号 SHEET NO. J-1.48
详见门轴详图
1 单扇门平面详图 平面图 SCALE-1:10
门锁连接料
详见门轴详图
A50×50，表面喷黑漆
下门轴与上门轴镜像关系
焊接口处打磨处理
2 单扇门立面详图 立面图 SCALE-1:10
φ10成品液珠球
预埋件
3 门轴剖面图 剖面 SCALE-1:5
4 门轴详图 剖面 SCALE-1:5
预制门锁连接件 预埋到矮墙中
门锁连接件与门框方钢焊接
5 节点详图 剖面 SCALE-1:5
6 门锁连接件 剖面 SCALE-1:5
砖墙结构做法
节点结构做法
*GZ
A 1:10
外檐喷米黄色涂料
留10mm凹缝
信报箱（样式由甲方待定）
外檐喷米黄色涂料
7 2.8米分户墙立面详图 立面图 SCALE-1:20
外檐喷米黄色涂料
镶嵌黑色小米条装饰带
信报箱（样式由甲方待定）
外檐喷米黄色涂料
8 2.4米分户墙立面详图 立面图 SCALE-1:20
4φ10
φ8@200
*GZ 1:10
注：所有围墙*GZ做法相同，在围墙拐角处、横纵墙交接处均有构造柱。

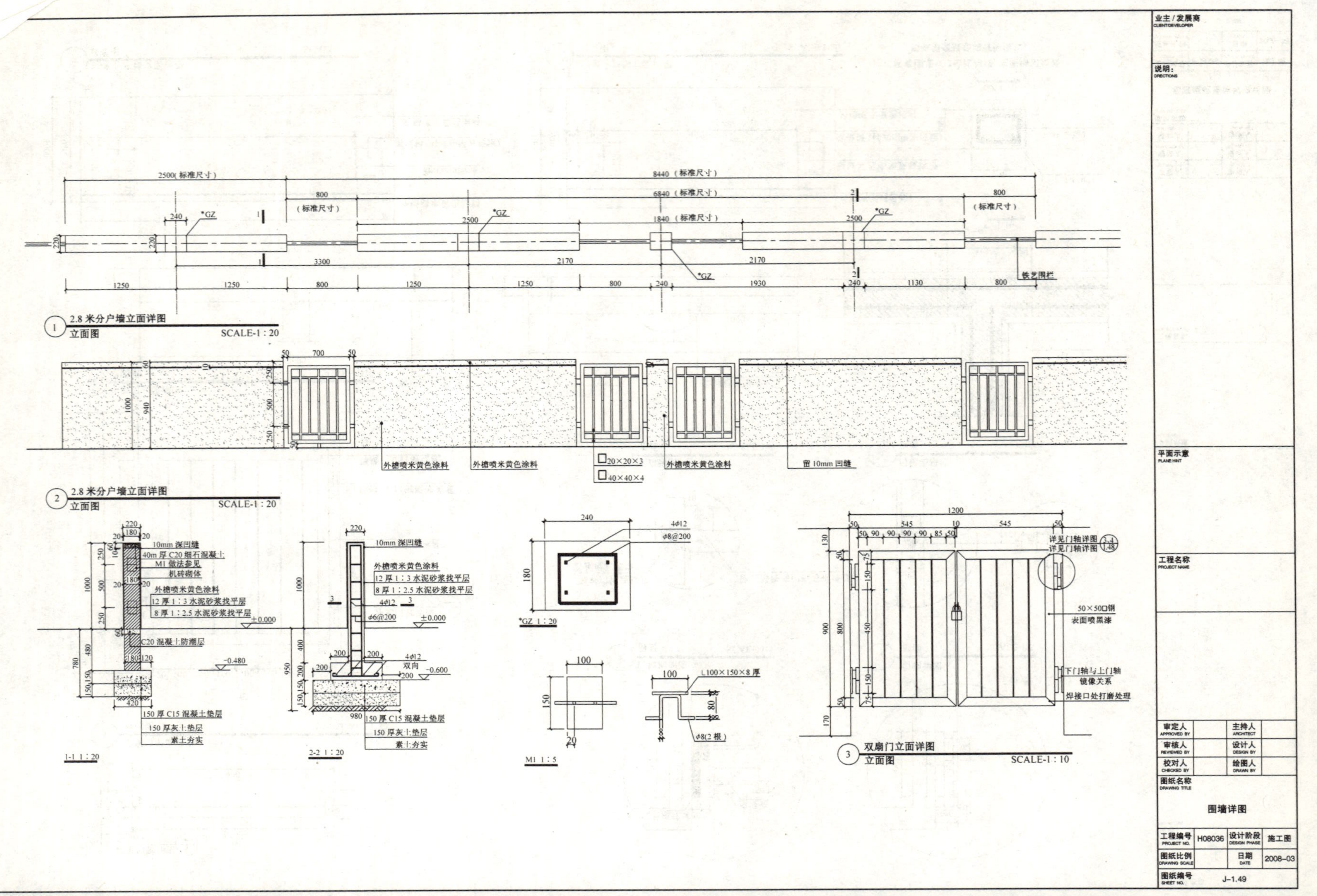
2.8米分户墙立面详图
立面图
SCALE-1:20
外墙喷米黄色涂料
留10mm凹缝
2.8米分户墙立面详图
立面图
SCALE-1:20
10mm深凹缝
40m厚C20细石混凝土
M1做法参见
机砖砌体
外墙喷米黄色涂料
12厚1:3水泥砂浆找平层
8厚1:2.5水泥砂浆找平层
C20混凝土防潮层
150厚C15混凝土垫层
150厚灰土垫层
素土夯实
1-1 1:20
2-2 1:20
*GZ 1:20
M1 1:5
铁艺围栏
50×50口钢
表面喷黑漆
下门轴与上门轴
镜像关系
焊接口处打磨处理
双扇门立面详图
立面图
SCALE-1:10
业主/发展商
说明:
平面示意
工程名称
审定人
审核人
校对人
主持人
设计人
绘图人
图纸名称
围墙详图
工程编号 H08036
设计阶段 施工图
图纸比例
日期 2008-03
图纸编号 J-1.49

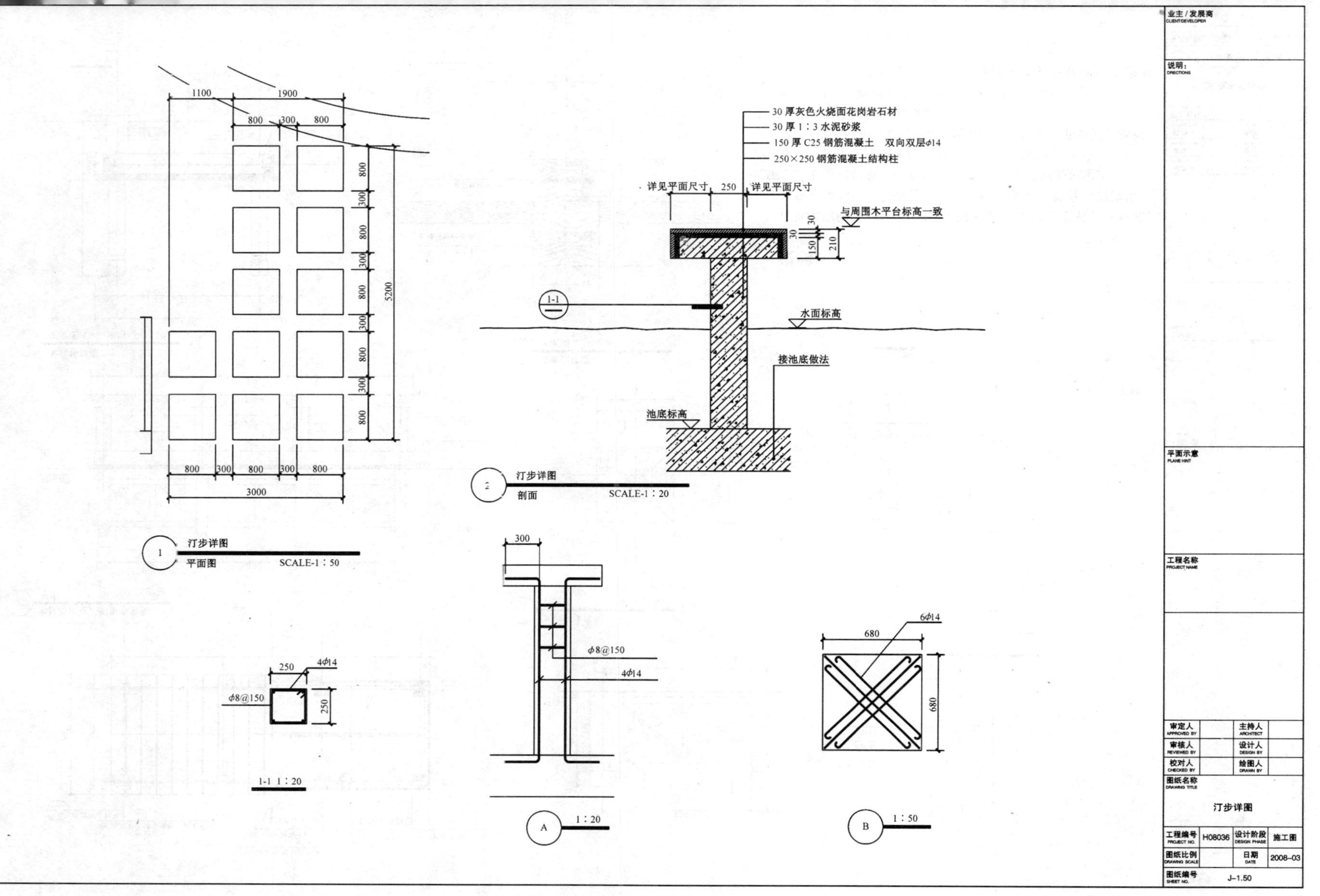
1100
1900
800
300
800
5200
3000
汀步详图
平面图
SCALE-1：50
30 厚灰色火烧面花岗岩石材
30 厚 1：3 水泥砂浆
150 厚 C25 钢筋混凝土 双向双层ϕ14
250×250 钢筋混凝土结构柱
详见平面尺寸
250
详见平面尺寸
与周围木平台标高一致
30
150
210
1-1
水面标高
接池底做法
池底标高
汀步详图
剖面
SCALE-1：20
250
4ϕ14
ϕ8@150
1-1 1：20
ϕ8@150
4ϕ14
A
1：20
6ϕ14
680
B
1：50
业主/发展商
说明：
平面示意
工程名称
审定人
主持人
审核人
设计人
校对人
绘图人
图纸名称
汀步详图
工程编号
H08036
设计阶段
施工图
图纸比例
日期
2008-03
图纸编号
J-1.50

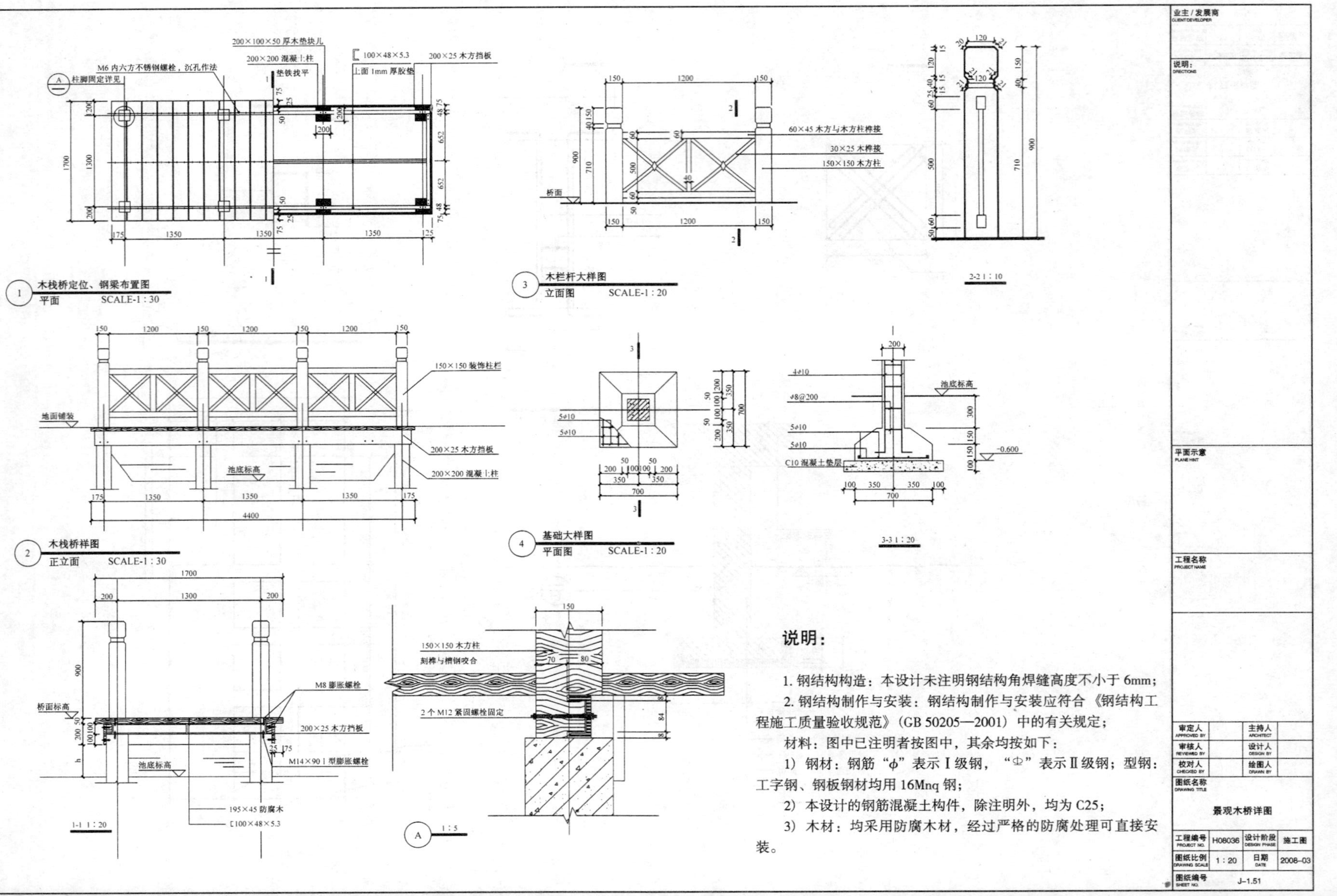

木栈桥定位、钢梁布置图
平面 SCALE-1 : 30
木栈桥样图
正立面 SCALE-1 : 30
木栏杆大样图
立面图 SCALE-1 : 20
基础大样图
平面图 SCALE-1 : 20
2-2 1 : 10
3-3 1 : 20
1-1 1 : 20
A 1 : 5
M6 内六方不锈钢螺栓，沉孔作法
柱脚固定详见
200×100×50 厚木垫块儿
200×200 混凝土柱
垫铁找平
100×48×5.3
上面 1mm 厚胶垫
200×25 木方挡板
60×45 木方与木方柱榫接
30×25 木榫接
150×150 木方柱
桥面
150×150 装饰柱栏
地面铺装
池底标高
200×200 混凝土柱
C10 混凝土垫层
桥面标高
M8 膨胀螺栓
M14×90 I 型膨胀螺栓
195×45 防腐木
刻榫与槽钢咬合
2 个 M12 紧固螺栓固定
说明：
1. 钢结构构造：本设计未注明钢结构角焊缝高度不小于 6mm；
2. 钢结构制作与安装：钢结构制作与安装应符合《钢结构工程施工质量验收规范》（GB 50205—2001）中的有关规定；
材料：图中已注明者按图中，其余均按如下：
1）钢材：钢筋“ϕ”表示Ⅰ级钢，“Φ”表示Ⅱ级钢；型钢：工字钢、钢板钢材均用 16Mnq 钢；
2）本设计的钢筋混凝土构件，除注明外，均为 C25；
3）木材：均采用防腐木材，经过严格的防腐处理可直接安装。
业主/发展商
说明：
平面示意
工程名称
审定人 主持人
审核人 设计人
校对人 绘图人
图纸名称
景观木桥详图
工程编号 H08036 设计阶段 施工图
图纸比例 1 : 20 日期 2008-03
图纸编号 J-1.51

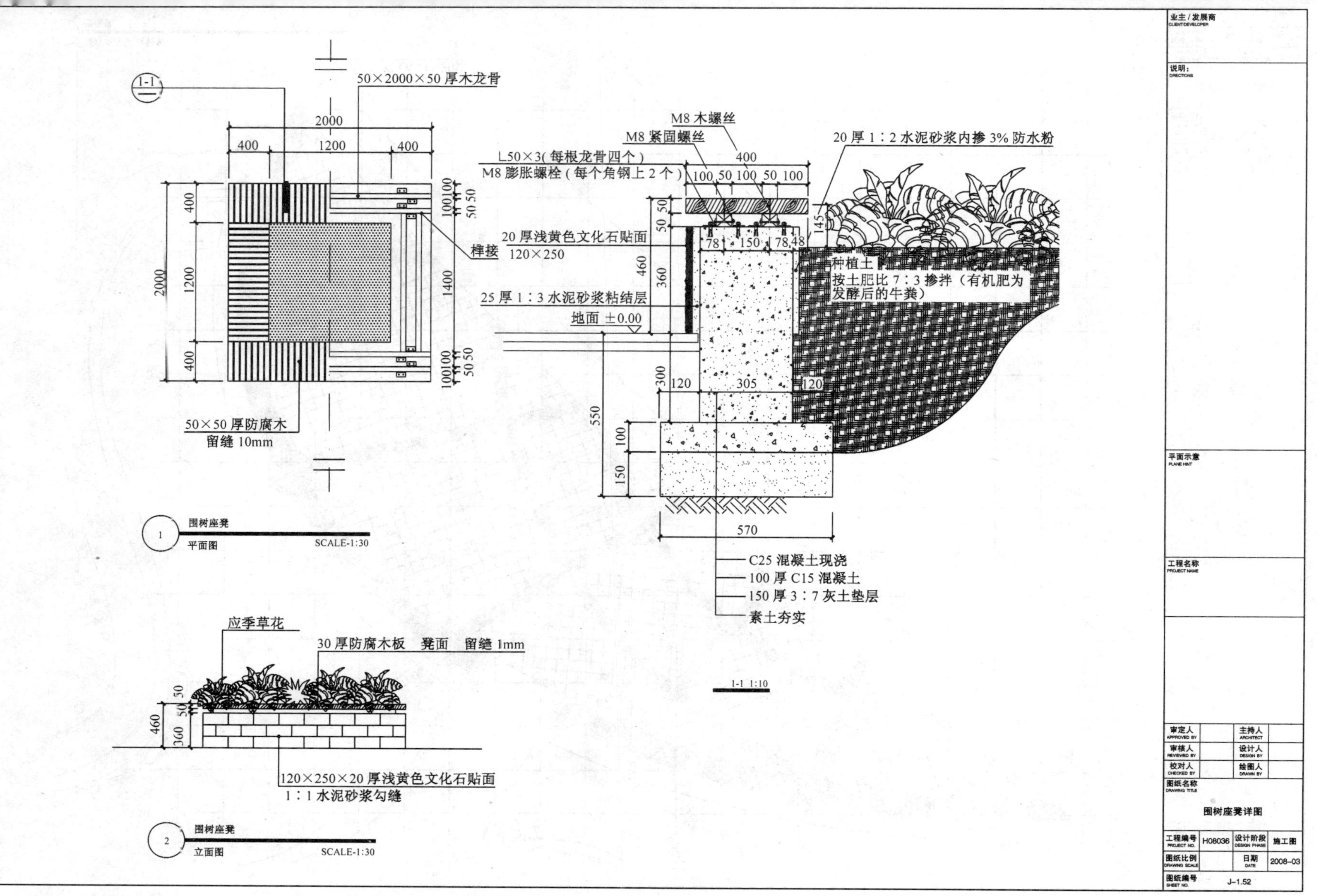

50×2000×50 厚木龙骨
2000
400
1200
400
100100
50 50
1400
榫接
50×50 厚防腐木
留缝 10mm
围树座凳
平面图
SCALE-1:30
M8 木螺丝
M8 紧固螺丝
L50×3(每根龙骨四个)
M8 膨胀螺栓(每个角钢上 2 个)
400
100 50 100 50 100
20 厚 1：2 水泥砂浆内掺 3% 防水粉
145
20 厚浅黄色文化石贴面
120×250
78 150 78,48
种植土
按土肥比 7：3 掺拌（有机肥为发酵后的牛粪）
25 厚 1：3 水泥砂浆粘结层
地面 ±0.00
460
360
300
120
305
120
550
100
150
570
C25 混凝土现浇
100 厚 C15 混凝土
150 厚 3：7 灰土垫层
素土夯实
1-1 1:10
应季草花
30 厚防腐木板　凳面　留缝 1mm
120×250×20 厚浅黄色文化石贴面
1：1 水泥砂浆勾缝
围树座凳
立面图
SCALE-1:30
业主/发展商 CLIENT/DEVELOPER
说明：DIRECTIONS
平面示意 PLANE HINT
工程名称 PROJECT NAME
审定人 APPROVED BY
主持人 ARCHITECT
审核人 REVIEWED BY
设计人 DESIGN BY
校对人 CHECKED BY
绘图人 DRAWN BY
图纸名称 DRAWING TITLE
围树座凳详图
工程编号 PROJECT NO. H08036
设计阶段 DESIGN PHASE 施工图
图纸比例 DRAWING SCALE
日期 DATE 2008-03
图纸编号 SHEET NO. J-1.52

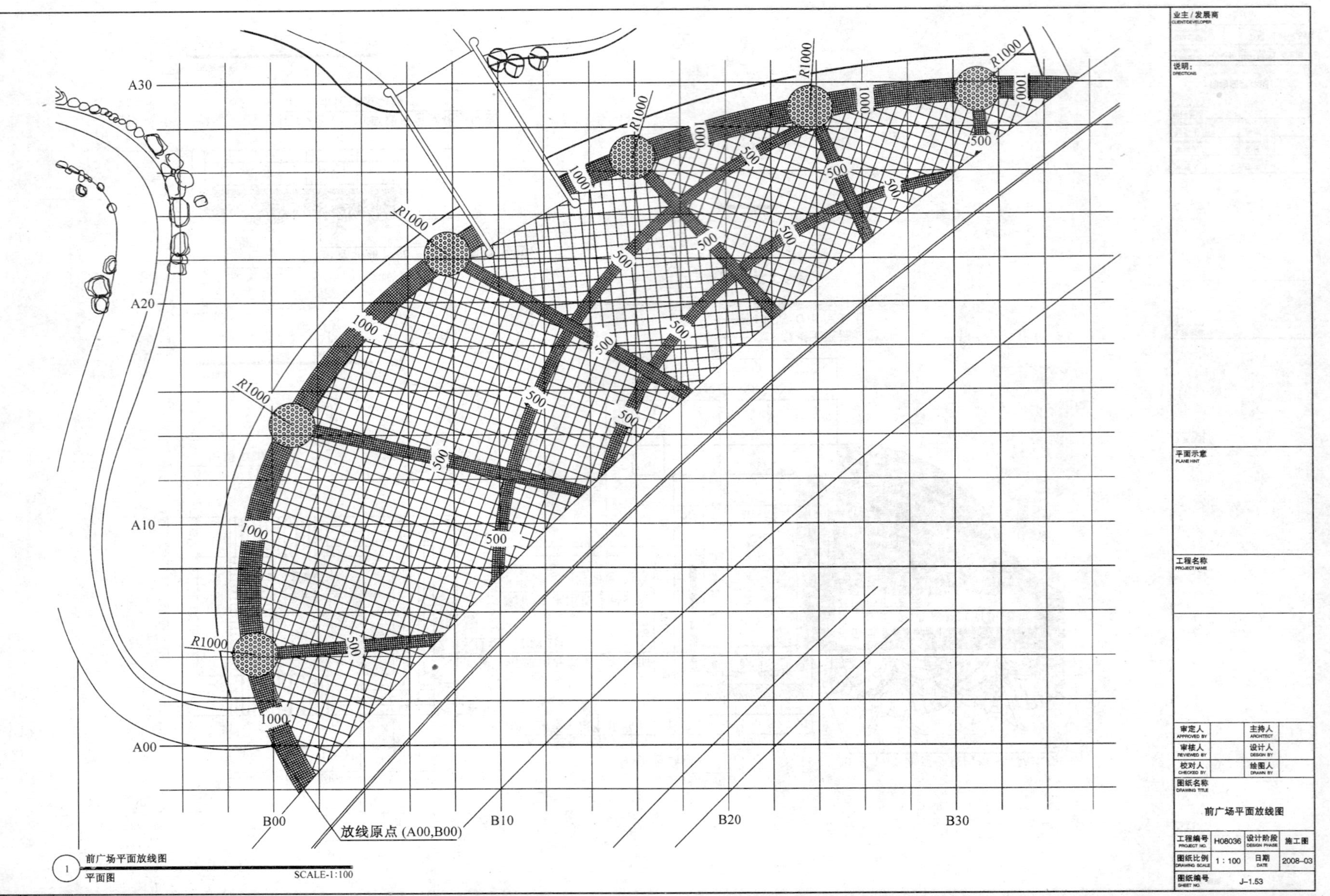
业主/发展商
CLIENT/DEVELOPER
说明：
DIRECTIONS
平面示意
PLANE HINT
工程名称
PROJECT NAME
审定人
APPROVED BY
主持人
ARCHITECT
审核人
REVIEWED BY
设计人
DESIGN BY
校对人
CHECKED BY
绘图人
DRAWN BY
图纸名称
DRAWING TITLE
前广场平面放线图
工程编号
PROJECT NO.
H08036
设计阶段
DESIGN PHASE
施工图
图纸比例
DRAWING SCALE
1：100
日期
DATE
2008-03
图纸编号
SHEET NO.
J-1.53
A30
A20
A10
A00
B00
B10
B20
B30
R1000
1000
500
放线原点 (A00,B00)
1
前广场平面放线图
平面图
SCALE-1:100

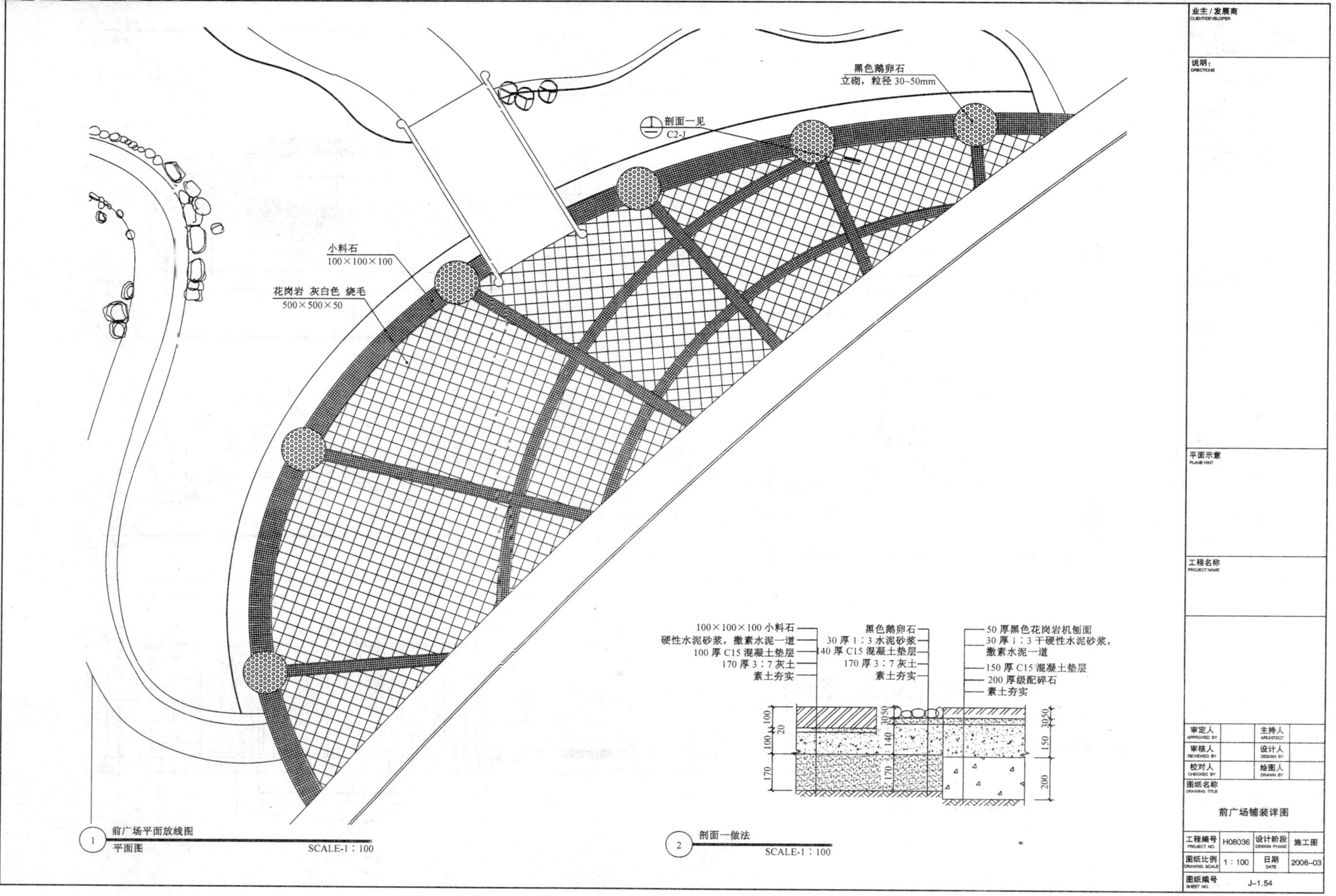

黑色鹅卵石
立砌，粒径 30~50mm
剖面一见
C2-J
小料石
100×100×100
花岗岩 灰白色 烧毛
500×500×50
100×100×100 小料石
硬性水泥砂浆，撒素水泥一道
100 厚 C15 混凝土垫层
170 厚 3：7 灰土
素土夯实
黑色鹅卵石
30 厚 1：3 水泥砂浆
40 厚 C15 混凝土垫层
170 厚 3：7 灰土
素土夯实
50 厚黑色花岗岩机刨面
30 厚 1：3 干硬性水泥砂浆，
撒素水泥一道
150 厚 C15 混凝土垫层
200 厚级配碎石
素土夯实
1 前广场平面放线图
平面图
SCALE-1：100
2 剖面一做法
SCALE-1：100
业主 / 发展商 CLIENT/DEVELOPER
说明：DIRECTIONS
平面示意 PLANE HINT
工程名称 PROJECT NAME
审定人 APPROVED BY
主持人 ARCHITECT
审核人 REVIEWED BY
设计人 DESIGN BY
校对人 CHECKED BY
绘图人 DRAWN BY
图纸名称 DRAWING TITLE
前广场铺装详图
工程编号 PROJECT NO. H08036
设计阶段 DESIGN PHASE 施工图
图纸比例 DRAWING SCALE 1：100
日期 DATE 2008-03
图纸编号 SHEET NO. J-1.54

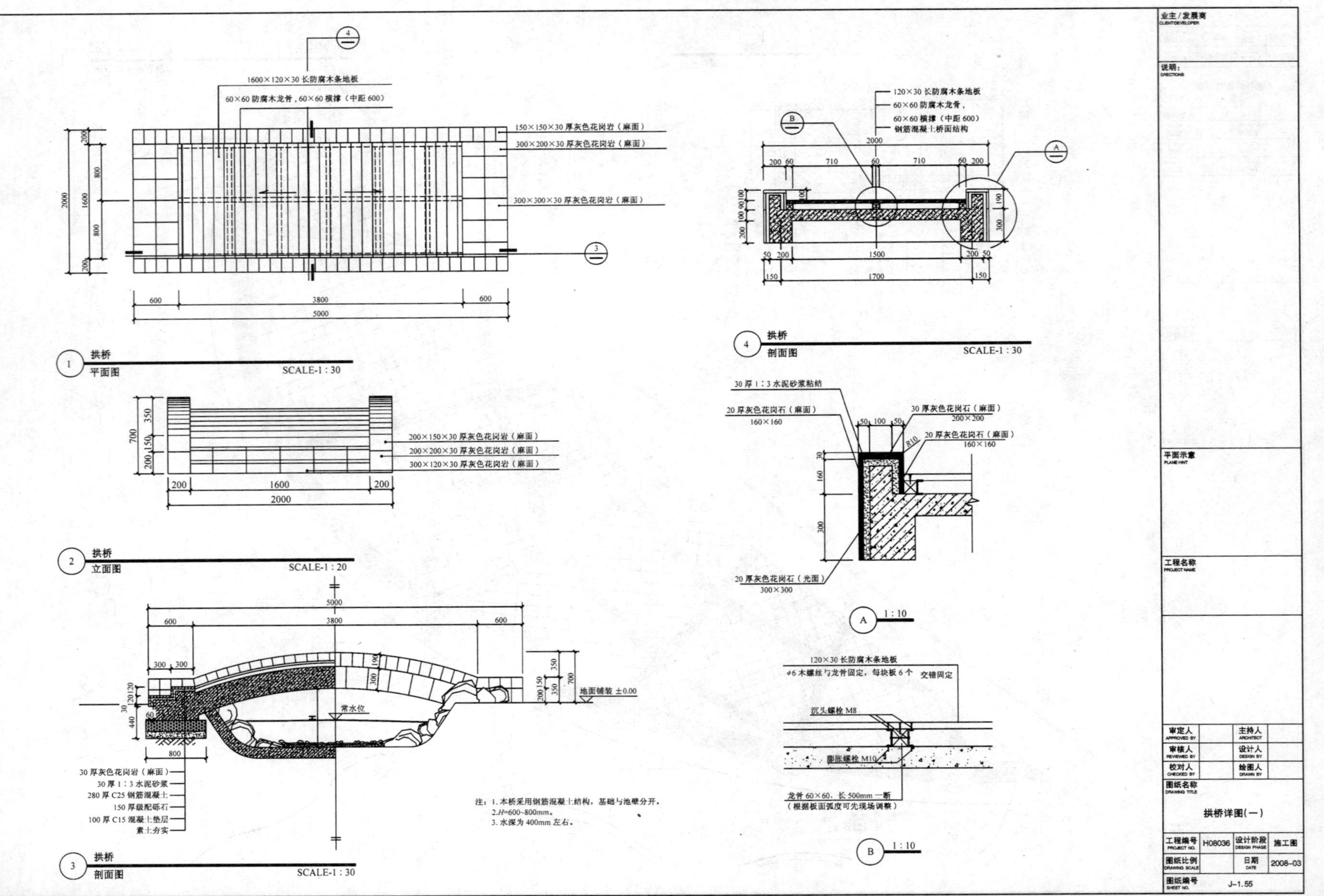
1600×120×30 长防腐木条地板
60×60 防腐木龙骨，60×60 横撑（中距 600）
150×150×30 厚灰色花岗岩（麻面）
300×200×30 厚灰色花岗岩（麻面）
300×300×30 厚灰色花岗岩（麻面）
1 拱桥 平面图 SCALE-1：30
200×150×30 厚灰色花岗岩（麻面）
200×200×30 厚灰色花岗岩（麻面）
300×120×30 厚灰色花岗岩（麻面）
2 拱桥 立面图 SCALE-1：20
常水位
地面铺装 ±0.00
30 厚灰色花岗岩（麻面）
30 厚 1：3 水泥砂浆
280 厚 C25 钢筋混凝土
150 厚级配砾石
100 厚 C15 混凝土垫层
素土夯实
注：1. 本桥采用钢筋混凝土结构，基础与池壁分开。
2.H=600~800mm。
3. 水深为 400mm 左右。
3 拱桥 剖面图 SCALE-1：30
120×30 长防腐木条地板
60×60 防腐木龙骨，
60×60 横撑（中距 600）
钢筋混凝土桥面结构
4 拱桥 剖面图 SCALE-1：30
30 厚 1：3 水泥砂浆粘结
20 厚灰色花岗石（麻面）
160×160
30 厚灰色花岗石（麻面）
200×200
20 厚灰色花岗石（麻面）
160×160
20 厚灰色花岗石（光面）
300×300
A 1：10
120×30 长防腐木条地板
φ6 木螺丝与龙骨固定，每块板 6 个 交错固定
沉头螺栓 M8
膨胀螺栓 M10
龙骨 60×60，长 500mm 一断
（根据板面弧度可先现场调整）
B 1：10
业主/发展商 CLIENT/DEVELOPER
说明：DIRECTIONS
平面示意 PLANE HINT
工程名称 PROJECT NAME
审定人 APPROVED BY
主持人 ARCHITECT
审核人 REVIEWED BY
设计人 DESIGN BY
校对人 CHECKED BY
绘图人 DRAWN BY
图纸名称 DRAWING TITLE
拱桥详图(一)
工程编号 PROJECT NO. H08036
设计阶段 DESIGN PHASE 施工图
图纸比例 DRAWING SCALE
日期 DATE 2008-03
图纸编号 SHEET NO. J-1.55

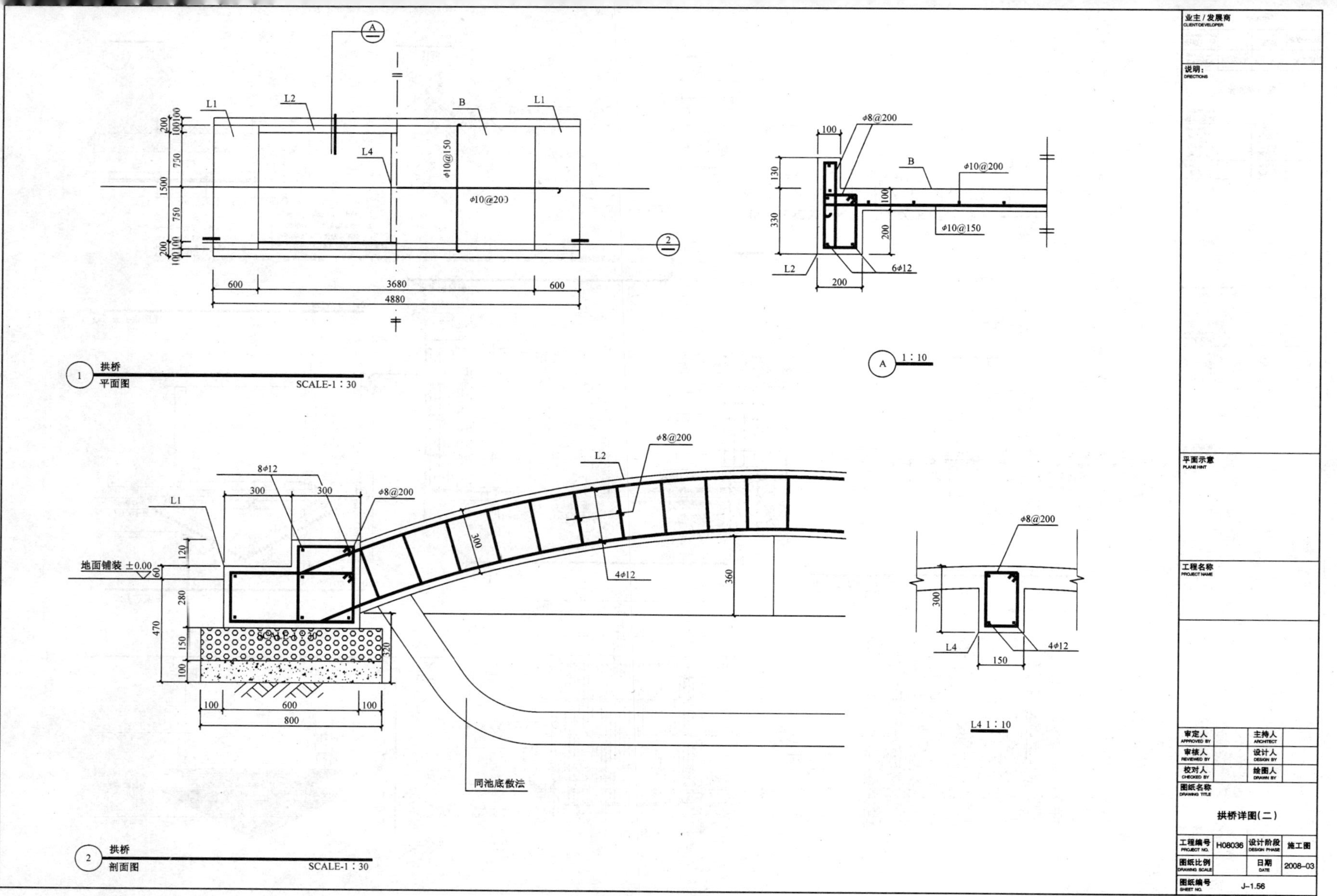

拱桥
平面图
SCALE-1：30
A 1：10
拱桥
剖面图
SCALE-1：30
L4 1：10
地面铺装 ±0.00
同池底散法
φ10@150
φ10@200
φ8@200
6φ12
8φ12
4φ12
业主/发展商 CLIENT/DEVELOPER
说明：DIRECTIONS
平面示意 PLANE HINT
工程名称 PROJECT NAME
审定人 APPROVED BY
主持人 ARCHITECT
审核人 REVIEWED BY
设计人 DESIGN BY
校对人 CHECKED BY
绘图人 DRAWN BY
图纸名称 DRAWING TITLE
拱桥详图(二)
工程编号 PROJECT NO. H08036
设计阶段 DESIGN PHASE 施工图
图纸比例 DRAWING SCALE
日期 DATE 2008-03
图纸编号 SHEET NO. J-1.56

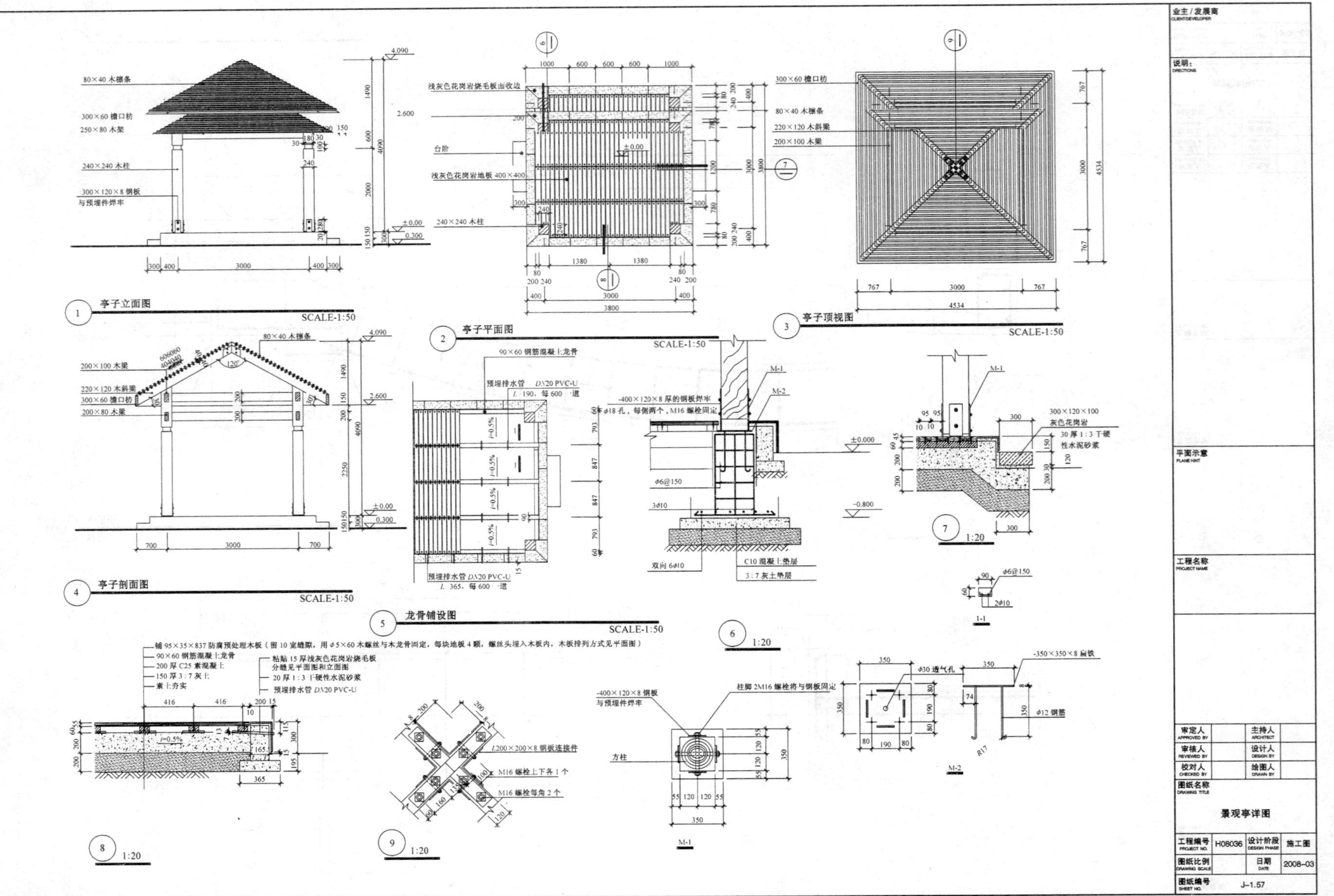

业主/发展商
说明：
平面示意
工程名称
审定人
主持人
审核人
设计人
校对人
绘图人
图纸名称
景观亭详图
工程编号 H08036
设计阶段 施工图
图纸比例
日期 2008-03
图纸编号 J-1.57
亭子立面图
SCALE-1:50
80×40 木挂条
300×60 檐口枋
250×80 木梁
240×240 木柱
300×120×8 钢板
与预埋件焊牢
亭子平面图
SCALE-1:50
浅灰色花岗岩烧毛板面收边
台阶
浅灰色花岗岩地板 400×400
240×240 木柱
亭子顶视图
SCALE-1:50
300×60 檐口枋
80×40 木挂条
220×120 木斜梁
200×100 木梁
亭子剖面图
SCALE-1:50
80×40 木挂条
200×100 木梁
220×120 木斜梁
300×60 檐口枋
200×80 木梁
龙骨铺设图
SCALE-1:50
90×60 钢筋混凝土龙骨
预埋排水管 DN20 PVC-U
L 190，每 600 一道
预埋排水管 DN20 PVC-U
L 365，每 600 一道
i=0.5%
-400×120×8 厚的钢板焊牢
留 φ18 孔，每侧两个，M16 螺栓固定
M-1
M-2
±0.000
-0.800
φ6@150
3φ10
双向 6φ10
C10 混凝土垫层
3:7 灰土垫层
1:20
300×120×100
灰色花岗岩
30 厚 1:3 干硬
性水泥砂浆
1-1
铺 95×35×837 防腐预处理木板（留 10 宽缝隙，用 φ5×60 木螺丝与木龙骨固定，每块地板 4 颗，螺丝头埋入木板内，木板排列方式见平面图）
90×60 钢筋混凝土龙骨
200 厚 C25 素混凝土
150 厚 3:7 灰土
素土夯实
粘贴 15 厚浅灰色花岗岩烧毛板
分缝见平面图和立面图
20 厚 1:3 干硬性水泥砂浆
预埋排水管 DN20 PVC-U
L200×200×8 钢板连接件
M16 螺栓上下各 1 个
M16 螺栓每角 2 个
-400×120×8 钢板
与预埋件焊牢
柱脚 2M16 螺栓将与钢板固定
方柱
φ30 透气孔
-350×350×8 扁铁
φ12 钢筋

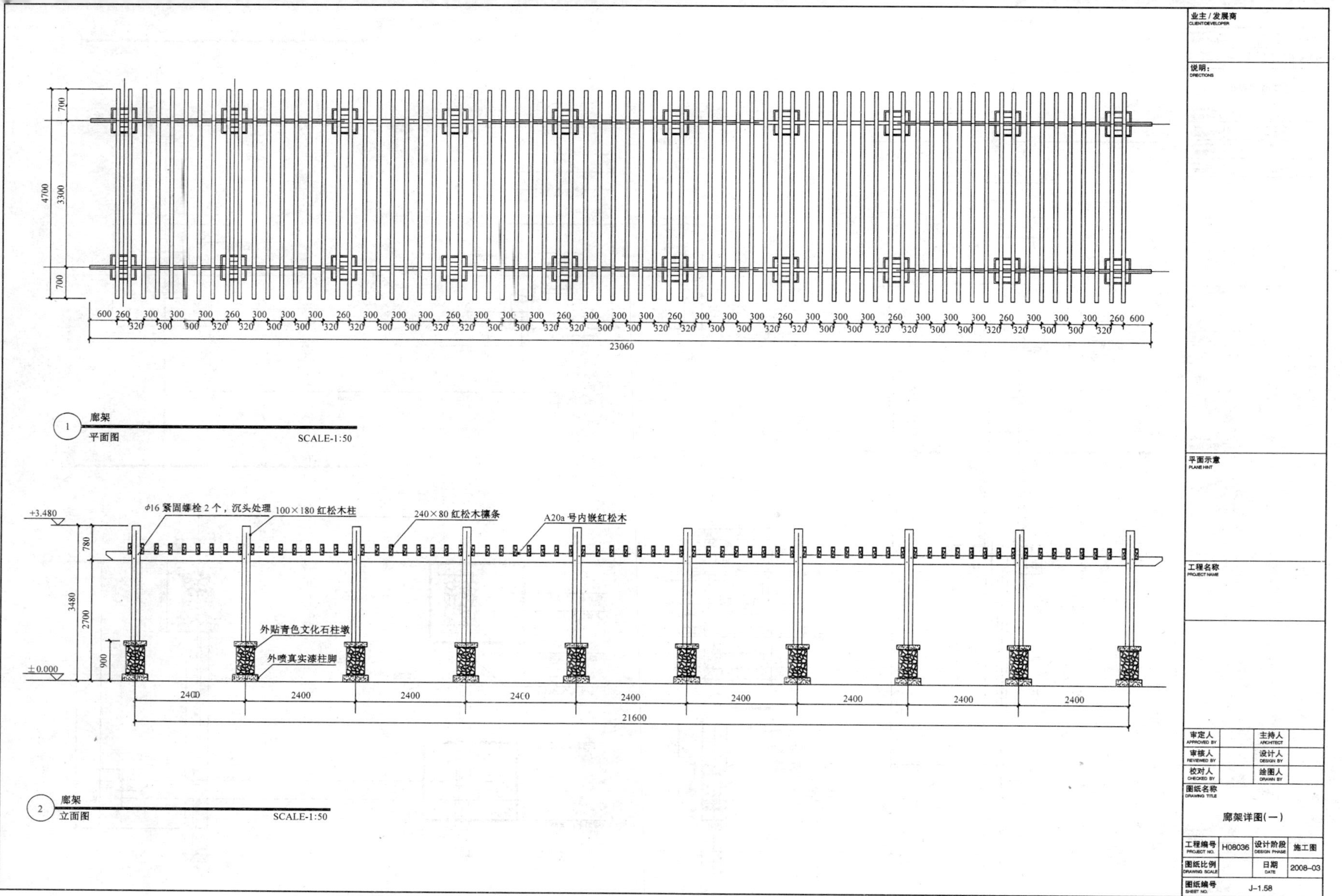
业主/发展商
CLIENT/DEVELOPER
说明：
DIRECTIONS
平面示意
PLANE HINT
工程名称
PROJECT NAME
审定人
APPROVED BY
主持人
ARCHITECT
审核人
REVIEWED BY
设计人
DESIGN BY
校对人
CHECKED BY
绘图人
DRAWN BY
图纸名称
DRAWING TITLE
廊架详图(一)
工程编号
PROJECT NO.
H08036
设计阶段
DESIGN PHASE
施工图
图纸比例
DRAWING SCALE
日期
DATE
2008-03
图纸编号
SHEET NO.
J-1.58
700
3300
700
4700
23060
1 廊架
平面图
SCALE-1:50
+3.480
±0.000
φ16 紧固螺栓 2 个，沉头处理
100×180 红松木柱
240×80 红松木檩条
A20a 号内嵌红松木
外贴青色文化石柱墩
外喷真实漆柱脚
780
2700
3480
900
2400
21600
2 廊架
立面图
SCALE-1:50

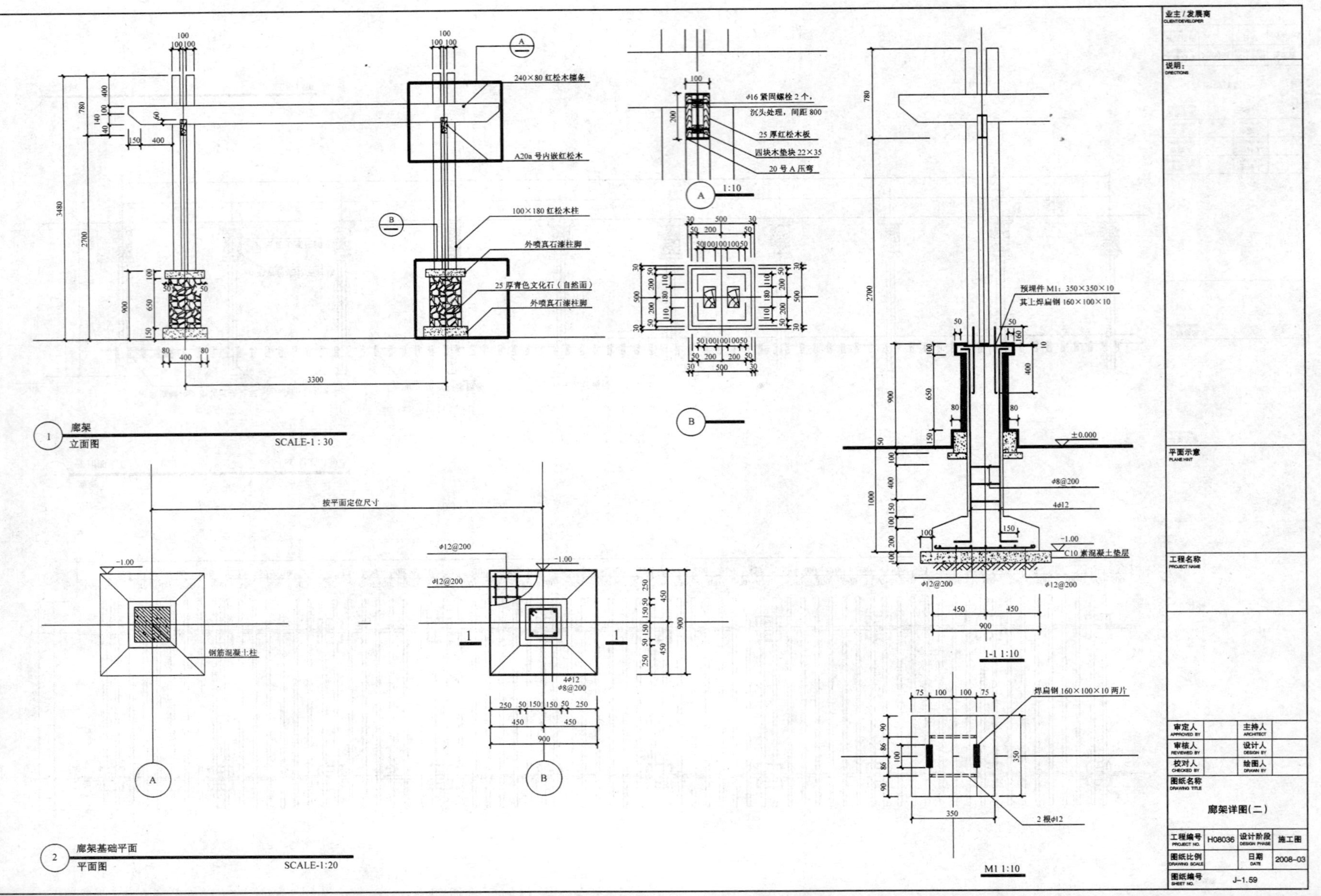
240×80 红松木檩条
A20a 号内嵌红松木
100×180 红松木柱
外喷真石漆柱脚
25 厚青色文化石（自然面）
外喷真石漆柱脚
1 廊架
立面图
SCALE-1 : 30
ϕ16 紧固螺栓 2 个，
沉头处理，间距 800
25 厚红松木板
四块木垫块 22×35
20 号 A 压弯
A 1:10
B
预埋件 M1：350×350×10
其上焊扁钢 160×100×10
±0.000
ϕ8@200
4ϕ12
-1.00
C10 素混凝土垫层
ϕ12@200
1-1 1:10
焊扁钢 160×100×10 两片
2 根ϕ12
M1 1:10
按平面定位尺寸
钢筋混凝土柱
2 廊架基础平面
平面图
SCALE-1:20
业主 / 发展商
CLIENT/DEVELOPER
说明：
DIRECTIONS
平面示意
PLANE HINT
工程名称
PROJECT NAME
审定人
APPROVED BY
主持人
ARCHITECT
审核人
REVIEWED BY
设计人
DESIGN BY
校对人
CHECKED BY
绘图人
DRAWN BY
图纸名称
DRAWING TITLE
廊架详图(二)
工程编号
PROJECT NO.
H08036
设计阶段
DESIGN PHASE
施工图
图纸比例
DRAWING SCALE
日期
DATE
2008-03
图纸编号
SHEET NO.
J-1.59

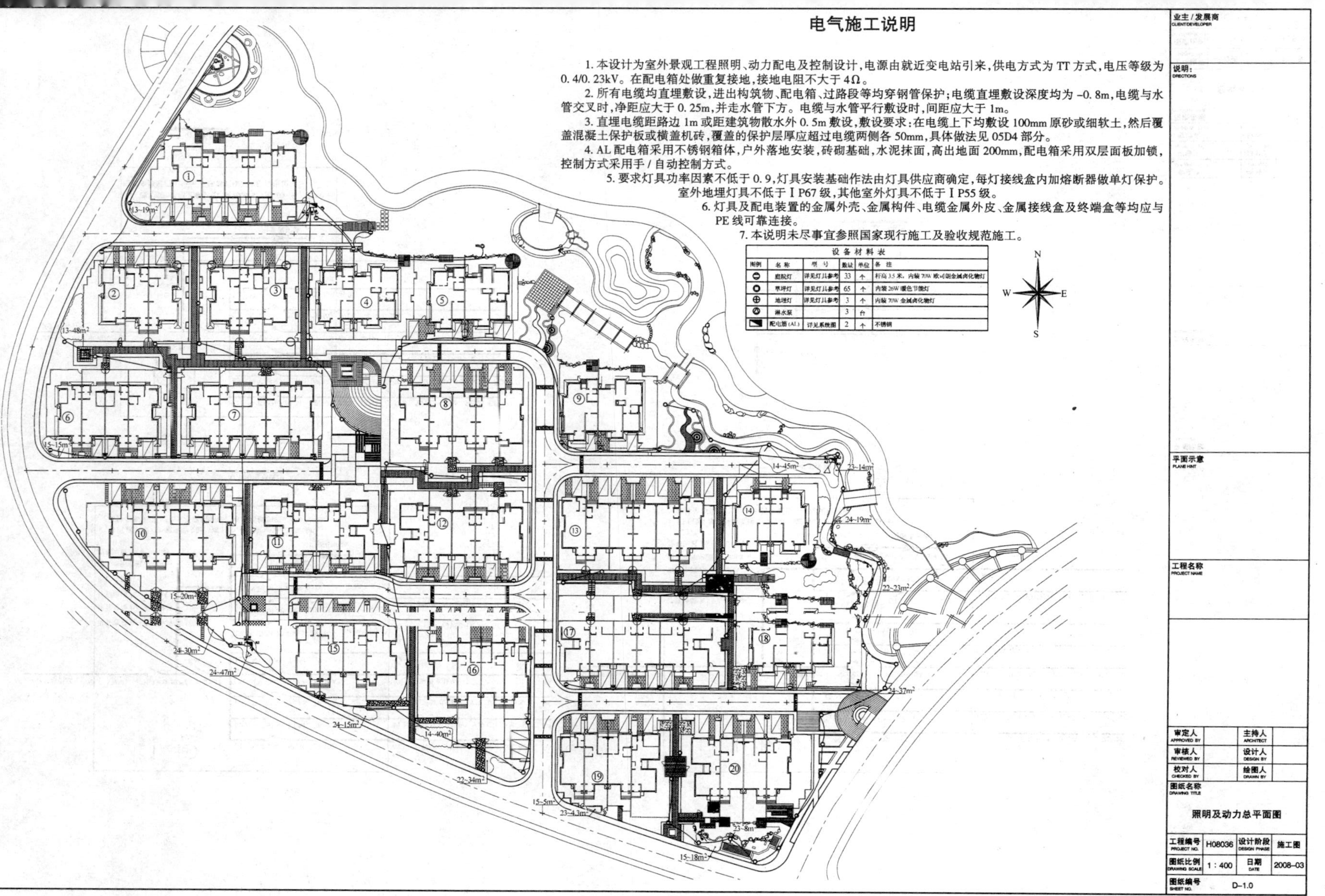

电气施工说明

1. 本设计为室外景观工程照明、动力配电及控制设计，电源由就近变电站引来，供电方式为 TT 方式，电压等级为 0.4/0.23kV。在配电箱处做重复接地，接地电阻不大于 4Ω。

2. 所有电缆均直埋敷设，进出构筑物、配电箱、过路段等均穿钢管保护；电缆直埋敷设深度均为 -0.8m，电缆与水管交叉时，净距应大于 0.25m，并走水管下方。电缆与水管平行敷设时，间距应大于 1m。

3. 直埋电缆距路边 1m 或距建筑物散水外 0.5m 敷设，敷设要求：在电缆上下均敷设 100mm 原砂或细软土，然后覆盖混凝土保护板或横盖机砖，覆盖的保护层厚应超过电缆两侧各 50mm，具体做法见 05D4 部分。

4. AL 配电箱采用不锈钢箱体，户外落地安装，砖砌基础，水泥抹面，高出地面 200mm，配电箱采用双层面板加锁，控制方式采用手 / 自动控制方式。

5. 要求灯具功率因素不低于 0.9，灯具安装基础作法由灯具供应商确定，每灯接线盒内加熔断器做单灯保护。室外地埋灯具不低于 I P67 级，其他室外灯具不低于 I P55 级。

6. 灯具及配电装置的金属外壳、金属构件、电缆金属外皮、金属接线盒及终端盒等均应与 PE 线可靠连接。

7. 本说明未尽事宜参照国家现行施工及验收规范施工。

设备材料表

图例	名称	型号	数量	单位	备注
⊖	庭院灯	详见灯具参考	33	个	杆高 3.5 米，内装 70W 欧司朗金属卤化物灯
○	草坪灯	详见灯具参考	65	个	内装 26W 暖色节能灯
⊕	地埋灯	详见灯具参考	3	个	内装 70W 金属卤化物灯
◎	淋水泵		3	台	
◩	配电箱（AL）	详见系统图	2	个	不锈钢

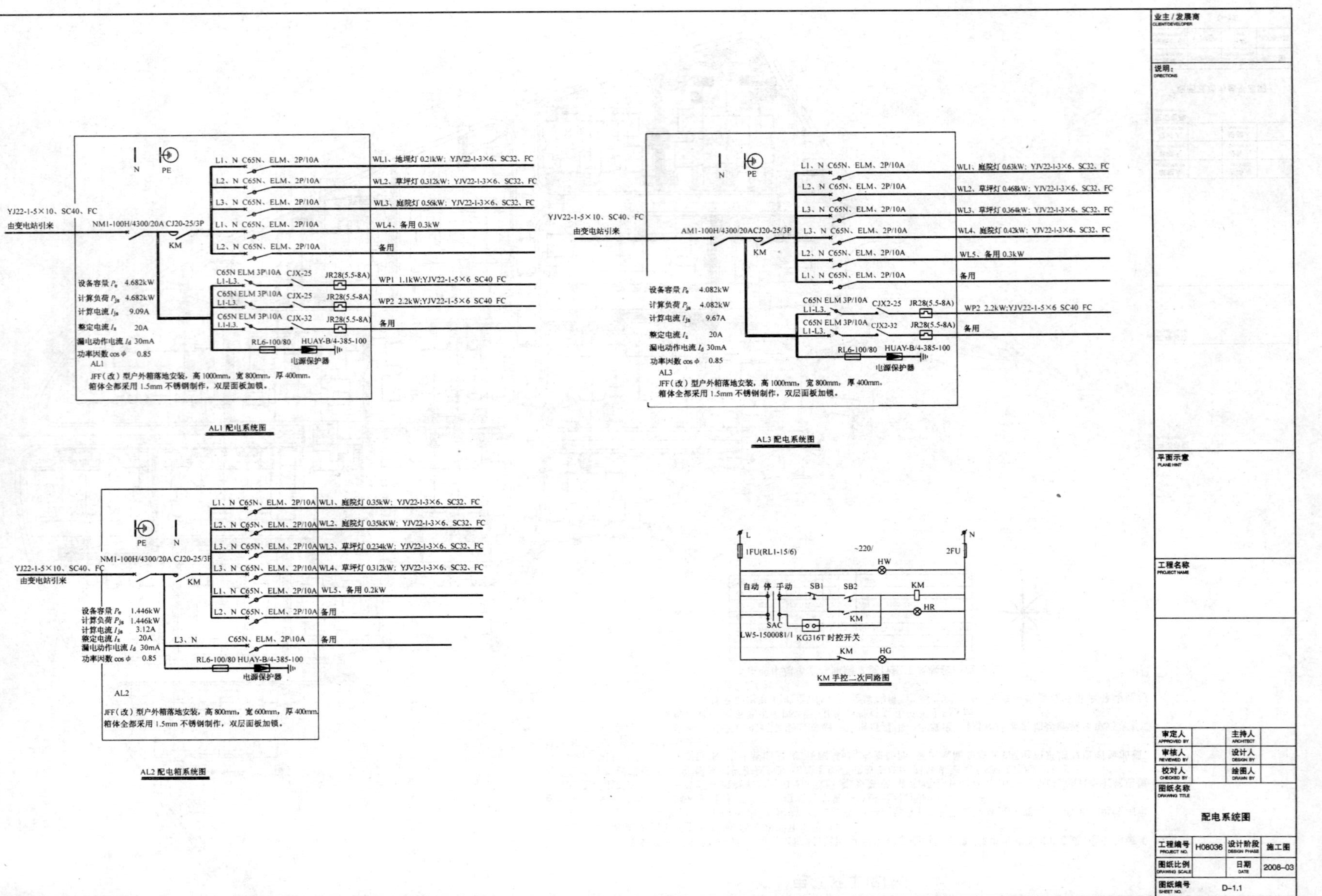

YJ22-1-5×10、SC40、FC
由变电站引来
NM1-100H/4300/20A CJ20-25/3P
KM
N
PE
L1、N C65N、ELM、2P/10A
L2、N C65N、ELM、2P/10A
L3、N C65N、ELM、2P/10A
L1、N C65N、ELM、2P/10A
L2、N C65N、ELM、2P/10A
WL1、地埋灯 0.21kW；YJV22-1-3×6、SC32、FC
WL2、草坪灯 0.312kW；YJV22-1-3×6、SC32、FC
WL3、庭院灯 0.56kW；YJV22-1-3×6、SC32、FC
WL4、备用 0.3kW
备用
C65N ELM 3P\10A L1-L3、CJX-25 JR28(5.5-8A)
C65N ELM 3P\10A L1-L3、CJX-25 JR28(5.5-8A)
C65N ELM 3P\10A L1-L3、CJX-32 JR28(5.5-8A)
WP1 1.1kW;YJV22-1-5×6 SC40 FC
WP2 2.2kW;YJV22-1-5×6 SC40 FC
备用
设备容量 P_e 4.682kW
计算负荷 P_{js} 4.682kW
计算电流 I_{js} 9.09A
整定电流 I_z 20A
漏电动作电流 I_d 30mA
功率因数 cos φ 0.85
RL6-100/80 HUAY-B/4-385-100
电源保护器
AL1
JFF（改）型户外箱落地安装，高 1000mm，宽 800mm，厚 400mm。
箱体全部采用 1.5mm 不锈钢制作，双层面板加锁。
AL1 配电系统图
YJV22-1-5×10、SC40、FC
由变电站引来
AM1-100H/4300/20ACJ20-25/3P
KM
L1、N C65N、ELM、2P/10A
L2、N C65N、ELM、2P/10A
L3、N C65N、ELM、2P/10A
L3、N C65N、ELM、2P/10A
L2、N C65N、ELM、2P/10A
L1、N C65N、ELM、2P/10A
WL1、庭院灯 0.63kW；YJV22-1-3×6、SC32、FC
WL2、草坪灯 0.468kW；YJV22-1-3×6、SC32、FC
WL3、草坪灯 0.364kW；YJV22-1-3×6、SC32、FC
WL4、庭院灯 0.42kW；YJV22-1-3×6、SC32、FC
WL5、备用 0.3kW
备用
C65N ELM 3P/10A L1-L3、CJX2-25 JR28(5.5-8A)
C65N ELM 3P/10A L1-L3、CJX2-32 JR28(5.5-8A)
WP2 2.2kW;YJV22-1-5×6 SC40 FC
备用
设备容量 P_e 4.082kW
计算负荷 P_{js} 4.082kW
计算电流 I_{js} 9.67A
整定电流 I_z 20A
漏电动作电流 I_d 30mA
功率因数 cos φ 0.85
RL6-100/80 HUAY-B/4-385-100
电源保护器
AL3
JFF（改）型户外箱落地安装，高 1000mm，宽 800mm，厚 400mm。
箱体全部采用 1.5mm 不锈钢制作，双层面板加锁。
AL3 配电系统图
YJ22-1-5×10、SC40、FC
由变电站引来
NM1-100H/4300/20A CJ20-25/3P
KM
L1、N C65N、ELM、2P/10A WL1、庭院灯 0.35kW；YJV22-1-3×6、SC32、FC
L2、N C65N、ELM、2P/10A WL2、庭院灯 0.35kKW；YJV22-1-3×6、SC32、FC
L3、N C65N、ELM、2P/10A WL3、草坪灯 0.234kW；YJV22-1-3×6、SC32、FC
L3、N C65N、ELM、2P/10A WL4、草坪灯 0.312kW；YJV22-1-3×6、SC32、FC
L1、N C65N、ELM、2P/10A WL5、备用 0.2kW
L2、N C65N、ELM、2P/10A 备用
L3、N C65N、ELM、2P\10A 备用
设备容量 P_e 1.446kW
计算负荷 P_{js} 1.446kW
计算电流 I_{js} 3.12A
整定电流 I_z 20A
漏电动作电流 I_d 30mA
功率因数 cos φ 0.85
RL6-100/80 HUAY-B/4-385-100
电源保护器
AL2
JFF（改）型户外箱落地安装，高 800mm，宽 600mm，厚 400mm。
箱体全部采用 1.5mm 不锈钢制作，双层面板加锁。
AL2 配电箱系统图
L
N
1FU(RL1-15/6)
~220/
2FU
HW
自动 停 手动
SB1
SB2
KM
HR
SAC
LW5-15000081/1
KG316T 时控开关
KM
HG
KM 手控二次回路图
业主/发展商 CLIENT/DEVELOPER
说明：DIRECTIONS
平面示意 PLANE HINT
工程名称 PROJECT NAME
审定人 APPROVED BY
主持人 ARCHITECT
审核人 REVIEWED BY
设计人 DESIGN BY
校对人 CHECKED BY
绘图人 DRAWN BY
图纸名称 DRAWING TITLE
配电系统图
工程编号 PROJECT NO. H08036
设计阶段 DESIGN PHASE 施工图
图纸比例 DRAWING SCALE
日期 DATE 2008-03
图纸编号 SHEET NO. D-1.1

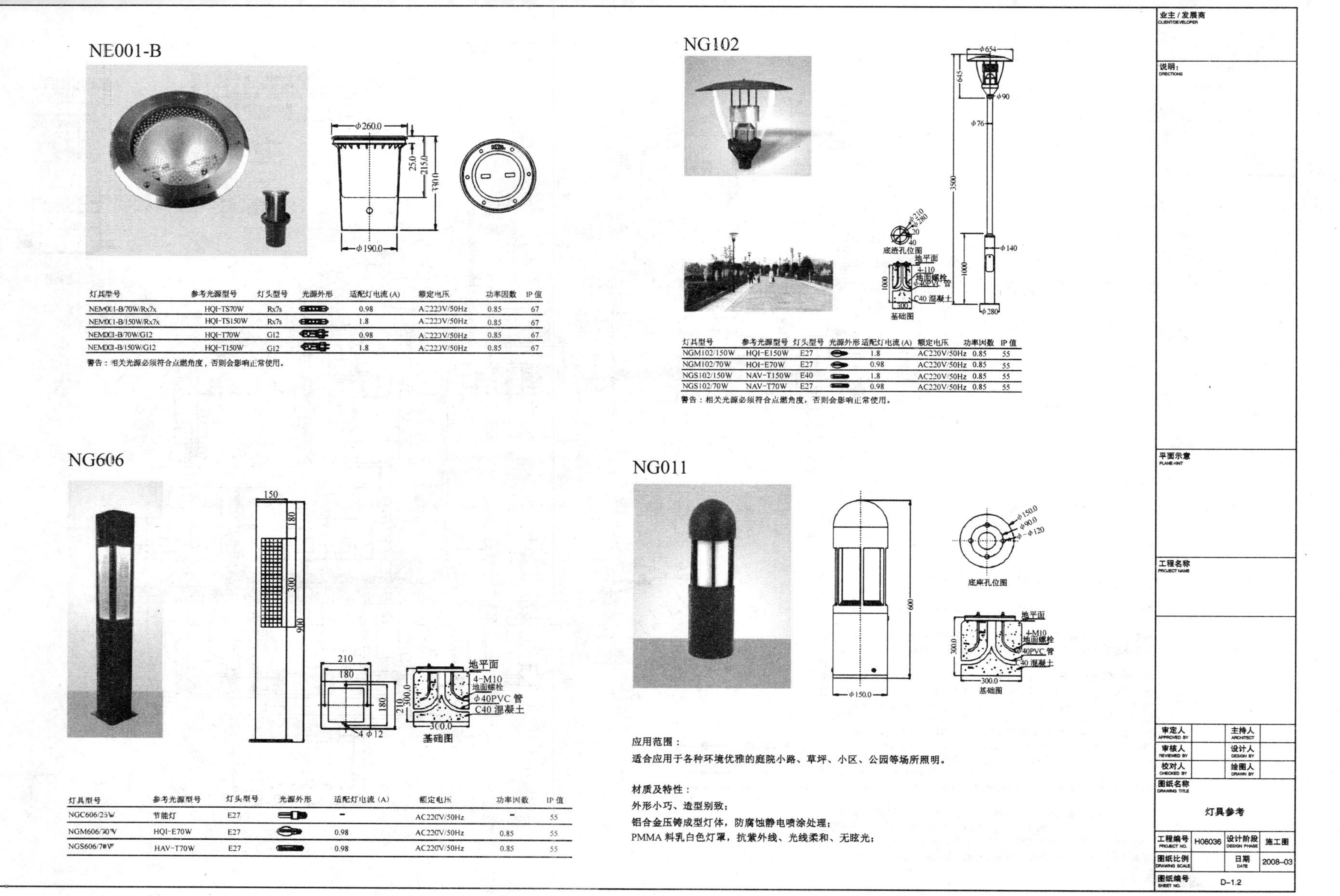

NE001-B

灯具型号	参考光源型号	灯头型号	光源外形	适配灯电流 (A)	额定电压	功率因数	IP 值
NEM001-B/70W/Rx7x	HQI-TS70W	Rx7s		0.98	AC220V/50Hz	0.85	67
NEM001-B/150W/Rx7x	HQI-TS150W	Rx7s		1.8	AC220V/50Hz	0.85	67
NEM001-B/70W/G12	HQI-T70W	G12		0.98	AC220V/50Hz	0.85	67
NEM001-B/150W/G12	HQI-T150W	G12		1.8	AC220V/50Hz	0.85	67

警告：相关光源必须符合点燃角度，否则会影响正常使用。

NG102

灯具型号	参考光源型号	灯头型号	光源外形	适配灯电流 (A)	额定电压	功率因数	IP 值
NGM102/150W	HQI-E150W	E27		1.8	AC220V/50Hz	0.85	55
NGM102/70W	HQI-E70W	E27		0.98	AC220V/50Hz	0.85	55
NGS102/150W	NAV-T150W	E40		1.8	AC220V/50Hz	0.85	55
NGS102/70W	NAV-T70W	E27		0.98	AC220V/50Hz	0.85	55

警告：相关光源必须符合点燃角度，否则会影响正常使用。

NG606

灯具型号	参考光源型号	灯头型号	光源外形	适配灯电流 (A)	额定电压	功率因数	IP 值
NGC606/25W	节能灯	E27		-	AC220V/50Hz	-	55
NGM606/70W	HQI-E70W	E27		0.98	AC220V/50Hz	0.85	55
NGS606/70W	HAV-T70W	E27		0.98	AC220V/50Hz	0.85	55

NG011

应用范围：

适合应用于各种环境优雅的庭院小路、草坪、小区、公园等场所照明。

材质及特性：

外形小巧、造型别致；

铝合金压铸成型灯体，防腐蚀静电喷涂处理；

PMMA 料乳白色灯罩，抗紫外线、光线柔和、无眩光；

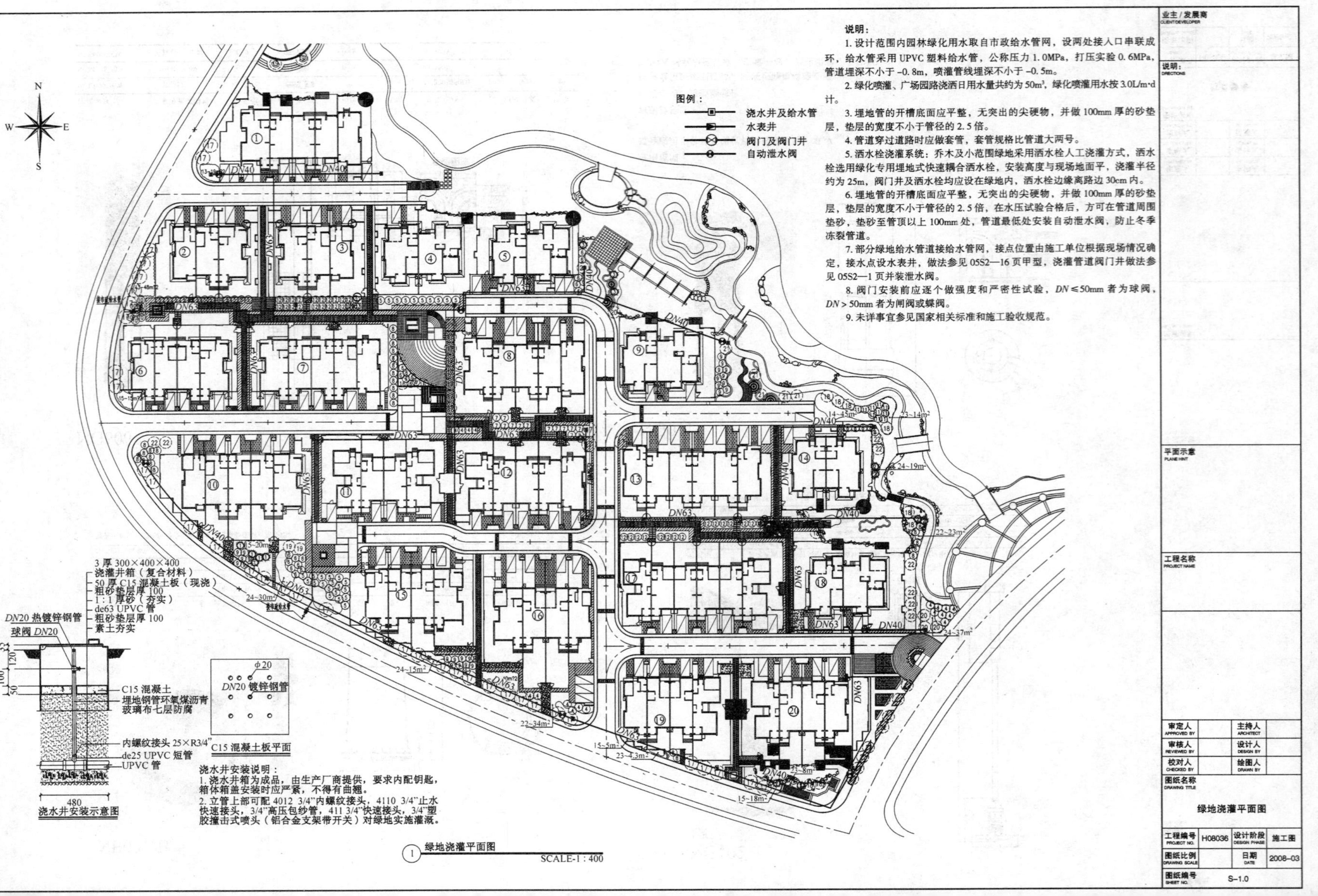
说明：
1. 设计范围内园林绿化用水取自市政给水管网，设两处接入口串联成环，给水管采用 UPVC 塑料给水管，公称压力 1.0MPa，打压实验 0.6MPa，管道埋深不小于 -0.8m，喷灌管线埋深不小于 -0.5m。
2. 绿化喷灌、广场园路浇洒日用水量共约为 50m³，绿化喷灌用水按 3.0L/m·d 计。
3. 埋地管的开槽底面应平整，无突出的尖硬物，并做 100mm 厚的砂垫层，垫层的宽度不小于管径的 2.5 倍。
4. 管道穿过道路时应做套管，套管规格比管道大两号。
5. 洒水栓浇灌系统：乔木及小范围绿地采用洒水栓人工浇灌方式，洒水栓选用绿化专用埋地式快速耦合洒水栓，安装高度与现场地面平，浇灌半径约为 25m，阀门井及洒水栓均应设在绿地内，洒水栓边缘离路边 30cm 内。
6. 埋地管的开槽底面应平整，无突出的尖硬物，并做 100mm 厚的砂垫层，垫层的宽度不小于管径的 2.5 倍，在水压试验合格后，方可在管道周围垫砂，垫砂至管顶以上 100mm 处，管道最低处安装自动泄水阀，防止冬季冻裂管道。
7. 部分绿地给水管道接给水管网，接点位置由施工单位根据现场情况确定，接水点设水表井，做法参见 05S2—16 页甲型，浇灌管道阀门井做法参见 05S2—1 页并装泄水阀。
8. 阀门安装前应逐个做强度和严密性试验，DN≤50mm 者为球阀，DN＞50mm 者为闸阀或蝶阀。
9. 未详事宜参见国家相关标准和施工验收规范。
图例：
浇水井及给水管
水表井
阀门及阀门井
自动泄水阀
N
W
E
S
3 厚 300×400×400 浇灌井箱（复合材料）
50 厚 C15 混凝土板（现浇）
粗砂垫层厚 100
1：1 厚砂（夯实）
de63 UPVC 管
粗砂垫层厚 100
素土夯实
DN20 热镀锌钢管
球阀 DN20
C15 混凝土
埋地钢管环氧煤沥青玻璃布七层防腐
内螺纹接头 25×R3/4"
de25 UPVC 短管
UPVC 管
480
浇水井安装示意图
φ20
DN20 镀锌钢管
C15 混凝土板平面
浇水井安装说明：
1. 浇水井箱为成品，由生产厂商提供，要求内配钥匙，箱体箱盖安装时应严紧，不得有曲翘。
2. 立管上部可配 4012 3/4"内螺纹接头，4110 3/4"止水快速接头，3/4"高压包纱管，411 3/4"快速接头，3/4"塑胶撞击式喷头（铝合金支架带开关）对绿地实施灌溉。
1 绿地浇灌平面图
SCALE-1：400
业主／发展商 CLIENT/DEVELOPER
说明：DIRECTIONS
平面示意 PLANE HINT
工程名称 PROJECT NAME
审定人 APPROVED BY
主持人 ARCHITECT
审核人 REVIEWED BY
设计人 DESIGN BY
校对人 CHECKED BY
绘图人 DRAWN BY
图纸名称 DRAWING TITLE
绿地浇灌平面图
工程编号 PROJECT NO. H08036
设计阶段 DESIGN PHASE 施工图
图纸比例 DRAWING SCALE
日期 DATE 2008-03
图纸编号 SHEET NO. S-1.0

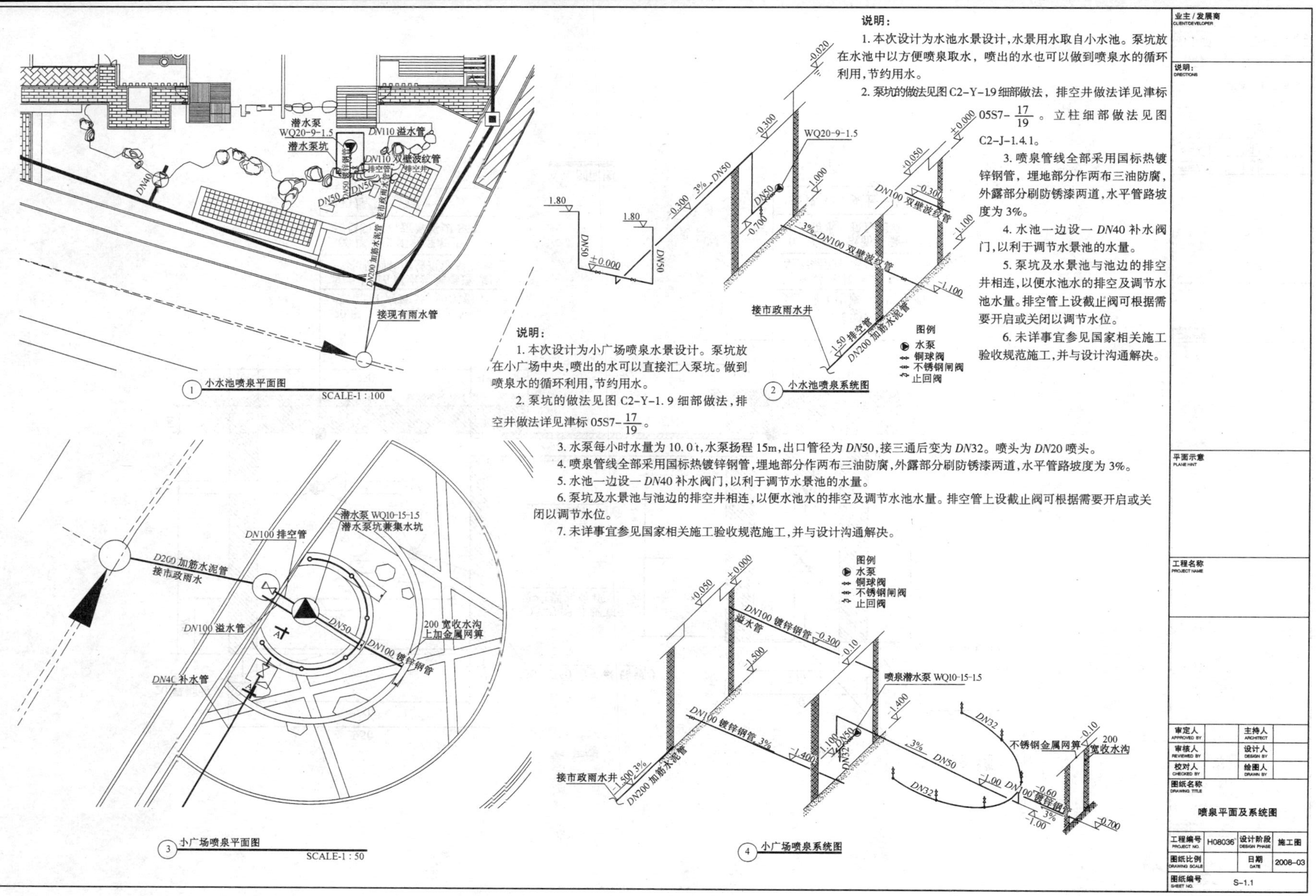

说明:

1. 本次设计为水池水景设计，水景用水取自小水池。泵坑放在水池中以方便喷泉取水，喷出的水也可以做到喷泉水的循环利用，节约用水。

2. 泵坑的做法见图 C2-Y-1.9 细部做法，排空井做法详见津标 05S7-$\frac{17}{19}$。立柱细部做法见图 C2-J-1.4.1。

3. 喷泉管线全部采用国标热镀锌钢管，埋地部分作两布三油防腐，外露部分刷防锈漆两道，水平管路坡度为 3%。

4. 水池一边设一 *DN*40 补水阀门，以利于调节水景池的水量。

5. 泵坑及水景池与池边的排空井相连，以便水池水的排空及调节水池水量。排空管上设截止阀可根据需要开启或关闭以调节水位。

6. 未详事宜参见国家相关施工验收规范施工，并与设计沟通解决。

说明:

1. 本次设计为小广场喷泉水景设计。泵坑放在小广场中央，喷出的水可以直接汇入泵坑。做到喷泉水的循环利用，节约用水。

2. 泵坑的做法见图 C2-Y-1.9 细部做法，排空井做法详见津标 05S7-$\frac{17}{19}$。

3. 水泵每小时水量为 10.0 t，水泵扬程 15m，出口管径为 *DN*50，接三通后变为 *DN*32。喷头为 *DN*20 喷头。

4. 喷泉管线全部采用国标热镀锌钢管，埋地部分作两布三油防腐，外露部分刷防锈漆两道，水平管路坡度为 3%。

5. 水池一边设一 *DN*40 补水阀门，以利于调节水景池的水量。

6. 泵坑及水景池与池边的排空井相连，以便水池水的排空及调节水池水量。排空管上设截止阀可根据需要开启或关闭以调节水位。

7. 未详事宜参见国家相关施工验收规范施工，并与设计沟通解决。

业主 / 发展商 CLIENT/DEVELOPER			
说明: DIRECTIONS			
平面示意 PLANE HINT			
工程名称 PROJECT NAME			
审定人 APPROVED BY		主持人 ARCHITECT	
审核人 REVIEWED BY		设计人 DESIGN BY	
校对人 CHECKED BY		绘图人 DRAWN BY	
图纸名称 DRAWING TITLE	喷泉平面及系统图		
工程编号 PROJECT NO.	H08036	设计阶段 DESIGN PHASE	施工图
图纸比例 DRAWING SCALE		日期 DATE	2008-03
图纸编号 SHEET NO.	S-1.1		

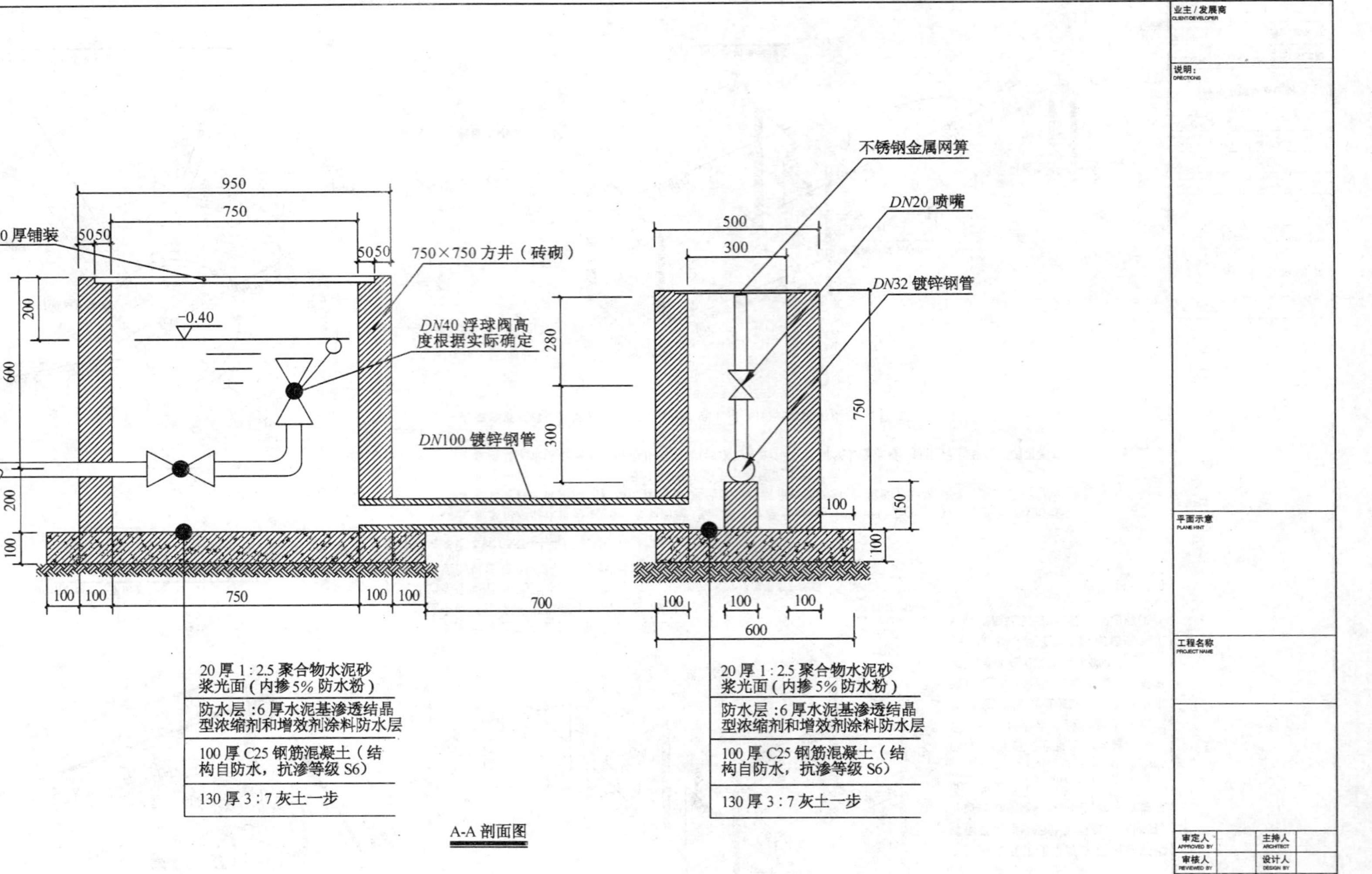

A-A 剖面图

业主 / 发展商 CLIENT/DEVELOPER	
说明 : DIRECTIONS	
平面示意 PLANE HINT	
工程名称 PROJECT NAME	
审定人 APPROVED BY	主持人 ARCHITECT
审核人 REVIEWED BY	设计人 DESIGN BY
校对人 CHECKED BY	绘图人 DRAWN BY
图纸名称 DRAWING TITLE	半圆广场 A-A 剖面图

工程编号 PROJECT NO.	H08036	设计阶段 DESIGN PHASE	施工图
图纸比例 DRAWING SCALE	1 : 10	日期 DATE	2008-03
图纸编号 SHEET NO.	S-1.2